青少年信息学奥林匹克联赛实训教材

计算思维训练

——数据结构与算法进阶

薛志坚　　谢志锋　　秦新华
王　　静　　史钋镭　　张婧颖　　编著

东南大学出版社
SOUTHEAST UNIVERSITY PRESS
·南京·

内容提要

本书由江苏省信息学奥林匹克竞赛委员会组织富有算法竞赛教学经验的省内知名一线教师编写。以程序设计中的常用算法与数据结构为主要内容，来训练学生的计算思维，提升其用算法和数据结构来解决实际问题的能力。编者力求用浅显易懂的语言来描述数据结构中的哈希表、树、图的概念及其存储，通过经典的问题分析，来渗透动态规划的状态表示及其常用的优化策略，结合算法和数据结构，系统地介绍树和图的基本算法及其初等数论和组合数学相关知识。

本书可以作为中小学生学习程序设计的拓展教材，也可供大学生及算法爱好者参考。

图书在版编目（CIP）数据

计算思维训练：数据结构与算法进阶／薛志坚等编著.
—南京：东南大学出版社，2023.9
　　ISBN　978-7-5766-0880-9

　　Ⅰ．①计…　Ⅱ．①薛…　Ⅲ．①程序设计—青少年读物
Ⅳ．①TP311.1-49

中国国家版本馆 CIP 数据核字（2023）第 185470 号

责任编辑：张　煦　责任校对：韩小亮　封面设计：余武莉　责任印制：周荣虎

计算思维训练——数据结构与算法进阶
Jisuan Siwei Xunlian——Shujujiegou Yu Suanfa Jinjie

编　　著	薛志坚　王静　谢志锋　史钋镭　秦新华　张婧颖
出版发行	东南大学出版社
社　　址	南京市四牌楼 2 号　邮编：210096
出 版 人	白云飞
网　　址	http://www.seupress.com
经　　销	全国各地新华书店
印　　刷	兴化印刷有限责任公司
开　　本	787 mm×1092 mm　1/16
印　　张	20.75
字　　数	505 千字
版　　次	2023 年 9 月第 1 版
印　　次	2023 年 9 月第 1 次印刷
书　　号	ISBN　978-7-5766-0880-9
定　　价	76.00 元

本社图书若有印装质量问题，请直接与营销部联系。电话（传真）：025-83791830

推 荐 序

计算思维是一种解决问题的思维方式,其核心是将问题抽象为可计算的形式,并设计出相应的算法来解决问题。它通过将复杂问题进行分解,使得问题的解决变得更加可行和高效。如今,计算思维已经渗透到各个领域,成为一种跨学科的思维方式,被广泛应用于科学研究、工程设计、商业决策等众多领域。

算法可以促进和加强计算思维的理解。青少年通过学习和应用算法,能够更好地理解计算机科学的原理和概念,培养抽象思维、逻辑思维和问题解决能力。算法的设计过程中,需要考虑问题的复杂性、效率、正确性等因素,不断深化对计算思维的理解和应用。

当前信息学奥林匹克活动在推动算法在中小学中的普及,培养和造就计算机科学优秀人才方面起到非常积极的作用。信息学奥林匹克活动可以培养中小学生学习计算机的兴趣,提高他们运用算法和程序设计解决实际问题的能力。信息学奥林匹克活动对青少年的想象力和创造力、问题的理解和分析能力、数学建模能力和逻辑思维能力、客观问题和主观思维的表达能力、人文精神(包括与人的沟通能力和理解能力,团队精神与合作能力,恒心和毅力等)的培养都有很大的帮助,而这些能力的形成,将会使他们受益终身。

在学习算法的过程中,常常伴随着与同伴一起讨论的激情、独自神伤的失意、推心置腹的友谊、解出难题时的欣喜、冥思苦想后领悟出解题思想与方法时的快意与豪情,这些都是青少年一生中不可替代的经历和财富。

为了让青少年系统学习算法,提升其算法水平和能力,本书围绕青少年学习算法的需求和学习过程中经常遇到的困难设计框架和组织内容。本书由浅入深、层层递进地对基本算法(如贪心、二分、前缀及差分、动态规划等)进行了深入探讨。同时,对算法中用到的表、树、图等相关的数据结构做了系统讲解。此外,本书对算法中涉及的组合数学及初等数论的基础知识,也做了一个比较全面的讲解。本书可以帮助青少年成功进阶到算法研究的世界,让他们进一步感受程序设计的魅力,提升对计算思维的理解。

南京航空航天大学 刘宁钟教授

前　言

随着人工智能技术的快速发展和应用创新,我国人工智能技术的应用已波及日常生产、生活的各个领域。虽然我国在人工智能领域蓬勃发展,但依然存在数据、算力、算法、应用部署等方面的挑战。要推动人工智能技术的基础研究,同时积极探索算法理论的创新应用,计算机编程是其核心动力,必不可少。习近平总书记强调,人工智能是新一轮科技革命和产业变革的重要推动力量,加快发展新一代人工智能是事关我国能否抓住新一轮科技革命和产业变革机遇的战略问题。

面对这样的时代机遇和挑战,国内越来越多的学校开始重视计算机编程教育,部分地区和学校已经将计算机编程的相关知识和技能设置为中考或高考的选考科目内容。在世界范围内,欧美国家早就将计算机编程纳入学校课程,通过教学和实践活动提升学生的问题解决能力、逻辑思维能力与设计技能,提高当今数字社会中 IT 技能劳动力所占比例。史蒂夫·乔布斯曾说"编程是一种思维方式,它教会我们如何解决问题。"同时,全球越来越多的国家将编程融入跨学科学习,尤其是数学学科。

为了向青少年进一步普及计算机科学知识,给学校的信息技术教育提供新的动力和思路,给那些有才华的学生提供相互交流和学习的机会,在更高层次上推动计算思维的普及,培养更多的计算机技术优秀人才,由中国计算机学会(CCF)主办,每年在青少年中开展的程序设计相关活动,例如 NOIP——全国青少年信息学奥林匹克联赛,就深受广大学子的欢迎,多年来,为国家培养出一批又一批优秀的计算机技术人才。

本书的作者均为富有信息学竞赛教学经验的省内知名一线教师,对数据结构和算法初学者的情况有比较深入的了解,围绕初学者经常遇到的困难和需求组织教材内容,由浅入深、层层递进地对基础算法、动态规划、树图及数论等常用的数据结构和进阶知识进行系统的介绍。所以,本书主要面向数据结构的初学者,特别适合 NOIP 提高组选手或数据结构兴趣爱好者。当然,也可以作为大学生和其他人员的数据结构入门教材。通过阅读本书,可以帮助初学者进一步了解进阶算法,轻松进入数据结构的世界,在精选的大量经典例题的帮助下,理解相关知识、解决实际问题、感受数据结构的魅力,提升计算思维。

本书由江苏省青少年科技中心张婧颖策划并设计。其中,张婧颖编写第 1 章,王静编写

第 2 章,秦新华编写第 3 章,谢志锋编写第 4 章,史钋镭编写第 5 章,薛志坚编写第 6 章。最后由薛志坚和张婧颖进行全书统稿。

本书在编写的过程中,立足 NOIP 大纲知识体系,涵盖了大部分 NOIP 考察的知识和技能,参考了多年来江苏省青少年信息学冬、夏令营的课程资源,引用了许多 NOIP 的原题以及国内外网站的题目,这些内容给我们的编写工作带来很多启发和帮助。有很多朋友和同事读过本书的初稿,也给了我们许多中肯的建议。

江苏省青少年科技中心统筹了本书的编写工作,东南大学出版社的编辑在本书的出版过程中付出了辛勤的劳动。对此,我们一并表示衷心的感谢!

我们一直试图让每章、每节内容都趋于完美,但鉴于人工智能技术的不断进步与迭代,书中难免存在错误或不妥之处,期盼广大读者的批评与指正。

编　者

2023.9

目 录

CONTENTS

目 录

目 录

CONTENTS

第 1 章　基 础 算 法

1.1　位运算及其应用

　　程序中的所有数在计算机内存中都是以二进制的形式储存的,位运算是直接对整数在内存中的二进制位进行操作,而计算机的各种运算最后都要转换为二进制运算,所以位运算处理速度比较快,熟练掌握位运算的操作,可以帮助我们提高程序的运行效率。

1.1.1　位运算基础

（1）位与（ & ）运算

　　& 运算表示按位取与,即两个相应的二进制位同为 1,结果为 1,否则为 0。例如,十进制数 6 的二进制形式是 110,十进制数 11 的二进制形式是 1011,那么 6 & 11 的运算如下:

```
        110   -->   6
    & 1011   -->   11
    ----------
      0010   -->   2
```

　　所以 6 & 11 = 2。

　　根据位与(&)运算规则,我们可以得到如下一些性质:

　　① $0 \& x = 0$。

　　② 若 $x \& 1 = 1$,则 x 为奇数,否则 x 为偶数。

　　③ $x \& (x+1)$,是将 x 二进制低位连续的 1 变成 0。例如 11 & 12 = 8。

（2）位或（|）运算

　　| 运算表示按位取或,即两个相应的二进制位只要有一个为 1,结果就为 1,否则为 0。例如,十进制数 6 的二进制形式是 110,十进制数 11 的二进制形式是 1011,那么 6|11 的运算如下:

```
        110   -->   6
    | 1011   -->   11
    ----------
      1111   -->   15
```

　　所以 6|11 = 15。

根据位或（|）运算规则，我们可以得到如下一些性质：

① $x|1$，把任意的 x 转换成奇数。

② $x|1-1$，把任意的 x 转换为偶数。

③ $x|(x+1)$，把 x 二进制右起的第一个 0 变成 1，例如 x 的二进制为 110101111，则 $x+1$ 的二进制为 110110000，$x|(x+1)$ 的二进制即为 110111111。

④ $x|(x-1)$，把 x 二进制右起连续的 0 变成 1，例如 x 的二进制为 110101000，则 $x-1$ 的二进制为 110100111，$x|(x-1)$ 的二进制即为 110101111。

（3）位异或（^）运算

^运算表示按位取异或，即两个相应的二进制位不同则结果为 1，相同则结果为 0。例如，十进制数 6 的二进制是形式 110，十进制数 11 的二进制形式是 1011，那么 6^11 的运算如下：

$$
\begin{array}{rcl}
110 & --> & 6 \\
\verb|^|1011 & --> & 11 \\
\hline
1101 & --> & 13
\end{array}
$$

所以 $6\verb|^|11=13$。

根据位异或（^）运算规则，我们可以得到如下一些性质：

① $x\verb|^|0=x$。

② $x\verb|^|x=0$，利用这个性质可以实现两个数 a 和 b 的交换。

```
1. void swap( int a, int b) {
2.     a = a ^ b;   b = a ^ b;   a = a ^ b;
3. }
```

对于位与、位或、位异或均满足交换律和结合律，即：

① 交换律

$$x \& y=y \& x, \quad x|y=y|x, \quad x\verb|^|y=y\verb|^|x$$

② 结合律

$$(x \& y) \& z=x \& (y \& z)$$
$$(x|y)|z=x|(y|z)$$
$$(x\verb|^|y)\verb|^|z=x\verb|^|(y\verb|^|z)$$

（4）位取反（~）运算

~运算表示将内存中的 0 和 1 全部取反。由于负数以补码表示，正数以原码表示，所以使用~运算时要格外小心，需要注意整数类型有没有符号。

以有符号的 32 位二进制数，即 C++ 的 int 为例，定义 int $x=10$，那么 $\sim x$ 是这样的：

① 10 用二进制表示就是 00000000 00000000 00000000 00001010。

② 按位取反：11111111 11111111 11111111 11110101。

③ 把 11111111 11111111 11111111 11110101 转换为原码，由于最高位为 1 表示的是负数，所以先减去 1 得到 11111111 11111111 11111111 11110100，再进行取反，最后加上一个负号，也就是 -11。

即 $\sim 10=-11$

而对于 int $x=-10$ 来说, $\sim x$ 是这样的:

① 先将 -10 用补码表示,即 11111111 11111111 11111111 11110110。

② 按位取反得:00000000 00000000 00000000 00001001。

③ 由于最高位为 0 表示正数,所以直接取原码,即 9。

即 $\sim(-10)=9$。

而对于无符号的 32 位二进制数,即 C++的 unsigned int 来说,由于都是以原码表示,所以对于 unsigned int $x=10$, $\sim x$ 即为:

① 10 用二进制表示就是 00000000 00000000 00000000 00001010。

② 按位取反:11111111 11111111 11111111 11110101。

③ 计算 11111111 11111111 11111111 11110101 表示的十进制数,即为 4294967285。

（5）位左移（<<）运算

<<运算表示把二进制数同时向左移动,低位以 0 填充,高位越界后舍弃。例如十进制数 $126<<2$,由于 126 的二进制数为 1111110,左移 2 位后即为 111111000,转成十进制数后为 504。可以看出, $x<<y$ 的值实际上就是 x 乘以 2 的 y 次方,因为在二进制数后添几个 0 就相当于该数乘以 2 的几次方,因此在程序中乘以 2 的操作,一般会用左移一位来代替。

（6）位右移（>>）运算

>>运算表示把二进制数同时向右移动,高位以 0 填充,低位越界后舍弃。例如十进制 $126>>2$,由于 126 的二进制数为 1111110,右移 2 位后即为 11111,转成十进制数后为 31。可以看出, $x>>y$ 的值实际上就是 x 整除 2 的 y 次方,因此在程序中除以 2 的操作,一般会用右移一位来代替。

（7）位运算优先级别及其常见变换

位运算优先级别:位反($\sim$)>算术>位左移、位右移>关系运算>位与>位或>位异或>逻辑运算。

下面是一些常见二进制位的变换操作:

① $x \wedge 1$ 表示把 x 的最后一位取反,例如 x 的二进制为 101101, $x \wedge 1$ 为 101100。

② $x|(1<<(k-1))$ 表示把 x 右数第 k 位变成 1,例如 x 的二进制为 101001, $k=3$,其结果为 101101。同样的, $x \& \sim(1<<(k-1))$ 表示把 x 右数第 k 位变成 0, $x \wedge (1<<(k-1))$ 表示把 x 右数第 k 位取反。

③ $x \& ((1<<k)-1)$ 表示取 x 的末 k 位,例如 x 的二进制为 1101101, $k=3$,其结果为 101。而 $x>>(k-1) \& 1$ 则表示取 x 右数第 k 位。

④ $x|((1<<k)-1)$ 表示把 x 的末 k 位变成 1, $x \wedge ((1<<k)-1)$ 表示把 x 的末 k 位取反。

⑤ $x \& -x$,表示去掉 x 右起第一个 1 的左边所有位,即保留 x 最低位的 1 及其右边所有的 0,通常用 lowbit(x)表示, x -lowbit(x)= $x \& (x-1)$ 。

1.1.2　位运算的应用

【例 1.1】　Roof Construction（CF1632B）

【问题概述】

给定数组 p 的长度 n。已知在该数组中,从 0 到 $n-1$ 的这 n 个整数都恰好出现了一次。

现在,将这 n 个整数按照一定顺序重新排列,使得 $\max\limits_{1\le i\le n-1} p_i \oplus p_{i+1}$ 最小,其中 $\oplus$ 表示按位异或运算。请求出任意一个满足该要求的重新排列后的数组 p。

【输入格式】

第 1 行:1 个正整数 t 表示数据组数。

随后 n 行:每行一个整数 n,表示每组数据中数组 p 的长度。

【输出格式】

对于每组数据,输出 1 行,共 n 个整数,表示一个可能的数组 $p_1, p_2, \cdots, p_n$。

【输入输出样例】

输入样例	输出样例
4	0 1
2	2 0 1
3	3 2 1 0 4
5	4 6 3 2 0 8 9 1 7 5
10	

【数据规模与约定】

$2 \le n$, $\sum n \le 2 \times 10^5$。

【问题分析】

设 $n-1$ 二进制的最高位为 k,则 0 到 $n-1$ 这 n 个整数可以分为两部分,一部分为小于 2^k 的序列 A,另一部分为大于等于 2^k 的序列 B,可以发现序列 A 中任意两个元素的异或值小于 2^k,序列 B 中任意两个元素的异或值也都小于 2^k,但序列 A 与序列 B 相邻的两个元素异或值要大于等于 2^k,根据题意可以发现,问题的关键就是要构造两个数,让序列 A 和 B 相邻的两个元素异或值最小,即为 2^k。这可以有多种构造方法,如 2^k 和 0,2^k+1 与 1,……而对于序列 A、B 内部的其他元素,则可以任意排列。

【参考程序】

```
1. #include<bits/stdc++.h>
2. #define int long long
3. using namespace std;
4. signed main(){
5.     int T;
6.     cin >> T;
7.     while(T--) {
8.         int n;
9.         cin >> n;
10.        int k = 0; //k表示n-1对应二进制的最高位,答案即为2^k
11.        while(1 << (k+1) <= (n-1)) k++;
12.        for(int i = (1 << k) - 1; i >= 0; i--) //倒序输出小于2^k的所有数
13.            cout << i << " ";
```

```
14.        for( int i = ( 1 << k); i < n; i++)    //顺序输出大于等于 2 ^ k 的所有数
15.            cout << i << " ";
16.        cout << endl;
17.    }
18.    return 0;
19. }
```

【例 1.2】 Array Elimination(CF1601A)

【问题概述】

有一个长度为 n 的序列 $a_1, a_2, \cdots, a_n$，每次操作选择 k 个数,将这 k 个数减去他们的位与和。求可以在有限次操作内使所有数变成 0 的 k 的值。

【输入格式】

第 1 行：1 个正整数 t 表示数据组数。

对于每一组数据,第 1 行输入 1 个正整数 n 表示序列长度,第 2 行输入 n 个非负整数表示序列 a。

【输出格式】

对于每一组数据,输出一行,即从小到大输出每一个可能的 k,两个数之间用空格隔开。

【输入输出样例】

输入样例	输出样例
5	1 2 4
4	1 2
4 4 4 4	1
4	1
13 7 25 19	1 2 3 4 5
6	
3 5 3 1 7 1	
1	
1	
5	
0 0 0 0 0	

【数据规模与约定】

$1 \leqslant n \leqslant 2 \times 10^5$, $0 \leqslant a_i < 2^{30}$。

【问题分析】

根据位与运算,将 k 个数减去他们的位与和,等价于将 k 个数中的每个数某些二进制上的 1 消去,要使最终所有数变为 0,就要消去所有位的 1,所以 k 必须是每个数位上 1 的个数的因数。因此可以借助于位运算,先求出每个数位上 1 的个数 $a[i]$,然后求出数组 a 的最大公约数 g,那么 1 到 g 的每个因数就是我们所求的 k。

【参考程序】

```
1. #include < bits/stdc++. h>
```

```
2.  using namespace std;
3.  #define N 200010
4.  int T, n, a[N];
5.  int gcd(int x, int y) {
6.      return y == 0 ? x : gcd(y, x % y);
7.  }
8.  int main() {
9.      ios::sync_with_stdio(0); cin.tie(0); cout.tie(0);
10.     cin >> T;
11.     while (T--) {
12.         cin >> n;
13.         for (int i = 0; i <= 30; i++) a[i] = 0;
14.         for (int i = 1, x; i <= n; i++) {
15.             cin >> x;
16.             for (int j = 0; j <= 30; j++) {
17.                 if (x & (1 << j)) a[j]++; // 统计个数
18.             }
19.         }
20.         int g = 0;
21.         for (int j = 0; j <= 30; j++)
22.             g = gcd(g, a[j]); // 求 gcd
23.         if (g == 0) { // 特判全部为 0
24.             for (int i = 1; i < n; i++)
25.                 cout << i << " ";
26.             cout << n << endl;
27.         }
28.         else {
29.             for (int i = 1; i < g; i++)
30.                 if (g % i == 0) cout << i << " ";
31.             cout << g << endl;
32.         }
33.     }
34. }
```

【例1.3】 XOR Specia-LIS-t（CF1604B）

【问题概述】

给定一个长度为 n 的序列 $a_1, a_2, \cdots, a_n$，判定能否将这个序列分成几段，使每一段的最大上升子序列的长度的异或和等于0。

【输入格式】

第一行：1个正整数 t，用来表示数据组数。

每组数据输入2行，第1行为1个正整数 n，表示一个序列，第2行为 n 个正整数，表示

序列 a。

【输出格式】

每组数据输出 1 行,如果能,输出 YES,否则输出 NO。

【输入输出样例】

输入样例	输出样例
4	YES
7	NO
1 3 4 2 2 1 5	YES
3	YES
1 3 4	
5	
1 3 2 4 2	
4	
4 3 2 1	

【数据规模与约定】

$1 \leqslant n \leqslant 10^5$, $1 \leqslant a_i < 10^9$。

【问题分析】

由于 1 个数的最大上升子序列的长度为 1,而在异或运算中 1^1=0,所以当 n 为偶数时,可以把每个数分成一段,即偶数个 1 的异或和,即为 0。如果 n 是奇数,那么只要有一个 i 满足 $a[i]>=a[i+1]$,就可以把这两个数合成一段,其他的同样每个数一段,即可把 n 是奇数的问题转化成偶数的问题。排除这些情况,剩下的就是 n 为奇数,且这 n 个数是上序列的情况,可以发现无论如何划分,总会出现最大上升子序列为奇数个奇数的情况,而奇数个奇数的异或和不为 0,即无法划分成异或和等于 0。

【参考程序】

```
1. #include <bits/stdc++.h>
2. #define maxn 200010 // 范围
3. using namespace std;
4. int t, n, a[maxn];
5. int main() {
6.     ios::sync_with_stdio(false), cin.tie(0), cout.tie(0);
7.     cin >> t;
8.     while (t--) {
9.         cin >> n;
10.        for (int i = 1; i <= n; i++)
11.            cin >> a[i];
12.        if (n & 1 == 0) { // 判定 n 的奇偶性
13.            cout << "YES" << endl;
14.            continue;
```

```
15.          }
16.          bool tmp = false;
17.          for ( int i = 1; i < n; i++)
18.              if ( a[i] >= a[i +1]) {
19.                  cout << "YES" << endl;
20.                  tmp = true;
21.                  break;
22.              }
23.          if ( ! tmp) cout << "NO" << endl;
24.      }
25.      return 0;
26. }
```

【例 1.4】 And It's Non-Zero（CF1615B）

【问题概述】

给定 $[l,r]$ 范围内所有整数的数组, 求最少要删除多少元素, 才能使得这个数组里面所有元素按位与之后的结果非零。

【输入格式】

第 1 行为 1 个正整数 t, 表示数据组数。

对于每组数据, 包括 2 个整数 l,r, 表示区间 $[l,r]$。

【输出格式】

每组数据输出 1 行, 即 1 个整数, 表示最少删除的元素个数。

【输入输出样例】

输入样例	输出样例
5	1
1 2	3
2 8	0
4 5	2
1 5	31072
100000 200000	

【数据规模与约定】

$1 \leq t \leq 10^4$, $1 \leq l \leq r \leq 2 \times 10^5$。

【问题分析】

所有元素位与和非 0, 亦即要求所有元素二进制位至少有一位全为 1, 如果要删除最少的元素, 那么就是要求 $[l,r]$ 范围内最少删除多少个元素, 使剩下的所有元素至少有一个二进制位全为 1, 所以只要统计 $[l,r]$ 范围内每一个二进制位都为 1 的元素个数, 然后求出最大值, 再用总元素数减去最大值, 即为答案 ans, 这样时间复杂度为 $O(T*n)$。可以利用前缀和的思想先预处理出 $a[i][j]$, 表示 1 到 i 个元素中第 j 位二进制为 1 的元素个数, 然后对于每个元素询问 $[l,r]$, 枚举每一位 i 求得 $\max(a[r][i]-a[l-1][i])$ 即可。

【参考程序】

```
1. #include <bits/stdc++.h>
2. using namespace std;
3. #define N 200010
4. int a[N][20];
5. void init() {
6.     memset(a, 0, sizeof(a));
7.     for (int i = 1; i < N; i++) {
8.         int x = i, j = 0;
9.         while (x) {
10.            a[i][j] = a[i-1][j] + (x & 1);
11.            j++;
12.            x >>= 1;
13.        }
14.    }
15.    return;
16. }
17. void solve() {
18.    int l, r, ans = 0;
19.    cin >> l >> r;
20.    for (int i = 0; i <= 20; i++)
21.        ans = max(ans, a[r][i] - a[l-1][i]);
22.    cout << r - l + 1 - ans << endl;
23.    return;
24. }
25. int main() {
26.    ios::sync_with_stdio(0); cin.tie(0); cout.tie(0);
27.    init();
28.    int T;
29.    cin >> T;
30.    while (T--) solve();
31.    return 0;
32. }
```

【例 1.5】 Fortune Telling（CF1634B）

【问题概述】

Alice 和 Bob 在玩一个游戏。他们找到了一个长度为 n 的数组 a。游戏开始时，Alice 手上的数是 x，而 Bob 手上的数是 $x+3$。开始后，每个人需要依次执行如下两种操作之一：

将目前手上的数 d 替换为 $d + a_i$。

将目前手上的数 d 替换为 $d \oplus a_i$。

你只知道 Alice 和 Bob 两个人当中有一个人在执行上述操作之后手上的数是 y，但你不

9

知道是谁。现在,给定 n, x, y 和数组 a 中所有的 n 个数,求执行上述操作后,谁手上的数可能是 y。

【输入格式】

第 1 行为 1 个正整数 t,表示数据组数。

对于每组数据,包括 2 行,第 1 行包括 3 个整数即 n、x、y,第 2 行包括 n 个整数,即数组 a。

【输出格式】

每组数据输出 1 行,即"Alice"或"Bob",表示谁最后手上的数是 y。

【输入输出样例】

输入样例	输出样例
4	Alice
1 7 9	Alice
2	Bob
2 0 2	Alice
1 3	
4 0 1	
1 2 3 4	
2 1000000000 3000000000	
1000000000 1000000000	

【数据规模与约定】

$1 \leqslant n \leqslant 10^5$, $0 \leqslant x \leqslant 10^9$, $0 \leqslant y \leqslant 10^{15}$, $0 \leqslant a_i < 10^9$。

【问题分析】

异或运算在二进制意义下相当于不进位加法,所以对于 x 来说,无论执行两种操作中的哪一种,执行 n 次后,所得结果的奇偶性是确定的,而 x 和 $x+3$ 是一奇一偶,也就是说如果 x 执行 n 次后的奇偶性和 y 一致,那么就输出"Alice",否则就输出"Bob"。

【参考程序】

```
1. #include<bits/stdc++.h>
2. #define int long long
3. using namespace std;
4. int n, x, y; //变量与题目中相同
5. int T;
6. signed main() {
7.     cin >> T;
8.     while(T--) {
9.         cin >> n;
10.        cin >> x; x = x & 1;
11.        cin >> y; y = y & 1; //只要用到 x 和 y 的奇偶性
12.        for(int z, i = 1; i <= n; i++) {
13.            cin >> z;
```

```
14.            x ^ = z & 1;   //异或相当于不进位加法,所以只要考虑异或运算
15.          }
16.          if( x == y) cout << "Alice" << endl;
17.          else cout << "Bob" << endl;
18.      }
19.      return 0;
20. }
```

请读者完成对应习题 1-1~1-3。

1.2　前缀和及差分

前缀和(prefix sum)和差分(difference)是两种常见的数组处理技巧,用于某些问题的优化。

1.2.1　前缀和

(1) 一维前缀和

以数组为例,前缀和是将数组中的元素依次累加得到的新数组,其中新数组的第 i 个元素表示原数组前 i 个元素的和。

对于原数组 a,其前缀和数组 s 的第 i 个元素与 a 数组的第 i 个元素关系可以表示为 $s[i] = \sum_{j=1}^{i} a[j]$。我们可以用 $s[i] = s[i-1] + a[i]$ 递推求出前缀和数组 s,算法实现如下:

```
1. int a[n +1] = {0}, sum[n + 1] = {0};
2. for (int i = 1; i <= n; i++){
3.     cin >> a[i];
4.     sum[i] = sum[i - 1] +a[i];
5. }
```

例如,给定一个长度为 8 的数组,元素分别为 1、3、5、7、9、11、13、15,给每个前缀求一次和,即得到前缀和数组,结果如图 1-1 表示。

原数组	1	3	5	7	9	11	13	15
下标	1	2	3	4	5	6	7	8

前缀和数组	1	4	9	16	25	36	49	64
下标	1	2	3	4	5	6	7	8

图 1-1　原数组与前缀和数组

前缀和常常用于求数组区间和(一个连续区间元素的总和),例如求数组 a 中第 l 个元素到第 r 个元素的总和 $\sum_{i=l}^{r} a[i]$,利用前缀和数组 s,可得答案为 $s[r]-s[l-1]$,算法实现

如下:

```
1. for (int i = 1; i <= q; i++) {
2.     cin >> l >> r;
3.     cout << sum[r] - sum[l - 1] << endl;
4. }
```

预处理前缀和的时间复杂度为 $O(n)$,其中 n 为数组长度,计算区间和的复杂度仅为 $O(1)$,可大大降低时间复杂度。

【例 1.6】 草料开支(USACO2008 Dec)

【问题概述】

每天农场主约翰都会用奢侈的美味草料大餐喂养奶牛们。然后,他会在他记录开支的笔记本上记录下喂养的草料包数。

现有 $N(4 \leqslant N \leqslant 500)$ 天(编号为 1,2,…,N)的干草包,每天的包数为整数 $H_i(1 \leqslant H_i \leqslant 1\ 000)$。他有 $Q(1 \leqslant Q \leqslant 500)$ 次查询,每次查询包含整数 S_j 和 $E_j(1 \leqslant S_j \leqslant E_j \leqslant N)$,$S_j$ 和 E_j 代表了起止时间。你的任务是统计 S_j 到 E_j(含)期间总共的草料包数并对每一次查询返回一个总数。

【输入格式】

第 1 行:2 个空格隔开的整数 N 和 Q;

接下来 N 行:每行包含 1 个代表第 i 天草料包数的整数 H_i;

接下来 Q 行:每行包含第 j 次查询的两个整数 S_j 和 E_j。

【输出格式】

第 1 到 Q 行:行 j 包含一个代表天数从 S_j 到 E_j 的草料包数和的整数。

【输入输出样例】

输入样例	输出样例
4 2 5 8 12 6 1 3 2 4	25 26

【问题分析】

该题是一维前缀和的典型应用,需多次查询数组区间和。只要先递推预处理得到前缀和数组,再利用公式 $s[r]-s[l-1]$,即可求出 $a[l]$ 到 $a[r]$ 的区间和。

【参考程序】

```
1. #include <bits/stdc++.h>
2. using namespace std;
3. int main() {
```

```
4.      int n, q;
5.      cin >> n >> q;
6.      int a[ n + 1 ] = {0}, sum[ n + 1 ] = {0};
7.      for ( int i = 1; i <= n; i++){
8.          cin >> a[ i ];
9.          sum[ i ] = sum[ i - 1 ] + a[ i ];
10.     }
11.     int l, r;
12.     for ( int i = 1; i <= q; i++){
13.         cin >> l >> r;
14.         cout << sum[ r ] - sum[ l - 1 ] << endl;
15.     }
16.     return 0;
17. }
```

【例 1.7】 求和游戏(CCC2017)

【问题概述】

安妮有两支最喜欢的棒球队:Swifts 队和 Semaphores 队。她关注了他们整个赛季,现在赛季已经结束了。这个赛季共持续了 N 天。每天两支队伍只有一场比赛。安妮每天都会记录 Swifts 队和 Semaphores 队当天的比赛得分。

她希望你确定最大的整数 $K(K \leq N)$。需要满足的条件是:两支队伍在赛季开始后的 K 天内,获得了相同的总分。一个队伍在 K 天之内得分的总和是该团队在第 K 天之前(包括 K)参加比赛得分的总和。

例如,如果 Swifts 队和 Semaphores 队在赛季结束时具有相同的分数,那么你应该输出 N。如果 Swifts 队和 Semaphores 队从来没有在 K 场比赛内有相同的分数,则输出为 0。

【输入格式】

第 1 行:输入整数 $N(1 \leq N \leq 100\ 000)$。

第 2 行:N 个空格分隔的非负整数,表示 Swifts 队每天的分数。

第 3 行:N 个空格分隔的非负整数,表示 Semaphores 队每天的分数。你可以假设该队在任何一场比赛中最多得 20 分。

对于 15 个可用点中的 7 个,$N \leq 1\ 000$。

【输出格式】

输出最大整数 K,使得 $K \leq N$,并使得 Swifts 队和 Semaphores 队具有相同的总分。

【输入输出样例】

输入样例 1	输出样例 1
3 1 3 3 2 2 6	2

【问题分析】

由于 N 最大为 100 000,如果采用双重循环累加求和,就会超时,因此就可以利用前缀和数组求出截止到某一天的总分,从前往后枚举前缀和相等的位置,尽量取靠后位置即可。

【参考程序】

```
1.  #include <bits/stdc++.h>
2.  using namespace std;
3.  int a[100005], b[100005], suma[100005], sumb[100005];
4.  int main( ){
5.      int n;
6.      cin >> n;
7.      for (int i = 1; i <= n; i++){
8.          cin >> a[i];
9.          suma[i] = suma[i - 1] + a[i];
10.     }
11.     for (int i = 1; i <= n; i++){
12.         cin >> b[i];
13.         sumb[i] = sumb[i - 1] + b[i];
14.     }
15.     int ans = 0;
16.     for (int i = 1; i <= n; i++){
17.         if (suma[i] == sumb[i])
18.             ans = i;
19.     }
20.     cout << ans;
21.     return 0;
22. }
```

（2）二维前缀和

二维前缀和是在一维前缀和的基础上推演得到的。利用二维前缀和同样可以减少查询次数。以二维数组为例,若有原二维数组 a,则在其二维前缀和数组中 $s[x][y]$ 的值就是从左上角 $(1,1)$ 点到右下角 (x,y) 点组成的矩形内元素总和,如图 1-2 所示,左上浅灰色区域即为 $s[x][y]$,也就是 $a[1][1]$ 到 $a[x][y]$ 所有单元的总和,即 $s[x][y] = \sum_{i=1}^{x} \sum_{j=1}^{y} a[i][j]$。

二维前缀和数组同样可以递推得出。如图 1-3 所示,$s[x-1][y-1]$ 表示原数组左上角矩形区域的元素之和,即到 $a[x-1][y-1]$ 的前缀和,$s[x-1][y]$ 表示 $a[1][1]$ 到 $a[x-1][y]$ 的前缀和,$s[x][y-1]$ 表示 $a[1][1]$ 到 $a[x][y-1]$ 的前缀和,那么 $s[x][y]$ 就可以用 $s[x-1][y]$ 和 $s[x][y-1]$ 两个区域的元素之和,去除重复部分 $s[x-1][y-1]$,再加上 $a[x][y]$ 来表示,即 $s[x][y] = s[x-1][y] + s[x][y-1] - s[x-1][y-1] + a[x][y]$。

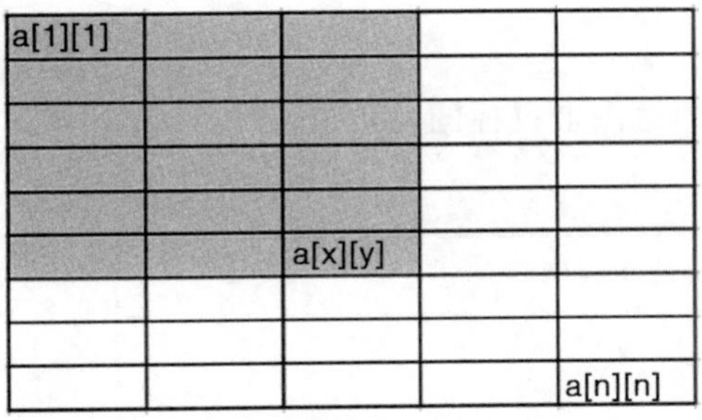

图 1-2 二维前缀和原数组示意图

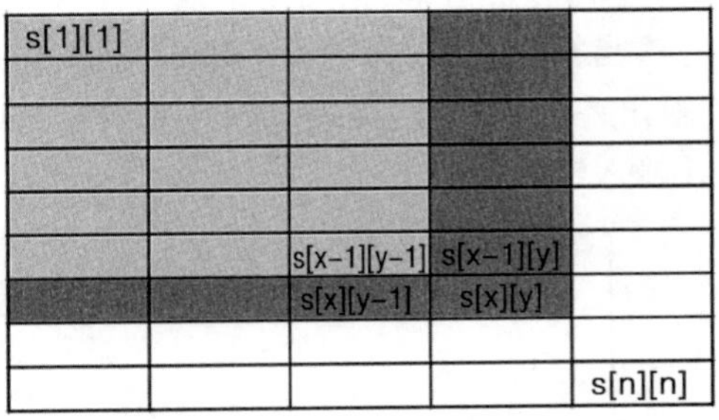

图 1-3 二维前缀和数组示意图

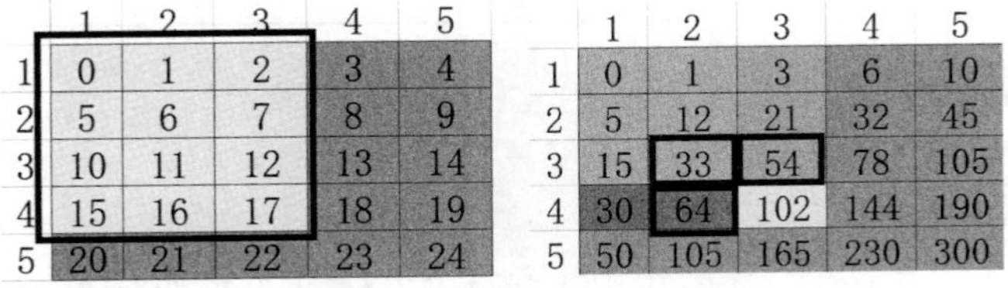

图 1-2 grid labels: a[1][1], a[x][y], a[n][n]

图 1-3 grid labels: s[1][1], s[x-1][y-1], s[x-1][y], s[x][y-1], s[x][y], s[n][n]

原数组:

	1	2	3	4	5
1	0	1	2	3	4
2	5	6	7	8	9
3	10	11	12	13	14
4	15	16	17	18	19
5	20	21	22	23	24

前缀和:

	1	2	3	4	5
1	0	1	3	6	10
2	5	12	21	32	45
3	15	33	54	78	105
4	30	64	102	144	190
5	50	105	165	230	300

图 1-4 原数组与其前缀和

二维前缀和数组的典型应用是求区间和,即二维数组某一区域的元素之和。若求从左上角 $a[x_1][y_1]$ 到右下角 $a[x_2][y_2]$ 组成的矩形内元素之和 sum(图 1-5 中区域 4),利用前缀和数组,区域 4 元素和等于所有元素和减去区域 2、区域 3,由于区域 1 被减两次,需要再加上区域 1,因此可得 sum$=s[x_2][y_2]-s[x_1-1][y_2]-s[x_2][y_1-1]+s[x_1-1][y_1-1]$。

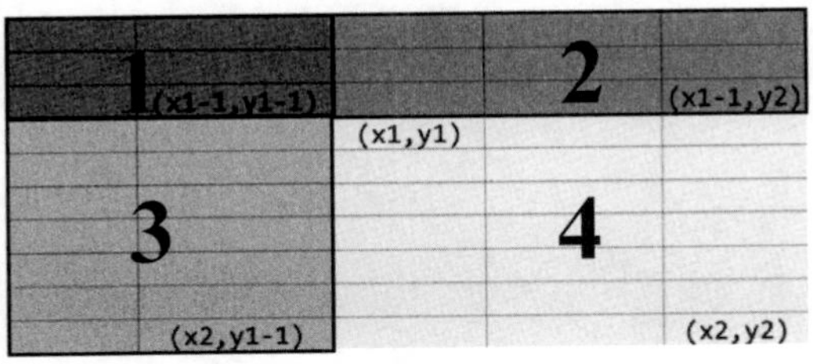

图 1-5 中区域标注:

区域 1 (x1-1,y1-1) ; 区域 2 (x1-1,y2) ; (x1,y1) ; 区域 3 (x2,y1-1) ; 区域 4 (x2,y2)

图 1-5 二维数组区间和

【例 1.8】 激光炸弹(HNOI2003)

【问题概述】

一种新型的激光炸弹,可以摧毁一个边长为 R 的正方形内的所有的目标。现在地图上有 N 个目标,用整数 x_i,y_i 表示目标在地图上的位置,每个目标都有一个价值 w_i。激光炸弹的投放是通过卫星定位的,但这样有一个缺点,就是其爆炸范围,即那个边长为 R 的正方形的边必须和 x,y 轴平行。若目标位于爆破正方形的边上,该目标不会被摧毁。求一颗炸弹最多能炸掉地图上总价值为多少的目标。

【输入格式】

第 1 行:输入正整数 N 和 R,分别代表地图上的目标数目和正方形的边长,数据用空格隔开。

接下来 N 行:每行输入一组数据,每组数据包括 3 个整数 x_i,y_i,w_i 分别代表目标的 x

坐标,y 坐标和价值,数据用空格隔开。

【输出格式】

输出一个正整数,代表一颗炸弹最多能炸掉的地图上目标的总价值。

【输入输出样例】

输入样例	输出样例
2 1	1
0 0 1	
1 1 1	

【数据规模与约定】

$0 < N \leqslant 10\,000$,$0 \leqslant x_i, y_i \leqslant 5\,000$。

【问题分析】

根据题意,我们可以在这个二维数组中枚举每个 $R \times R$ 正方形的右下角,求出这个边长为 R 的正方形内所有目标价值总和,这个子矩阵的和就是二维区间和,我们可以通过二维前缀和预处理将其求出,避免在枚举右下角时临时计算。由于坐标值都在 5 000 以内,复杂度为 $O(n^2)$。

【参考程序】

```
1. #include <bits/stdc++.h>
2. using namespace std;
3. int s[5005][5005];
4. int main(){
5.     int n, r, x, y, w;
6.     cin >> n >> r;
7.     memset(s, 0, sizeof(s));
8.     for (int i = 1; i <= n; i++){
9.         cin >> x >> y >> w;
10.        s[x+1][y+1] = w;
11.    }
12.    for (int i = 1; i <= 5000; i++){
13.        for (int j = 1; j <= 5000; j++){
14.            s[i][j] = s[i-1][j] + s[i][j-1]
                          - s[i-1][j-1] + s[i][j];
15.        }
16.    }
17.    int sum, max = 0;
18.    for (int i = r; i <= 5000; i++){
19.        for (int j = r; j <= 5000; j++){
20.            sum = s[i][j] - s[i-r][j] - s[i][j-r]
                      + s[i-r][j-r];
```

```
21.              if（sum＞max）
22.                  max = sum;
23.          }
24.      }
25.      cout ＜＜ max;
26.      return 0;
27. }
```

【例 1.9】　负载平衡（USACO16FEB）

【问题概述】

农场主 John 的 N 头奶牛（$1 \le N \le 1\,000$）散布在整个农场上。整个农场是一个无限大的二维平面,第 i 头奶牛的坐标是（x_i, y_i）（保证 x_i, y_i 均为正奇数,且 $x_i, y_i \le 10^6$）,且没有任意两头奶牛在同一位置上。

John 希望修建一条竖直方向的栅栏,它的方程是 $x = a$,他还希望修建一条水平方向的栅栏,它的方程是 $y = b$。为了防止栅栏经过奶牛,a, b 均要求是偶数。容易发现,这两个栅栏会在（a, b）处相交,将整个农场分割为四个区域。

John 希望这四个区域内的奶牛数量较为均衡,尽量避免一个区域奶牛多而另一个区域奶牛少的情况。令 M 为四个区域里奶牛最多区域的奶牛数量,请帮 John 求出 M 的最小值。

【输入格式】

第 1 行:一个整数 N。

接下来 N 行:每头牛的坐标 x, y。

【输出格式】

M 值,四个区域中最大点数值。

【输入输出样例】

输入样例	输出样例
7 7 3 5 5 7 13 3 1 11 7 5 3 9 1	2

【数据规模与约定】

$1 < N < 1\,000$, $x_i, y_i \le 10^6$。

【问题分析】

由于初始奶牛的坐标值较大,该题需要先对二维平面上的奶牛坐标进行离散化,相当于将纵横坐标都压缩到 1 000 以内,保证奶牛的相对位置不变。然后再枚举分割行、列,利用二维前缀和求出被分割后四个区域的奶牛总数,最小化四个区域最大值,时间复杂度为 $O(n^2)$。

【参考程序】

```cpp
1. #include <bits/stdc++.h>
2. using namespace std;
3. struct node{
4.     int val, id;
5. } zx[1005], zy[1005];
6. int cmp(node a, node b){
7.     return a.val < b.val;
8. }
9. int sum[1005][1005];
10. int main(){
11.     int n;
12.     cin >> n;
13.     for (int i = 1; i <= n; i++){
14.         cin >> zx[i].val >> zy[i].val;
15.         zx[i].id = i;
16.         zy[i].id = i;
17.     }
18.     sort(zx + 1, zx + n + 1, cmp);
19.     sort(zy + 1, zy + n + 1, cmp);
20.     int x[1005] = {0}, y[1005] = {0};
21.     for (int i = 1; i <= n; i++){
22.         x[zx[i].id] = i;
23.         y[zy[i].id] = i;
24.     }
25.     memset(sum, 0, sizeof(sum));
26.     for (int i = 1; i <= n; i++)
27.         sum[x[i]][y[i]] = 1; // 前缀和
28.
29.     for (int i = 1; i <= n; i++){
30.         for (int j = 1; j <= n; j++){
31.             sum[i][j] += sum[i - 1][j] + sum[i][j - 1]
                        - sum[i - 1][j - 1];
32.         }
33.     }
34.     int maxx = 0, ans = 1e9;
35.     for (int i = 1; i <= n; i++){
36.         for (int j = 1; j <= n; j++){
37.             //1 区域
38.             int area1 = sum[i][n] - sum[i][j];
39.             //2 区域
40.             int area2 = sum[i][j];
```

```
41.              //3 区域
42.              int area3 = sum[n][j] - sum[i][j];
43.              //4 区域
44.              int area4 = sum[n][n] - sum[i][n] - sum[n][j]
                          + sum[i][j];
45.              ans = min( ans, max( max( area1, area2 ), max( area3, area4 ) ) );
46.          }
47.      }
48.      cout << ans;
49.      return 0;
50. }
```

请读者完成对应习题 1-4~1-5。

1.2.2　差分

差分是指将一个数组的相邻元素之差存储在一个新数组中,其中新数组的第 i 个元素表示原数组第 i 个元素与第 $i-1$ 个元素的差值。差分常常用于区间修改问题,可以通过修改差分数组来快速更新原数组的某个区间。差分的时间复杂度为 $O(n)$,其中 n 为数组长度。

（1）一维差分

由于一维差分数组中的每个元素都是原数组中 $a[i]$ 与 $a[i-1]$ 的差值,联系一维前缀和的概念,可知一维差分数组的前缀和数组就是原数组。

例如,原数组 $a[5] = \{1, 3, 7, 5, 2\}$,其一维差分数组 $b[5] = \{1, 2, 4, -2, -3\}$,其一维差分数组的前缀和数组 $s[5] = \{1, 3, 7, 5, 2\}$,与原数组相同。可用公式 $s[i] = \sum_{j=0}^{i} b[j] = a[0] + (a[1] - a[0]) + (a[2] - a[1]) + \cdots + (a[i] - a[i-1]) = a[i]$ 来证明。

一维差分常常用于快速地将数组 a 中某一指定区间 $[x, y]$ 加上或减去一个固定值 value。这类问题的常规思路是遍历区间 $[x, y]$ 中的所有元素并加上或减去这个值 value,若这样的区间操作要求进行 m 次,那么时间复杂度则为 $O(mn)$。一维差分不需要对整个区间进行操作,而只需要对固定点进行操作,一般为区间起点和区间终点之后的一个点,最终时间复杂度仅为 $O(n+m)$。

例如,若要将 a 数组中区间 $[2, 5]$ 中的每个元素加上一个数 2,只需要对其差分数组 $b[2] += 2$, $b[6] -= 2$ 即可。

如图 1-6 所示,将 $a[2]$ 到 $a[5]$ 都加上 2,对应的差分数组其实只有 $b[2]$ 和 $b[6]$ 发生了改变,其余的数比如 $b[4] = a[4] - a[3]$, $a[4]$ 和 $a[3]$ 都各加 2 了,所以没有改变。

	$a[1]$	$a[2]$	$a[3]$	$a[4]$	$a[5]$	$a[6]$	$a[7]$
a 原数组		+2	+2	+2	+2		

	$b[1]$	$b[2]$	$b[3]$	$b[4]$	$b[5]$	$b[6]$	$b[7]$
b 差分数组		+2				-2	

图 1-6　差分数组示意图

【例 1.10】 小 X 与煎饼达人(常州市赛)
【问题概述】

小 X 觉得有点饿了,他想出门买些吃的。刚刚走出大门,小 X 就看到有位大叔在做煎饼,而且做法十分有趣。

只见此人将 n 块煎饼排成一排,手持一把大铲,将煎饼铲得上下翻飞,煞是好看。小 X 顿时食指大动,赶紧走上前去细细打量,发现此人做煎饼还十分讲究,在做的过程中,他每次会将从第 x 块煎饼开始到第 y 块煎饼结束的这 y−x+1 块煎饼全部翻个个儿(正面翻到反面,反面翻到正面)。而他每次会选择不同的区间(区间是指连续的一段煎饼,如 3,4,5,6 四块煎饼用区间[3,6]表示)来翻这些煎饼。每块煎饼都有正反两面,开始时这些煎饼都是反面朝上。

大叔一共翻了 m 次煎饼,看得小 X 眼花缭乱。但是小 X 很想知道这 n 块煎饼到最后一共有多少块是正面朝上的,于是他只好求助于你了。

【输入格式】

第 1 行:包含 2 个用空格隔开的正整数,分别表示 n 和 m。

接下来 m 行:每行 2 个用空格隔开的正整数 x 和 y,表示每次将区间[x,y]中的 y−x+1 块煎饼翻个个儿。

开始时这 n 块煎饼都是反面朝上(提示:可以用 0 表示煎饼的反面,1 表示煎饼的正面)。

【输出格式】

输出仅有 1 行,即 1 个整数 ans,表示最后有 ans 块煎饼是正面朝上的。

【输入输出样例】

输入样例	输出样例
10 5 1 8 5 6 1 9 3 8 2 7	5

【样例说明】

共有 10 块煎饼,开始时状态为"反反反反反反反反反反",第一次操作将区间[1,8]的煎饼翻个身,状态变成"正正正正正正正正反反",红色表示翻的区间。

第二次操作将区间[5,6]的煎饼翻个身,状态变成"正正正正反反正正反反"。

第三次操作将区间[1,9]的煎饼翻个身,状态变成"反反反反正正反反正反"。

第四次操作将区间[3,8]的煎饼翻个身,状态变成"反反正正反反正正正反"。

第五次操作将区间[2,7]的煎饼翻个身,状态变成"反正反反正正反正正反"。

最后共有 5 块煎饼正面朝上。

【数据规模与约定】

对于 30% 的数据,$1 \leqslant n, m \leqslant 100$,$1 \leqslant x \leqslant y \leqslant n$;

对于另外 30% 的数据,$1 \leqslant n \leqslant 1\,000\,000$,$1 \leqslant m \leqslant 100\,000$,$x = 1, 1 \leqslant y \leqslant n$;

对于另外 40% 的数据,$1 \leqslant n \leqslant 1\,000\,000$,$1 \leqslant m \leqslant 100\,000$,$1 \leqslant x \leqslant y \leqslant n$。

【问题分析】

该题的主要操作是对某一区间内的煎饼翻面,操作的总数量较大,同时区间长度也很长,若采用循环遍历区间,逐一操作,很可能超时。因此可采用一维差分的做法,若对 $[x, y]$ 区间内的煎饼进行一次翻面,则只需要将差分数组中 $a[x]+1$,$a[y+1]-1$ 即可,修改的复杂度为 $O(m)$ 级别,最后统计每一块煎饼的翻面次数,若为奇数,则一定是正面朝上,时间复杂度为 $O(m+n)$。

【参考程序】

```
1. #include <bits/stdc++.h>
2. using namespace std;
3. int a[1000001] = {0}, b[1000001] = {0};
4. int main() {
5.     int n, m, x, y, ans = 0;
6.     cin >> n >> m;
7.     for (int i = 1; i <= m; i++) {
8.         cin >> x >> y;
9.         a[x]++;
10.         a[y + 1]--;
11.     }
12.     for (int i = 1; i <= n; i++) {
13.         b[i] = b[i - 1] + a[i];
14.         if (b[i] % 2 == 1)
15.             ans++;
16.     }
17.     cout << ans;
18.     return 0;
19. }
```

【例 1.11】 最大化区间和

【问题概述】

已知长度为 n 的整数序列。有 q 个询问,查询 $A[l] \sim A[r]$ 之和,并统计所有询问的总和。现在请你来重新排列序列中的数字,使得这个总和最大。

【输入格式】

第 1 行:正整数 n,q($1 \leqslant n, q \leqslant 2 \times 10^5$)。

第 2 行:n 个正整数(值不超过 $2×10^5$),表示这个整数序列。

接下来 q 行:每行 2 个整数 $l, r(1 \leq l \leq r \leq n)$,表示 q 个询问。

【输出格式】

一个整数,表示答案。

【输入输出样例】

输入样例	输出样例
3 3 5 3 2 1 2 2 3 1 3	25

【问题分析】

该题需要统计若干个区间内各数出现的次数,采用差分数组的做法可以快速统计出每个数出现的频率,然后采取贪心策略,让出现频率高的和元素值大的匹配。

【参考程序】

```
1. #include <bits/stdc++.h>
2. using namespace std;
3. long long a[200005], b[200005];
4. long long ans;
5. int main() {
6.     int n, q, l, r;
7.     cin >> n >> q;
8.     for (int i = 1; i <= n; i++)
9.         cin >> a[i];
10.    for (int i = 1; i <= q; i++) {
11.        cin >> l >> r;
12.        b[l]++;
13.        b[r + 1]--;
14.    }
15.    for (int i = 1; i <= n; i++)
16.        b[i] = b[i] + b[i - 1];
17.    sort(a + 1, a + n + 1);
18.    sort(b + 1, b + n + 1);
19.    for (int i = 1; i <= n; i++) {
20.        ans += a[i] * b[i];
21.    }
22.    cout << ans;
```

23.   return 0;

24. }

（2）二维差分

一维差分数组的前缀和数组就是原数组，同样，二维差分数组的前缀和数组也是原数组。例如原数组为 a 数组，其差分数组为 b 数组，差分数组的前缀和数组为 s 数组，根据二维前缀和的知识点，即可以通过 b 数组递推出 s 数组，公式为 $s[i][j]=s[i-1][j]+s[i][j-1]-s[i-1][j-1]+b[i][j]$。

反过来，根据 s 数组也可以推出 b 数组，公式为 $b[i][j]=s[i][j]-s[i-1][j]-s[i][j-1]+s[i-1][j-1]$。根据二维差分数组的前缀和数组也就是原数组，可知 $b[i][j]=a[i][j]-a[i-1][j]-a[i][j-1]+a[i-1][j-1]$。

与一维差分相同，二维差分同样用于快速地将一个区间中的所有元素都加上一个固定值，如图 1-7 所示。

整个过程如下：

① 差分数组中：$b[x_1][y_1]+=v$。

原数组/前缀和数组中：以 (x_1,y_1) 为左上角的矩形区域内全部元素 $+v$。

② 差分数组中：$b[x_2+1][y_1]-=v$。

原数组/前缀和数组中：以 (x_2+1,y_1) 为左上角的矩形区域内全部元素 $-v$。

③ 差分数组中：$b[x_1][y_2+1]-=v$。

原数组/前缀和数组中：以 (x_1,y_2+1) 为左上角的矩形区域内全部元素 $-v$。

④ 差分数组中：$b[x_2+1][y_2+1]+=v$。

原数组/前缀和数组中：以 (x_2+1,y_2+1) 为左上角的矩形区域内全部元素 $+v$

通过上述的 4 次单点操作，即可以对二维数组的任意区间加上任意一个值。

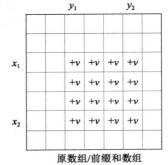

图 1-7 (x_1,y_1) 到 (x_2,y_2) 区间加值示意图

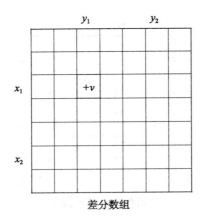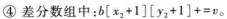

图 1-8 (x_1,y_1) 到 (x_2,y_2) 区间加值步骤①

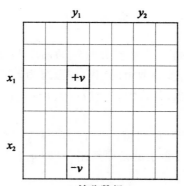

差分数组

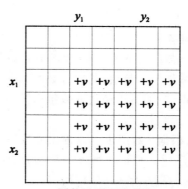

原数组/前缀和数组

图1-9 (x_1, y_1)到(x_2, y_2)区间加值步骤②

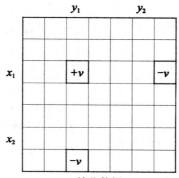

差分数组

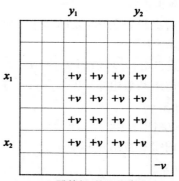

原数组/前缀和数组

图1-10 (x_1, y_1)到(x_2, y_2)区间加值步骤③

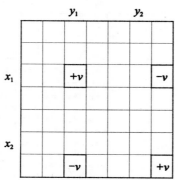

差分数组

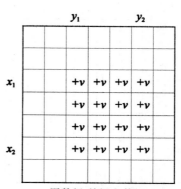

原数组/前缀和数组

图1-11 (x_1, y_1)到(x_2, y_2)区间加值步骤④

【例 1.12】 打地鼠（SDOI2011）

【问题概述】

打地鼠是这样的一个游戏：地面上有一些地鼠洞，地鼠们会不时从洞里探出头来很短时间后又缩回洞中。玩家的目标是在地鼠伸出头时，用锤子砸其头部，砸到的地鼠越多分数也就越高。

游戏中的锤子每次只能打一只地鼠，如果多只地鼠同时探出头，玩家只能通过多次挥舞锤子的方式打掉所有的地鼠。你认为这锤子太没用了，所以你改装了锤子，增加了锤子与地面的接触面积，使其每次可以击打一片区域。如果我们把地面看做 $M \times N$ 的矩阵，其每个元素都代表一个地鼠洞，那么锤子可以覆盖 $R \times C$ 区域内的所有地鼠洞。但是改装后的锤子有一个缺点：每次挥舞锤子时，对于这 $R \times C$ 的区域中的每一个地洞，锤子会打掉恰好一只地鼠。也就是说锤子覆盖的区域中，每个地洞必须至少有 1 只地鼠，且如果某个地洞中地鼠的只数大于 1，那么这个地洞只会有 1 只地鼠被打掉，因此每次挥舞锤子时，恰好有 $R \times C$ 只地鼠被打掉。由于锤子的内部结构过于精密，因此在游戏过程中你不能旋转锤子（即不能互换 R 和 C）。

你可以任意更改锤子的规格（即你可以任意规定 R 和 C 的大小），但是改装锤子的工作只能在打地鼠前进行（即你不可以打掉一部分地鼠后，再改变锤子的规格）。你的任务是求出要想打掉所有的地鼠，至少需要挥舞锤子的次数。

提示：由于你可以把锤子的大小设置为 1×1，因此本题总是有解的。

【输入格式】

第 1 行：2 个正整数 M 和 N。

接下来 M 行：每行 N 个正整数描述地图，每个数字表示相应位置的地洞中地鼠的数量。

【输出格式】

输出一个整数，表示最少的挥舞次数。

【输入输出样例】

输入样例	输出样例
3 3 1 2 1 2 4 2 1 2 1	4

【样例说明】

使用 2×2 的锤子，分别在左上、左下、右上、右下挥舞一次。

【问题分析】

通过枚举每一个可能的锤子规格，再检测以该锤子打地鼠的可行性，从而挑出合适的锤子中最大的，以保证挥舞锤子的次数是最少的。

【参考程序】

```cpp
1. #include <bits/stdc++.h>
2. using namespace std;
3. int n, m, cnt = 0, result = 0;
4. int mp[105][105], tmp[105][105];
5. void add(int i, int j, int x, int y, int v) {
6.     tmp[i][j] += v;
7.     tmp[i][j + y] -= v;
8.     tmp[i + x][j] -= v;
9.     tmp[i + x][j + y] += v;
10. }
11. void check(int x, int y) {
12.     memset(tmp, 0, sizeof(tmp));
13.     for (int i = 1; i <= n; i++) {
14.         for (int j = 1; j <= m; j++) {
15.             tmp[i][j] += tmp[i - 1][j] + tmp[i][j - 1]
                            - tmp[i - 1][j - 1]; // 二维前缀和
16.             if (tmp[i][j] > mp[i][j])
17.                 return;
18.             if (tmp[i][j] < mp[i][j]) {
19.                 if (j + y > m + 1 || i + x > n + 1)
20.                     return;
21.                 add(i, j, x, y, mp[i][j] - tmp[i][j]);
22.             }
23.         }
24.     }
25.     result = max(result, x * y);
26. }
27.
28. int main() {
29.     cin >> n >> m;
30.     for (int i = 1; i <= n; i++) {
31.         for (int j = 1; j <= m; j++) {
32.             cin >> mp[i][j];
33.             cnt += mp[i][j];
34.         }
35.     }
36.     for (int i = 1; i <= n; i++) {
37.         for (int j = 1; j <= m; j++) {
38.             if (cnt % (i * j) == 0) {
39.                 check(i, j);
```

```
40.                 }
41.             }
42.         }
43.     printf("% d\n", cnt / result);
44.     return 0;
45. }
```

请读者完成对应习题 1-6 ~ 1-7。

1.3　二　　分

二分法的智慧就在于它略去了一些不必考虑的中间情况,准确而快速地定位所需要的解的范围。很多令人拍案叫绝的算法和数据结构中也隐约闪烁着二分法的光芒。下面我们从二分查找开始,来领略二分法的魅力。

1.3.1　二分查找

二分查找又称折半查找,是利用二分法查找有序序列中元素的方法。能进行二分查找的序列必须采用顺序存储结构,且元素按关键字有序排列。

在一个严格单调增序列 a_1, a_2, $\cdots$, $a_n(n \geqslant 2)$ 中查找元素 c,二分查找的一般过程是:

(1)初始化查找区间(lft, rgt],lft = 0, rgt = n。整数查找时可以采用一开一闭的表示方法,以防止整除运算带来的死循环问题。

(2)mid = (lft+rgt)/2。

(3)若 $c \leqslant a[\text{mid}]$,则 rgt = mid,否则 lft = mid。

(4)若 lft+1 == rgt,则 $a[\text{rgt}]$ 为要查找的元素,否则转(2)。

如果循环结束时仍未找到元素 c,则无解。

当然,整数查找时也可以采用闭区间的表示方法:

(1)初始化查找区间[lft,rgt], lft = 1, rgt = n,这里要注意加一减一的问题。

(2)mid = (lft+rgt)/2。

(3)若 $c < a[\text{mid}]$,则 rgt = mid-1;若 $c > a[\text{mid}]$,则 lft = mid+1。

(4)若 $c == a[\text{mid}]$,则 $a[\text{mid}]$ 为要查找的元素,mid 为所查找元素的位置,否则转(2)

如果循环结束时仍未找到元素 c,则无解。

注意,如果查找的区间为实数区间,则控制在区间长度小于精度时程序退出。以求 x 的平方根为例,程序如下:

【核心代码】

```
1. double eps = 1e-5; // 精度要求
2. lft = 0;
3. rgt = x;
```

```
4. while ( abs( rgt − lft ) > eps ) {
5.     mid = ( lft + rgt ) / 2;
6.     if ( mid * mid >= x )
7.         rgt = mid;
8.     else
9.         lft = mid;
10. }
```

由上述过程可以看出,查找一个元素最多比较 $\lg n$ 次,故二分查找的时间复杂度为 $O(\lg n)$。

【例 1.13】 化装晚会(USACO)

【问题概述】

FJ 做了一套能容下两头总长不超过 $S(1 \le S \le 1\,000\,000)$ 的牛的恐怖服装。FJ 养了 N($2 \le N \le 20\,000$)头按 1~N 顺序编号的奶牛,编号为 $i(1 \le i \le N)$ 的奶牛的长度为 $L_i(1 \le L_i \le 1\,000\,000)$。如果两头奶牛的总长度不超过 S,那么它们就能穿下这套服装。

FJ 想知道,如果他想选择两头不同的奶牛来穿这套衣服,一共有多少种满足条件的方案。

【输入格式】

第 1 行:包含 2 个用空格隔开的整数 N 和 S。

第 2~N+1 行:第 i+1 行包含 1 个整数 L_i。

【输出格式】

输出一个整数,表示 FJ 可选择的所有方案数。注意顺序不同的同样两头奶牛被视为同一种方案。

【输入输出样例】

输入样例	输出样例
4 6 3 5 2 1	4

【样例说明】

4 种选择分别为:奶牛 1 和奶牛 3;奶牛 1 和奶牛 4;奶牛 2 和奶牛 4;奶牛 3 和奶牛 4。

【问题分析】

我们很容易想到枚举两个奶牛的方法,但是由于这个方法过于朴素,时间复杂度高达 $O(n^2)$。我们可以考虑先对数据进行排序,然后枚举一头奶牛,再利用有序序列二分查找另一头可以配对的奶牛。这样,快速排序的时间复杂度为 $O(n \lg n)$,枚举+二分的复杂度为

$O(n\lg n)$，综合起来复杂度依然是 $O(n\lg n)$。

【核心代码】

```
1. int binSearch( int num ) {
2.     int lft = 1, rgt = n, mid;
3.     while ( lft <= rgt ) {
4.         mid = ( lft + rgt ) / 2;
5.         if ( a[mid] == num ) return mid;
6.         if ( a[mid] < num )
7.             lft = mid + 1;
8.         else
9.             rgt = mid - 1;
10.    }
11.    return 0;
12. }
```

当然，我们在实际编程中往往用 STL 自带的函数 binary_search、lower_bound 和 upper_bound 来实现二分查找。

binary_search(begin，end，num) 表示在给定的 begin 位置到 end−1 位置二分查找等于 num 的数，找到返回 true，否则返回 false。

lower_bound(begin，end，num) 表示在给定序列的 begin 位置到 end−1 位置二分查找第一个大于或等于 num 的数字，找到返回该数字的地址，不存在则返回 end。如果序列为数组，则通过返回的地址减去起始地址 begin，得到 num 在数组中的下标。

upper_bound(begin，end，num) 表示在给定序列的 begin 位置到 end−1 位置二分查找第一个大于 num 的数字，找到返回该数字的地址，不存在则返回 end。如果序列为数组，则通过返回的地址减去起始地址 begin，得到 num 在数组中的下标。

```
1. int num[10] = {0, 1, 2, 2, 4, 5, 6, 7, 8, 9};
2. bool flag = binary_search( num, num +10, 2);
3. int p = lower_bound( num, num +10, 2) - num;
4. int q = upper_bound( num, num +10, 2) - num;
```

上面的代码执行后，flag 的值为 true，表示在 num 数组中有这个数。p 的值为 2，表示 num[0]，num[1]，…，num[9] 中第一个大于等于 2 的元素下标为 2；q 的值为 4，表示 num[0]，num[1]，…，num[9] 第一个大于 2 的元素下标为 4。

虽然可以用 STL 实现二分查找，但是如果需要在一段连续的数值范围内查找符合条件的最大或最小值则需要用二分查找的程序框架来实现二分答案。

1.3.2 二分枚举答案

当一个最优性问题用贪心、动态规划等方法难以解决时，我们可以考虑用二分答案的方法。它可以以较低的时间复杂度将最优性问题转化为可行性问题。而处理可行性问题的难度一般要比处理最优性问题小得多。由于这样一个特点,在看到"最大值的最小值"等类似字眼时,我们可以考虑用二分法。

但是,能使用二分答案的问题必须满足有序的条件,且对每个解都能明确地判断是否可行。如果用"0"表示不可行,"1"表示可行,那么解的序列可以抽象为:

00…0011…11 或 11…1100…00

这样,使用二分法就可以求出"0"与"1"的交界位置的可行解,即最靠近"0"的那个"1",也就是可行解中的最优解。

我们设一个函数 check(x) 用于判断解 x 是否可行,可行返回 true,不可行返回 false,这里的 check(x) 函数就相当于上面的二分查找程序。

参考上面的二分查找程序,我们可以写出二分答案程序("00…0011…11"型序列)的大致框架:

```
1. int solve(int x) {
2.     int lft = 0, rgt = n, mid;
3.     while (lft + 1 < rgt) {
4.         mid = (lft + rgt) / 2;
5.         if (check(mid))
6.             rgt = mid;
7.         else
8.             lft = mid;
9.     }
10.    return mid;
11. }
```

若记 check 函数的时间复杂度为 w,则整个算法的时间复杂度为 $O(wlgn)$。

【例 1.14】 最佳牛栏(USACO)

【问题概述】

农场主 John(简称 FJ)的农场由一长排的 $N(1 \leqslant N \leqslant 100\,000)$ 块地组成。每块地有数量为 ncows 的牛($1 \leqslant$ ncows $\leqslant 2\,000$)。

FJ 想修建环绕邻接的一组地块的栅栏,以最大化这组地块中平均每块地中牛的数量。这组地块必须包含至少 $F(1 \leqslant F \leqslant N)$ 块地,F 作为输入给出。

给定约束,计算出栅栏的布置情况以最大化平均数。

【输入格式】

第 1 行:包含 2 个由空格分隔的整数 N 和 F。

第 2~N+1 行:每行包含 1 个整数,表示 1 到 N 块地中每块地中的牛的数量。第 2 行的整数表示地块 1 中的牛数,第 3 行的整数表示地块 2 中的牛的数量……

【输出格式】

输出 1 行,包含一个整数,它是最大平均数的 1 000 倍,不要用舍入求整,只要输出整数

$1\,000\times ncows/n$。

【输入输出样例】

输入样例	输出样例
10 6 6 4 2 10 3 8 5 9 4 1	6500

【问题分析】

这道题目的 n 值比较大,再加上题目有较高的精度要求,用朴素算法肯定会严重超时。注意到题目求的是"至少 F 块地"条件下的"最大平均值",有类似于"最大值的最小值"的字眼,所以我们考虑用二分答案的方法。

首先二分平均数。这样,问题就转化为:是否存在长度不小于 f 的连续序列,使得它们的平均数不小于某给定值。很显然,这个问题的解是单调的,满足"$11\cdots1100\cdots00$"的结构。

为了进一步简化问题,我们将序列中每一个数都减去该给定值。这样,我们要解决的问题就是:是否存在长度不小于 F 的连续序列,使得它们的和非负。

假设连续序列以 i 号结尾,那么这样的连续序列的和的最大值为 $c[i]=\max\{s[i]-s[j]\}$ $(j=0,1\cdots,i-f$,$s[i]$ 为序列的部分和)。如果 $c[i]$ 的最大值非负,则该解可行,否则不可行。

因为对于某个 i,$\max\{s[i]-s[j]\}=s[i]-\min\{s[j]\}$,所以在实际实现中,部分和数组不一定要开,只需要记录 $s[i]$ 以及 $\min\{s[j]\}$ $(j=1,2,\cdots,i-f)$ 即可。

根据以上的分析,整个算法的复杂度为 $O(n\lg m)$,m 为答案可能的最大值。

【参考程序】

```
1. #include <bits/stdc++.h>
2. using namespace std;
3. #define int long long
4. const int N = 1e5 +5;
5. int n, f, a[N];
6. void init() {
7.     cin >> n >> f;
8.     for (int i = 1; i <= n; i++) {
9.         cin >> a[i];
10.        a[i] * = 1000;
11.    }
```

```
12. }
13. bool check( int ave ) {
14.     double s, sp, cur, ans;
15.     s = sp = cur = 0;
16.     ans = -1;
17.     for ( int i = 1; i <= n; i++ ) {
18.         s += a[ i ] - ave;
19.         if ( i >= f ) {
20.             ans = max( ans, s - cur );
21.             if ( ans >= 0 )
22.                 break;
23.             sp = sp + a[ i - f + 1 ] - ave;
24.             cur = min( cur, sp );
25.         }
26.     }
27.     return ans >= 0;
28. }
29. void work( ) {
30.     int lft = 0, rgt = 2000001, mid;
31.     while ( lft + 1 < rgt ) {
32.         mid = ( lft + rgt ) / 2;
33.         if ( check( mid ) )
34.             lft = mid;
35.         else
36.             rgt = mid;
37.     }
38.     cout << lft << endl;
39. }
40. signed main( ) {
41.     init( );
42.     work( );
43.     return 0;
44. }
```

【例 1.15】 拦截导弹（NOIP1999）

【问题概述】

某国为了防御敌国的导弹袭击,开发出一种导弹拦截系统。但是这种导弹拦截系统有一个缺陷:虽然它的第一发炮弹能够到达任意的高度,但是以后每一发炮弹都不能高于前一发的高度。某天,雷达捕捉到敌国的导弹来袭。由于该系统还在试用阶段,所以只有一套系统,因此有可能不能拦截所有的导弹。

输入导弹依次飞来的高度,计算这套系统最多能拦截多少导弹。

【输入格式】

输入 1 行,包含若干个由空格隔开的整数。

【输出格式】

输出 1 行,包含 1 个整数,表示这套系统最多能拦截多少导弹。

【输入输出样例】

输入样例	输出样例
389 207 155 300 299 170 158 65	6

【数据规模与约定】

对于全部数据,满足导弹的个数不超过 10^5;导弹的高度为正整数,且不超过 $5×10^4$。

【问题分析】

这道题本质上是求最长的不上升子序列,是一个经典的动态规划问题。设 $h[i]$ 为第 i 个导弹的高度,$dp[i]$ 表示打下第 i 个导弹时最多能拦截多少导弹。状态转移方程为 $dp[i] = \max(dp[i], dp[j]+1)$($j<i$ 且 $h[j] \geqslant h[i]$),再求 $\max(dp[i])$($1 \leqslant i \leqslant n$),时间复杂度为 $O(n^2)$,数据大了就会超时。

如果能拦截 i 枚导弹,设 $dp[i]$ 为第 i 枚导弹能达到的最高高度,则可以得到表 1-1。显然 $dp[1]$,$dp[2]$,…,$dp[n]$ 为一个不上升的序列,我们可以考虑用二分查找来提高效率。

表 1-1　导弹能达到的最高高度

	1	2	3	4	5	6
第 1 枚导弹来时 dp 数组值	<u>389</u>					
第 2 枚导弹来时 dp 数组值	389	<u>207</u>				
第 3 枚导弹来时 dp 数组值	389	207	<u>155</u>			
第 4 枚导弹来时 dp 数组值	389	<u>300</u>	155			
第 5 枚导弹来时 dp 数组值	389	300	<u>299</u>			
第 6 枚导弹来时 dp 数组值	389	300	299	<u>170</u>		
第 7 枚导弹来时 dp 数组值	389	300	299	170	<u>158</u>	
第 8 枚导弹来时 dp 数组值	389	300	299	170	158	<u>65</u>

先将 $h[1]$ 存到 $dp[1]$ 中,拦截第 1 枚导弹时能达到的最高高度只能是 $h[1]$;

再将 $h[i]$($2 \leqslant i \leqslant n$)与 $dp[ans]$(ans 表示 dp 数组的最后一个元素)依次进行比较,并按下面规则执行:

- 如果 $h[i] \leqslant dp[ans]$,则 dp 数组在末尾增加一个元素,元素值为 $h[i]$;
- 如果 $h[i] > dp[ans]$,用 $h[i]$ 替换 dp 数组中小于 $h[i]$ 的最小元素的下标(运用二分查找)。

则时间复杂度变为 $O(n\lg n)$。

【核心代码】

```
1. dp[1] = h[1];
2. ans = 1;
```

```
3. for ( int i = 2; i <= n; i++) {
4.     if ( h[ i ] < dp[ ans ])
5.         dp[ ++ ans ] = h[ i ];
6.     else {
7.         int p = lower_bound( dp + 1, dp + 1 + ans, h[ i ], greater<int>( )) - dp;
8.         // 在 dp 中从前往后找到第 1 个小于 h[ i ] 的数的位置
9.         dp[ p ] = h[ i ];
10.     }
11. }
12. cout << ans << endl;
```

【例 1.16】 跳石头（NOIP2015）

【问题概述】

一年一度的"跳石头"比赛又要开始了!

这项比赛将在一条笔直的河道中进行,河道中分布着一些巨大岩石。组委会已经选择好了两块岩石作为比赛起点和终点。在起点和终点之间,有 N 块岩石(不含起点和终点的岩石)。在比赛过程中,选手们将从起点出发,每跳一步到达相邻的岩石,直至到达终点。

为了提高比赛难度,组委会计划移走一些岩石,使得选手们在比赛过程中的最短跳跃距离尽可能长。由于预算限制,组委会至多移走起点和终点之间的 M 块岩石(不能移走起点和终点的岩石)。

【输入格式】

第 1 行:包含 3 个整数 L, N, M,分别表示起点到终点的距离,起点和终点之间的岩石数,以及组委会至多移走的岩石数。保证 $L \geq 1$ 且 $N \geq M \geq 0$。

接下来 N 行:每行 1 个整数,第 i 行的整数 $D_i (0 < D_i < L)$ 表示第 i 块岩石与起点的距离。这些岩石按与起点距离从小到大的顺序给出,且不会有两块岩石出现在同一个位置。

【输出格式】

一个整数,即最短跳跃距离的最大值。

【输入输出样例】

输入样例	输出样例
25 5 2 2 11 14 17 21	4

【样例说明】

将与起点距离为 2 和 14 的两个岩石移走后,最短的跳跃距离为 4(从与起点距离 17 的岩石跳到距离 21 的岩石,或者从距离 21 的岩石跳到终点)。

【数据规模与约定】

对于 20% 的数据, $0 \leqslant M \leqslant N \leqslant 10$;

对于 50% 的数据, $0 \leqslant M \leqslant N \leqslant 100$;

对于 100% 的数据, $0 \leqslant M \leqslant N \leqslant 50\,000$, $1 \leqslant L \leqslant 10^9$。

【问题分析】

经过以上几题的体验,相信大家一定已敏锐地捕捉到了本题中二分的信号——"最短跳跃距离的最大值"。第一步很好想,就是二分跳跃距离。这样,问题的关键就在于如何判断这样的解可不可行。

我们二分跳跃距离,规定区间左端点的值为 0,区间右端点的值为 L。然后以这个距离为标准移石头,判断是否为可行解,如果这个解是可行解,那么有可能会有比这更优的解,由于要求最短跳跃距离的最大值,那么我们就在区间的右半部分进行二分答案求解。如果二分到的这个解不是一个可行解,说明二分的值太大了,只能到区间的左半部分进行二分答案求解。

如何判断当前是否是可行解呢? 我们先去判断如果以这个距离为最短跳跃距离需要移走多少块石头,先不必考虑移走多少块,等全部移结束后,再把移走的数量和 M 进行比对,如果大于 M,那么这就是一个非法解,反之就是一个合法解!

【参考程序】

```cpp
1. #include <bits/stdc++.h>
2. using namespace std;
3. #define int long long
4. const int MaxL = 50005;
5. int d[MaxL], L, n, m;
6. bool check(int mid) {
7.     //验证是否为可行解
8.     int last = 0;
9.     int t = 0;
10.    for (int i = 1; i <= n; i++)
11.        if (d[i] - last < mid)
12.            t++;
13.        else
14.            last = d[i];
15.    return t <= m;
16. }
17. signed main() {
18.     cin >> L >> n >> m;
19.     for (int i = 1; i <= n; i++)
20.         cin >> d[i];
21.     d[++n] = L;
22.     int lft = 0;
23.     int rgt = L;
```

```
24.      while（lft <= rgt）{
25.          // 二分答案
26.          int mid  =（lft + rgt）/ 2;
27.          if（check（mid））
28.              lft = mid + 1;
29.          else
30.              rgt = mid - 1;
31.      }
32.      cout << rgt << endl;
33.      return 0;
34. }
```

二分法应用的关键是序列的单调性。二分法一般会与其他算法相结合。二分答案起的作用一般是将复杂最优性问题转化为易于求解的可行性问题,所以想到用二分法还不够,还要会用贪心、搜索、动态规划等算法解决各种可行性问题。

请读者完成对应习题 1-8~1-10。

1.4　哈希及其应用

哈希表(Hash table),也叫散列表,是根据关键码值(Key value)而直接进行访问的数据结构。也就是说,它通过把关键码值映射到表中一个位置来访问记录,以加快查找的速度。这个映射函数叫做哈希函数,存放记录的数组叫做哈希表。

哈希表是一种高效的数据结构。它的主要优点就是能把数据存储和查找需要的时间大大降低,几乎是常数时间;而它的缺点就是需要消耗比较多的内存。但是在当前可利用内存越来越多的情况下,用空间换时间的做法还是值得的。哈希表代码实现起来比较容易,这也是它的优点之一。

1.4.1　哈希的基本原理

哈希的基本原理是:使用一个下标范围比较大的数组来存储元素;然后设计一个函数,即哈希函数(散列函数),使得每个元素的关键字都与一个函数值(即数组下标)相对应,用这个数组单元来存储这个元素。也可以简单理解为,按照关键字为每一个元素“分类”,然后将这个元素存储在相应“类”所对应的地方。

哈希的思想是能直接找到需要的元素,因此必须在元素的存储位置和它的关键字之间建立一种确定的对应关系 f,使每个关键字和存储结构中一个唯一的存储位置相对应。例如,一个学校有 n 个学生,每个学生都有一个关键字——学号,学号是在 0 到 10 000 之间的,每个学生学号唯一。因此就可以用函数 $f(\text{key}) = \text{key}$ 得到唯一的地址。因此可以在 $O(1)$ 的复杂度下找到对应的位置,插入、查找、删除操作的复杂度都是 $O(1)$。

但是,不一定能够保证每个元素的关键字与函数值是一一对应的,因此极有可能出现对于不同的元素,却计算出了相同的函数值的情况,这样就产生了“冲突”,换句话说,就是把不同的元素分在了相同的“类”之中。后面我们将看到一种解决“冲突”的简便做法。总的来说,"直接定址"与"解决冲突"是哈希表的两大特点。

1.4.2　哈希函数的构造方法

选择合适的哈希函数,是实现哈希的一个很重要的因素,构造哈希函数一般有两个标准:简单化和均匀化。简单化是指哈希函数的计算要简单快速,均匀化是指对于关键字集合中的任一关键字,哈希函数能以等概率将其映射到表空间的任何一个位置上。也就是说,哈希函数能将子集 p 随机均匀地分布在表的地址集 $\{0, 1, \cdots, n-1\}$ 上,以使冲突最小化。

为简单起见,假定关键码定义在自然数集合上,常见的哈希函数构造方法有:

（1）直接定址法

直接定址法是以关键字 Key 本身或关键字加上某个数值常量 C 作为哈希地址的方法。哈希函数为

$h(\text{Key}) = \text{Key} + C$,若 C 为 0,则哈希地址就是关键字本身。

【例 1.17】　评优（priority.cpp/.in/.out）

【问题描述】

小 W 上了初中,发现学校有个"品学兼优好学生"的评选活动,要选出学校中既长得帅,唱歌也好听,还擅长 rap,打篮球也好的一名学生。由于学校人才济济,所以为了不让优秀的同学们为了仅有的一个名额抢破头,学校决定采用投票的方式决定唯一的品学兼优好学生,让小 W 负责统计学校内各个报名人的总得票数。小 X 因为工作压力太大了,所以在统计的过程中出现了很多错误,为此被老师狠狠批评了一顿。郁闷的小 X 找到了会编程的你,希望你能发挥你的聪明才智,帮助小 X 完成统计同学得票数的任务,并将得票数最高的人选为品学兼优好学生。全校共有 n 位同学,对他们依次从 1 到 n 编号,一共有 m 个人参与了竞选,所以你会收到 m 张选票。请你统计 n 名同学的得票数,并选出得票最多的那名同学,授予他"品学兼优好学生"的头衔。如果两个人得票数相等,那么学校将考虑编号较小的那位。

【输入格式】

输入数据第 1 行包含 2 个用空格隔开的正整数 n 和 m,其中 $n \leqslant 2\,000\,000$, $m \leqslant 20\,000\,000$。第 2 行有 m 个用空格隔开的不超过 n 的正整数,表示这 m 张选票上所写的编号。

【输出格式】

输出得票最多的那名同学的编号。如果同时有两名以上同学得票最多,输出编号最小的那名同学的编号。

【输入输出样例】

输入样例	输出样例
3 4 1 3 2 2	2

【样例说明】

全班共有 3 位同学竞选,共有 4 人进行了投票,其中有 1 人选了 1 号同学,1 人选了 3 号同学,两人选了 2 号同学,所以 2 号同学当选"品学兼优好学生"。

【数据规模与约定】

20% 的数据满足:$n \leq 3$,$m \leq 20$;

60% 的数据满足:$n \leq 10\,000$,$m \leq 500\,000$;

100% 的数据满足:$n \leq 2\,000\,000$,$m \leq 20\,000\,000$。

【算法分析】

本题用直接定址法的哈希来表示每个同学的得票数,然后扫描每个同学的得票情况,找出得票最多的同学。参考程序如下:

```
6.  #include <bits/stdc++.h>
7.  using namespace std;
8.  int h[2000001];
9.  main(){
10.     int n,m,x,id,maxn = INT_MIN;
11.     cin >> n >> m;
12.     for(int i = 1; i <= m; i++){
13.         cin >> x;
14.         h[x]++;
15.     }
16.     for(int i = 1; i <= n; i++){
17.         if(h[x] > maxn){
18.             maxn = h[i];
19.             id = i;
20.         }
21.     }
22.     cout << id << endl;
23.     return 0;
24. }
```

说明:直接定址法是我们竞赛中使用频率较高的一种哈希策略,我们经常用 $h[x]$ 代表 x 这个数的情况,在统计一段区间或者集合里有多少个不同数的 x 时,我们用 $h[x]++$ 和 $h[x]--$ 来代表 x 增加一个数或者减少一个数,若 $h[x]$ 由 0 变 1,则增加了一个新数 x,若 $h[x]$ 由 1 变 0,则少了 x 这个数。

(2)除余法

选择一个适当的正整数 p,用 p 去除关键码,取其余数作为地址,即:$h(key) = key \bmod p$,这个方法应用的最多,其关键是 p 的选取,一般选 p 为小于某个区域长度 n 的最大的素数。一般来说,如果 p 的约数越多,那么冲突的概率就越大。

(3)数字选择法

有这样一种情况:关键码的位数比存储区域地址的位数多,在这种情况下可以对关键码的各位进行分析,丢掉分布不均匀的位,留下分布均匀的位作为地址。

例如,对下列关键码集合(表 1-2 中左边一列)进行关键码到地址的转换,要求用三位地址。

表 1-2　关键码到地址的转换

key	$h($key$)$
000358446	346
000418389	489
000629473	673
000758515	715
000919587	987
000510317	517

分析:关键码是 9 位的,地址是 3 位的,需要经过数字分析丢掉 6 位。丢掉哪 6 位呢?显然前 3 位没有任何区分度,第 5 位 1 太多,第 6 位基本都是 8 和 9,第 7 位都是 3、4、5,这几位的区分度都不好,而相对来说,第 4、8、9 位数字分布比较均匀,所以留下这 3 位作为地址(表中右边一列)。

(4)基数转换法

将关键码值看成在另一个基数制上的表示,然后把它转换成原来基数制的数,再用数字分析法取其中的几位作为地址。一般取大于原来基数的数作转换的基数,并且两个基数要互质。如:key $=(123456)_{10}$ 是以 10 为基数的十进制数,现在将它看成是以 13 为基数的十三进制数 $(123456)_{13}$,然后将它转换成十进制数。$(123456)_{13} = 1 \times 13^5 + 2 \times 13^4 + 3 \times 13^3 + 4 \times 13^2 + 5 \times 13 + 6 = (435753)_{10}$,再进行数字分析,比如选择第 2、3、4、5 位,于是 $h(123456) = 3575$。

利用这种方法,我们也可以建立字符串的哈希表。

1.4.3　哈希表的基本操作

哈希表支持的操作主要有:初始化(makenull)、哈希函数值的运算($h(x)$)、插入元素(insert)、查找元素(member)。设插入元素的关键字为 x,H 为哈希表,则各种运算过程如下:

(1)初始化

```
1. const empty = 2147483647;    //用非常大的整数代表这个位置没有存储元素
2. const      p = 9997;          //根据需要设定表的大小
3. void makenull( ){
4.     for int( i = 0 ;i < p;i++)
5.         H[ i ] = empty;
6. }
```

(2)哈希函数值的运算

哈希函数值的运算根据函数的不同而变化,以下为除余法的一个例子:

```
1. int hash_key( int x ) {
2.     return  x % p;
3. }
```

（3）定位

我们注意到,插入和查找首先都需要对这个元素定位,因此加入一个定位的函数 locate

```
1. int locate( int x){
2.     int orig;
3.     orig = hash_key(x);
4.     i = 0;
5.     while ((i<p) & & H[(orig +i) % p]! =0) & & (H[(orig +i) % p]! = empty)){
6.         i++;
7.     }
8. }
```

（4）插入元素

```
1. void insert(int x){
2.     int  posi; posi = locate(x);              //定位函数的返回值
3.     if (H[posi] == empty)  H[posi] = x;
4. }
```

（5）查找元素是否已经在表中

```
1. bool member(int x){
2.     int pos;
3.     pos = locate(x);
4.     if(H[pos] == x) return 1;
5.     else reutrn 0;
6. }
```

1.4.4 哈希冲突的解决方法

通常情况下,哈希函数 hash_key 是一个压缩映像,不管怎样设计 hash_key,也不可能完全避免冲突。因此,只能在设计 hash_key 时尽可能使冲突最少。同时还需要确定解决冲突的方法,使发生冲突的同义词能够存储到表中,常用的方法有"拉链法"和"线性探测法".

（1）拉链法

拉链法的思路是将哈希值相同的元素构成一个同义词的单向链表,并将单向链表的头指针存放在哈希表的第 i 个单元中,查找、插入和删除主要在同义词链表中进行。

例如存储一组数字:29,40,36,43,47,46,73,哈希表长度为 7,设计的哈希函数为 $H(key)=key\%7$,则拉链法存储结果如表 1-3 所示:

表 1-3 拉链法存储结果

0				
1	29	36	43	
2				
3	73			
4	46			
5	40	47		
6				

73、46 无冲突则直接存储,29、36、43 冲突在 1 号,则三个数字依次以链式存储在 1 号链上,40、47 以链式存储在 5 号链上,现在我们来实现链式存储,为了程序书写方便每条链使用 vector 来解决。

程序实现:

```
1. vector H[10011];
2. void intsert(int x) {
3.     H[hash_key(x)].push_back(x);
4. }
```

（2）线性探测法

若数组元素个数为 n,则当 hash_key(k)已经存储了元素的时候,依次探查(hash_key(k)+i)%n,i=1, 2, 3, …,直到找到空的存储单元为止,线性探测法的空间一般是 $3×n$ 到 $5×n$。

若存储一组数字 29, 40, 36, 43, 47, 46, 73,元素个数为 7,设计的哈希函数为 hash_key(key)= key%7,则线性探测法依次存入上述数据,存储结果如表 1-4:

表 1-4　线性探测法存储结果

0	1	2	3	4	5	6
73	29	36	43	46	40	47

程序实现:

```
1. int H[10011],len;//len 代表线性探测的长度
2. void intsert(int x) {
3.     int d = 0;
4.     while ( H[(hash_key(x) +d) % n ] ! = 0 & & d <len){
5.         d++;
6.     }
7.     H[(hash_key(x) +d) % n ] = x;
8. }
```

【例 1.18】　小 Z 的故事之英语学习篇(study. cpp/. in/. out)

【问题描述】

面对竞争日益激烈的社会,小 Z 深感自己的英语水平实在是太差了,他决定在英语方面下苦功。这些日子里,小 Z 每天都要背大量的英语单词,阅读很多英语文章。终于有一天,小 Z 很高兴地对自己说:"我的英语已经没问题了!"他决定写一篇英语文章来显示自己的水平。

小 Z 将自己的文章交给了他的英语老师 Mr. Zhu,满以为 Mr. Zhu 会大加赞赏。谁知,Mr. Zhu 却严厉批评了小 Z。原来小 Z 在这篇文章中拼错了许多单词。单词这一关都没过,别说文章的条理性了。

小 Z 看到了自己的不足,决心从这篇文章开始重新奋斗! 他首先要做的是找出文章中拼错的单词并修正。但是这也不是一件容易的事,因为小 Z 这篇文章太长了,而且拼错的单词也太多了,小 Z 的水平太低,根本没法把拼错的单词都找出来。于是,小 Z 找到了你,希望

你帮助他完成这一任务。

【输入格式】

第 1 行：1 个整数 $N(N \leqslant 10\ 000)$，表示词典中单词的个数。

第 2 到 $N+1$ 行：每行 1 个单词，单词的长度不超过 10。

第 $N+2$ 行：列出了小 Z 在文章中所用到的单词(一律为小写字母)，单词间用空格分隔，单词的个数不会超过 1 000。

【输出格式】

一个整数，表示小 Z 拼错的单词的数目。

注意：如果一个单词在词典中无法找到，那么我们就认为这个单词拼错了。

【输入输出样例】

输入样例	输出样例
2 love this i love this game	2

【样例说明】

注意：如果出现两个相同的单词，且都拼错了，则计拼错单词数为 2。

【问题分析】

本题的关键是建立词典库，提高查找效率，解决此问题我们可以使用字典树，二分查找，也可以用字符串哈希来实现快速查找。此处我们用字符串哈希来实现，冲突用拉链法解决。关于拉链法解决冲突，我们在哈希冲突里会具体解释。

【参考程序】

```
1. #include <bits/stdc++.h>
2. using namespace std;
3. const int MOD = 29989;
4. int n,ans;
5. vector <string> Hash[30010];
6. int h(string s){
7.     int cnt = 0,x = 1;
8.     for(int i = 0;i < s.size();i++){
9.         cnt = ( cnt +( s[i] - 'a' ) * x ) % MOD;
10.        x = ( x * 26 ) % MOD;
11.    }
12.    return cnt;
13. }
14. bool find( string s){
15.    int cnt = h(s);
16.    for(int i = 0;i < Hash[cnt].size();i++){
```

```
17.              if( s == Hash[ cnt][ i]) {
18.                  return 1;
19.              }
20.          }
21.      return 0;
22. }
23. int main( ) {
24.      cin >> n;
25.      for( int i = 1;i <= n;i++) {
26.          string s;
27.          cin >> s;
28.          Hash[ h( s) ].push_back( s);
29.      }
30.      string s,ss = "";
31.      getline( cin,s);
32.      getline( cin,s);
33.      s += " ";
34.      for( int i = 0;i < s.size( );i++) {
35.          if( s[ i] == ' ') {
36.              ans += ( find( ss) ^ 1);
37.              ss = "";
38.          }
39.          else ss += s[ i];
40.      }
41.      cout << ans << "\n";
42.      return 0;
43. }
```

（3）用 map 来实现哈希

map 是 STL 的一个关联容器,它提供一对一(其中第一个称为关键字,每个关键字只能在 map 中出现一次,第二个称为该关键字的值)的数据处理能力,可起到类似 hash 表的作用。关于 map 的具体用法可以参考常用 STL。

定义:map<string, int> a;

插入:a.insert(make_pair("str", 6));

删除:a.erase("str");

计数:a.count("str") (返回 0/1)

查找:a.find/lower_bound/upper_bound("str");

map 的迭代器指向 pair

像哈希表一样访问:a["str"] = 7;

注意:如果使用 $a[x]$ 时 S 中还不存在 x,那么会自动新建一个 x。map 并不是真正哈希表,只是类似哈希的一种写法,它的本质是红黑树,实现查找、删除、插入的效率为 $\log(n)$,在时间复杂度允许的情况下,map 可用来模拟哈希,它的优点是第一关键字可以是负数、大整数、字符串等,这类数据在类似哈希写法的时候比较方便,但实际效率要比哈希慢。例 1.18 用 map 来实现的参考程序如下:

```
1. #include <bits/stdc++.h>
2. using namespace std;
3. map <string,int> h;//定义字符串哈希
4. int main( ){
5.     int n,ans = 0;
6.     string s,st = "";
7.     scanf( "% d", & n);
8.     for( int i = 1;i <= n;i++) {
9.         cin >> s;
10.        h[s] = 1;
11.    }
12.    getline( cin,s);//读入换行
13.    getline( cin,s);
14.    for( int i = 0;i < s.size( );i++) {
15.        if( s[i] == ' ') {//根据空格截单词
16.            if( h[st] == 0) ans++;//如果词典里没有,就把计时器加 1
17.            st = "";//清空单词
18.        }
19.        else st += s[i];
20.    }
21.    if( h[st] == 0) ans++;//还有最后一个单词要判
22.    printf( "% d",ans);
23.    return 0;
24. }
```

习　　题

【题 1-1】　**Three Days Ago**(AtCoder_ABC_295D)
【问题描述】
给出一个数字串 S,问有多少非空子串满足:可以以某种方式将这个子串重排,将该子串分成两个完全相同的部分。
【输入格式】
输入 1 行只有数字构成的数字串 S。
【输出格式】
输出 1 个整数,即所求答案。

【输入输出样例】

输入样例	输出样例
20230322	4

【样例说明】

数字串"20230322"有 4 个非空子串满足,即:{1,6}、{1,8}、{2,7}、{7,8}。

【数据规模与约定】

$1 \leqslant |S| \leqslant 5 \times 10^5$,$|S|$ 表示数字串 S 的长度。

【题 1-2】 Strange Test(CF1632C)

【问题描述】

给定两个整数 a,b。你可以执行若干次操作,每次操作分为如下三种:

- $a \leftarrow a+1$。
- $b \leftarrow b+1$。
- $a \leftarrow a$ or b。

其中 $x \leftarrow y$ 表示将 x 的值替换为 y,即赋值操作。or 表示按位或操作。

请求出使得 a 变为 b 的最少操作次数。

【输入格式】

第 1 行为 1 个正整数 t,表示数据组数。

随后每组数据 1 行,即整数 a 和 b。

【输出格式】

每组数据输出一个整数,即所求答案。

【输入输出样例】

输入样例	输出样例
5	1
1 3	3
5 8	2
2 5	1
3 19	23329
56678 164422	

【数据规模与约定】

$1 \leqslant t \leqslant 10^4$,$1 \leqslant a \leqslant b \leqslant 10^6$,$\sum b \leqslant 10^6$。

【题 1-3】 黑白棋游戏(1S/128MB)

【问题描述】

黑白棋游戏的棋盘由 4×4 方格阵列构成。棋盘的每一方格中放有 1 枚棋子,共有 8 枚白棋子和 8 枚黑棋子。这 16 枚棋子的每一种放置方案都构成一个游戏状态。在棋盘上拥有 1 条公共边的 2 个方格称为相邻方格。一个方格最多可有 4 个相邻方格。在玩黑白棋游戏时,每一步可将任何 2 个相邻方格中棋子互换位置。对于给定的初始游戏状态和目标游戏状态,编程计算从初始游戏状态变化到目标游戏状态的最短着棋序列。

【输入格式】

输入文件共有 8 行。前 4 行是初始游戏状态,后 4 行是目标游戏状态。每行 4 个数分别表示该行放置的棋子颜色。"0"表示白棋;"1"表示黑棋。

【输出格式】

输出文件的第一行是着棋步数 n。接下来 n 行,每行 4 个数分别表示该步交换棋子的两个相邻方格的位置。例如,abcd 表示将棋盘上 (a,b) 处的棋子与 (c,d) 处的棋子换位。

【输入输出样例】

输入样例	输出样例
1111	4
0000	1222
1110	1424
0010	3242
1010	4344
0101	
1010	
0101	

【题 1-4】 求和(NOIP2015 普及组)

【问题概述】

一条狭长的纸带被均匀划分出了 n 个格子,格子编号为从 1 到 n。每个格子上都染了一种颜色 $color_i$,用 $[1,m]$ 当中的一个整数表示,并且写了一个数字 $number_i$。

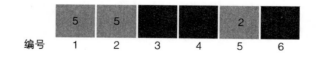

定义一种特殊的三元组 (x,y,z),其中 x,y,z 都代表纸带上格子的编号,这里的三元组要求满足以下两个条件:

① x,y,z 是整数,$x<y<z$,$y-x=z-y$。

② $color_x=color_z$。

满足上述条件的三元组的分数规定为 $(x+z)\times(number_x+number_z)$。整个纸带的分数规定为所有满足条件的三元组的分数的和。这个分数可能会很大,你只要输出整个纸带的分数除以 10 007,所得的余数即为输出。

【输入格式】

第 1 行:用 1 个空格隔开的两个正整数 n 和 m,n 表示纸带上格子的个数,m 表示纸带上颜色的种类数。

第 2 行:有 n 个用空格隔开的正整数,第 i 个数字 number i 表示纸带上编号为 i 的格子上面写的数字。

第 3 行:有 n 个用空格隔开的正整数,第 i 个数字 color i 表示纸带上编号为 i 的格子染的颜色。

【输出格式】

共 1 行,1 个整数,表示所求的纸带分数除以 10 007 所得的余数。

【输入输出样例】

输入样例	输出样例	样例说明
6 2 5 5 3 2 2 2 2 2 1 1 2 1	82	所有满足条件的三元组为:(1,3,5)、(4,5,6)。 所以纸带的分数为 $(1+5) \times (5+2) + (4+6) \times (2+2) = 42+40 = 82$。

【数据规模与约定】

对于第 1 组至第 2 组数据,$1 \leqslant n \leqslant 100$,$1 \leqslant m \leqslant 5$;

对于第 3 组至第 4 组数据,$1 \leqslant n \leqslant 3\ 000$,$1 \leqslant m \leqslant 100$;

对于第 5 组至第 6 组数据,$1 \leqslant n \leqslant 100\ 000$,$1 \leqslant m \leqslant 100\ 000$,且不存在出现次数超过 20 的颜色;

对于全部 10 组数据,$1 \leqslant n \leqslant 100\ 000$,$1 \leqslant m \leqslant 100\ 000$,$1 \leqslant \text{color}_i \leqslant m$,$1 \leqslant \text{number}_i \leqslant 100\ 000$。

【题 1-5】 Dylan 正方形(COCI2011/2012)

【问题概述】

Dylan 值的定义:一个正方形的 Dylan 值是该正方形左上角到右下角对角线上的元素和减去另外一条对角线上的元素和。

现在有一个 $n \times n$ 正方形,你要做的是求出这个正方形中所有子正方形($2 \leqslant$ 长度 $\leqslant n$)的最大 Dylan 值。

【输入格式】

第 1 行:1 个整数 n,表示正方形的长度。

接下来 n 行:每行 n 个数为正方形的元素 a_{ij}。

【输出格式】

输出 1 个整数,为最大 Dylan 值。

【输入输出样例】

输入样例	输出样例
2 1 -2 4 5	4

【数据规模与约定】

50%的数据,$2 \leqslant N \leqslant 100$;

100%的数据,$2 \leqslant N \leqslant 400$,$-10^3 \leqslant a_{ij} \leqslant 10^3$。

【题1-6】 挤牛奶(USACO)

【问题概述】

三个农民每天清晨5点起床,然后去牛棚给3头牛挤奶。

第一个农民在300 s(从5点开始计时)给他的牛挤奶,一直到1 000 s。

第二个农民在700 s开始,在1 200 s结束。

第三个农民在1 500 s开始,在2 100 s结束。期间最长的至少有一个农民在挤奶的连续时间为900 s(从300 s到1 200 s),而最长的无人挤奶的连续时间(从挤奶开始一直到挤奶结束)为300 s(从1 200 s到1 500 s)。

你的任务是编一个程序,读入一个有N个农民($1 \leqslant N \leqslant 5\ 000$)挤$N$头牛的工作时间列表,计算以下两点(均以秒为单位):

最长至少有一人在挤奶的时间段。

最长的无人挤奶的时间段(从有人挤奶开始算起)。

【输入格式】

第1行:1个整数N。

接下来N行:每行2个小于1 000 000的非负整数,表示一个农民挤奶的开始时刻与结束时刻。

【输出格式】

一行,两个整数,空格隔开,即题目所要求的两个答案。

【输入输出样例】

输入样例	输出样例
3 300 1000 700 1200 1500 2100	900 300

【题1-7】 彩色玻璃窗(CCC2014)

【问题概述】

你正在放置N块矩形有色玻璃来制作彩色玻璃窗。每片玻璃都会添加一个整数值"色调因子"。当两片玻璃重叠时,色调因子是它们的色调因子之和。

你知道每片玻璃所需放置的位置,这些玻璃片的放置方式为:每个矩形的边与x轴或y轴平行(即没有"对角线"玻璃片)。

你想知道色调因子至少为T的成品彩色玻璃窗的总面积。

【输入格式】

第1行:输入整数N($1 \leqslant N \leqslant 1\ 000$),即玻璃的数量。

第 2 行：输入整数 $T(1 \leq T \leq 10^9)$，即色调因子的阈值。

接下来 N 行：每行都包含 5 个整数，表示第 i 块有色玻璃的左上角和右下角的位置，后跟该玻璃的色调因子。具体来说，整数的顺序是 x_1—y_1—x_2—y_2—t_i，其中左上角为 (x_1, y_1)，右下角为 (x_2, y_2)，色调因子为 t_i。可以假设 $1 \leq t_i \leq 1\,000\,000$。可以设放置玻璃的最顶部、最左侧坐标为 $(0, 0)$，你可以假设为 $0 \leq x_1 < x_2 \leq K$ 和 $0 < y_1 < y_2 \leq K$。

【输出格式】

输出色调因子至少为 T 的成品彩色玻璃窗的总面积。所有输出将小于 2^{64}，某些测试用例的输出将大于 2^{32}。

【输入输出样例】

输入样例	输出样例	样例说明
4 3 11 11 20 15 1 13 8 14 17 2 17 8 18 17 1 12 12 19 13 1	5	使用了 4 块玻璃。有两个色调因子大于或等于 3 的玻璃区域：一个区域在 (13，11) 和 (14，15) 之间（色调因子为 3，但具有色调因子 4 的单位正方形除外），另一个区域位于 (17，12) 和 (18，13) 之间（具有色调因子 3）。这两个区域总共有 5 个玻璃平方单位，色调因子大于或等于 3。

【数据规模与约定】

至少 10% 的分数将用于测试用例，其中 $N \leq 100$ 和 $K \leq 100$；

至少 30% 的分数将用于测试用例，其中 $4N \leq 1\,000$ 和 $K \leq 1\,000$；

至少 40% 的分数将用于测试用例，其中 $N \leq 100$ 和 $K \leq 1\,000\,000\,000$；

其余分数将用于测试用例，其中 $N \leq 1\,000$ 和 $K \leq 1\,000\,000\,000$。

【题 1-8】 好斗的奶牛（USACO）

【题目描述】

John 拥有一个的属于自己的农场。最近，为了提高农场的运营状况，他建了一个有 $N(2 \leq N \leq 100\,000)$ 个槽的畜棚。这些槽位于一条直线上，其坐标分别为 X_1，X_2，…，$X_N(0 \leq X_i \leq 1\,000\,000\,000)$。

John 新购买了一批奶牛，数量为 C 头。这些奶牛经常进行一些激烈的打斗。为了减少奶牛们相互伤害而造成的损失，John 必须按一定的策略来安排这些奶牛进入槽。John 的策略就是，使距离最近的两头奶牛间的距离越大越好。

设 D 为距离最近的两头奶牛间的距离，请帮助 John 求出最大的 D。

【输入格式】

第 1 行：包含 2 个用空格隔开的整数 N 和 $C(2 \leq C \leq N)$。

接下来 N 行：每行 1 个数表示第 i 个槽的位置 X_i。

【输出格式】

输出 1 行，包含 1 个整数，表示距离最近两头奶牛间的距离的最大值。

【样例输入输出 1】

输入样例	输出样例
5 3 1 2 8 4 9	3

【样例说明】

John 将他的 3 头奶牛放入坐标为 1、4、9 这 3 个槽类,则最近的两头奶牛间的距离的最大值为 3。

【题 1-9】　乘法表(CF448D)

【题目描述】

给定一个 $n×m$ 的乘法表,第 i 行第 j 列的值为 $i×j$(乘法表的行和列从 1 开始编号),求乘法表中第 k 小的数。

【输入格式】

输入 1 行,包含 3 个用空格分隔的整数 n、m 和 k。

【输出格式】

输出 1 行,包含 1 个整数,即在乘法表中第 k 小的数。

【样例输入输出 1】

输入样例	输出样例
2 2 2	2

【样例输入输出 2】

输入样例	输出样例
2 3 4	3

【样例说明】

对于第 2 个样例,2×3 的乘法表如表 1-5 所示,第 4 小的数为 3。

表 1-5　乘法表

1	2	3
2	4	6

【数据规模与约定】

对于 100% 的数据,$1 \leq n$, $m \leq 5×10^5$, $1 \leq k \leq n×m$。

【题 1-10】 借教室（NOIP2012）

【问题描述】

在大学期间，经常需要租借教室。大到院系举办活动，小到学习小组自习讨论，都需要向学校申请借教室。教室的大小功能不同，借教室人的身份不同，借教室的手续也不一样。

面对海量租借教室的信息，我们自然希望编程解决这个问题。

我们需要处理接下来 n 天的借教室信息，其中第 i 天学校有 r_i 个教室可供租借。共有 m 份订单，每份订单用 3 个正整数描述，分别为 d_j、s_j、t_j，表示某租借者需要从第 s_j 天到第 t_j 天租借教室（包括第 s_j 天和第 t_j 天），每天需要租借 d_j 个教室。

我们假定租借者对教室的大小、地点没有要求。即对于每份订单，我们只需要每天提供 d_j 个教室，而它们具体是哪些教室，每天是否是相同的教室则不用考虑。

借教室的原则是先到先得，也就是说我们要按照订单的先后顺序依次为每份订单分配教室。如果在分配的过程中遇到一份订单无法完全满足，则需要停止教室的分配，通知当前申请人修改订单。这里的无法满足指从第 s_j 天和第 t_j 天中有至少一天剩余的教室数量不足 d_j 个。

现在我们需要知道，是否会有订单无法完全满足。如果有，需要通知哪一个申请人修改订单。

【输入格式】

第 1 行：包含 2 个正整数 n、m，表示天数和订单的数量。

第 2 行：包含 n 个正整数，其中第 i 个数为 r_i，表示第 i 天可用于租借的教室数量。

接下来有 m 行：每行包含 3 个正整数 d_j、s_j、t_j，表示租借的数量，租借开始、结束分别在第几天。

每行相邻的两个数之间均用一个空格隔开。天数与订单均用从 1 开始的整数编号。

【输出格式】

如果所有订单均可满足，则输出只有一行，包含一个整数 0。否则输出两行（订单无法完全满足）

第一行输出一个负整数 -1，第二行输出需要修改订单的申请人编号。

【输入输出样例】

输入样例	输出样例
4 3	-1
2 5 4 3	2
2 1 3	
3 2 4	
4 2 4	

【输出说明】

第 1 份订单满足后，4 天剩余的教室数分别为 0、3、2、3。第 2 份订单要求第 2 天到第 4 天每天提供 3 个教室，而第 3 天剩余的教室数为 2，因此无法满足。分配停止，通知第 2 个申请人修改订单。

【数据规模与约定】

对于 10% 的数据，有 $1 \leqslant n$，$m \leqslant 10$；

对于 30% 的数据，有 $1 \leqslant n$，$m \leqslant 1\,000$；

对于 70% 的数据，有 $1 \leqslant n$，$m \leqslant 10^5$；

对于 100% 的数据，有 $1 \leqslant n$，$m \leqslant 10^6$，$0 \leqslant r_i$，$d_j \leqslant 10^9$，$1 \leqslant s_j \leqslant t_j \leqslant n$。

【题 1-11】 明明的随机数（NOIP2016 普及组）

【问题描述】

明明想在学校中请一些同学一起做一项问卷调查，为了实验的客观性，他先用计算机生成了 N 个 1 到 1\,000 之间的随机整数（$N \leqslant 100$），对于其中重复的数字，只保留一个，把其余相同的数去掉，不同的数对应着不同的学生的学号。然后再把这些数从小到大排序，按照排好的顺序去找同学做调查。请你协助明明完成"去重"与"排序"的工作。

【输入格式】

第 1 行：1 个正整数 N，表示所生成的随机数的个数。

第 2 行：N 个用空格隔开的正整数，为所产生的随机数。

【输出格式】

第 1 行：1 个正整数 M，表示不相同的随机数的个数。

第 2 行：M 个用空格隔开的正整数，为从小到大排好序的不相同的随机数。

【输入输出样例】

输入样例	输出样例
10	8
20 40 32 67 40 20 89 300 400 15	15 20 32 40 67 89 300 400

【题 1-12】 sumsets（sumsets. cpp/. in/. out）（NOI 题库 1551）

【问题描述】

给定一个整数集合 S，请你寻找一个最大的 d，使得 $a+b+c=d$，并且 a、b、c、d 都是集合中的元素。

【输入格式】

若干个集合 S，对于每个集合 S 的第一行包含一个整数 n（$1 \leqslant n \leqslant 1\,000$），表示集合中元素的个数，随后有 n 行，每行一个整数，表示集合 S 中的元素，每个整数的范围是 $[-536\,870\,912, 536\,870\,911]$。输入的最后一行包含一个 0。

【输出格式】

对于每个集合 S,输出包含一行一个整数 d,或者一行"No Solution"表示无解。

【输入输出样例】

输入样例	输出样例
5 2 3 5 7 12 5 2 16 64 256 1024 0	12 No Solution

【题 1-13】　分身数对(**sum. cpp/. in/. out**)

【问题描述】

考虑一组 n 个不同的正整数 a_1,a_2,$\cdots$,a_n,它们的值在 1 到 1 000 000 之间。给定一个整数 x。写一个程序 sum x 计算($a_{[i]}$,$a_{[j]}$)数对个数,数对要满足 $1 \leqslant i < j \leqslant n$ 并且 $a_{[i]} + a_{[j]} = x$。

【输入格式】

第 1 行:1 个整数 n($1 \leqslant n \leqslant 100\,000$)。

第 2 行:n 个整数,表示元素。

第 3 行:1 个整数 x($1 \leqslant x \leqslant 2\,000\,000$)。

【输出格式】

输出 1 行,即 1 个整数,表示这样的数对个数。

【输入输出样例】

输入样例	输出样例
9 5 12 7 10 9 1 2 3 1113	3

【样例说明】

不同的和为 13 的数对是(12,1),(10,3)和(2,11)。

第 2 章　动态规划进阶

通过前面章节的学习,我们已经对动态规划算法有了基本的认识,掌握了动态规划的常见模型。动态规划通过划分阶段、设定状态,在状态转移过程中保留了前期的最优策略,一定程度上避免了重复计算,能在较短时间内出解。

在本章,我们将深入学习状态设计技巧以及解题过程中的优化策略。

2.1　状态的表示

动态规划中状态的设计和描述与子问题的重叠紧密关联。引入适当的状态变量,可使状态转移满足无后效性的要求。如果状态变量不恰当,将加大计算难度,甚至造成动态规划方法失效。动态规划状态变量的表示属于方向性的抉择。

2.1.1　数位动态规划

在前面的章节中,我们学习了动态规划的简单模型,如数字三角形问题、最长不下降序列、背包问题以及区间动态规划。对于状态及状态转移有了一定的了解。

在用动态规划解题时,首先要做的事情就是明确阶段及状态的表示,如用 $f[i]$ 表示以第 i 个数结尾的最长不下降序列的长度;用 $g[i][j]$ 表示在前 i 个物品中选择 j 个物品的最大价值;用 $dp[i][j]$ 表示将第 i 堆~第 j 堆石子合并成一堆的最小代价……

在这里,数字也好,物品也罢,都是作为一个整体进行考虑。如背包问题,我们会强调"不可拆"。

而在数位动态规划(数位 DP)中,我们一般是统计一个较大的数据区间 $[A, B]$(A, B, $B-A>10^8$)中满足条件 $f(x)$ 的数 x 的个数。而且问题中的 $f(i)$ 一般与数的大小无关,而与数的组成有关。如果选择简单枚举一般会超时。选用数位 DP 是对数的每一位进行讨论,按位划分阶段,时间复杂度将大大降低。

【例 2.1】　2^k 进制数(NOIP2006)

【问题概述】

设 r 是个 2^k 进制数,并满足以下条件:

(1) r 至少是个 2 位的 2^k 进制数。

（2）作为 2^k 进制数，除最后一位外，r 的每一位严格小于它右边相邻的那一位。

（3）将 r 转换为二进制数 q 后，q 的总位数不超过 w。

在这里，正整数 $k(1 \leq k \leq 9)$ 和 $w(k < w \leq 30\,000)$ 是事先给定的。

问：满足上述条件的不同的 r 共有多少个？

我们再从另一角度作些解释：设 S 是长度为 w 的 01 字符串（即字符串 S 由 w 个"0"或"1"组成），S 对应于上述条件（3）中的 q。将 S 从右起划分为若干个长度为 k 的段，每段对应一位 2^k 进制的数，如果 S 至少可分成 2 段，则 S 所对应的二进制数又可以转换为上述的 2^k 进制数 r。

【输入格式】

只有 1 行，为 2 个正整数 k, w。

【输出格式】

共 1 行，是 1 个正整数，为所求的计算结果，即满足条件的不同的 r 的个数（用十进制数表示），要求最高位不得为 0。（提示：作为结果的正整数可能很大，但不会超过 200 位。）

【输入输出样例】

输入样例	输出样例
3 7	36

【问题分析】

首先分析样例。由于 $k = 3$，则 r 是个八进制数（$2^3 = 8$）。由于 $w = 7$，长度为 7 的 01 串可分为 3 段（即 1,3,3，左边第一段只有一个二进制位），满足条件的八进制数有：

2 位数：高位为 1 的有 6 个（即 12，13，14，15，16，17），高位为 2 的有 5 个……高位为 6 的有 1 个（即 67）。共 $6+5+\cdots+1=21$ 个。

3 位数：高位只能是 1，第 2 位为 2 的有 5 个（即 123，124，125，126，127），第 2 位为 3 的有 4 个……第 2 位为 6 的有 1 个（即 167）。共 $5+4+\cdots+1=15$ 个。

所以，满足要求的 r 共有 36 个。

步骤 1　设计状态　按位枚举

由于 $w \leq 30\,000$，根据 r 的大小将其拆分成 $(w+r-1)/r$ 份。每一份的数均在集合 $\{0 \sim 2^k - 1\}$ 中。

在数位动态规划中，一般以位数划分阶段，结合数位上的数设计状态。

设计状态 $f[i][j]$ 表示 i 位且以 j 开头的 2^k 进制数的总个数。由于各数位要求严格递增，所以 $f[i][j]$ 的转移方程为：

$$f[i][j] = \begin{cases} 1 & i = 1 \\ \sum_{x=j+1}^{2^k-1} f[i-1][x] = f[i-1][j+1] + f[i][j+1] & i > 1 \end{cases} \quad (0 \leq j < 2^k)$$

若 $k = 3$, $w = 7$, f 状态集如表 2-1：

表 2-1 状态集

f	0	1	2	3	4	5	6	7
1	1	1	1	1	1	1	1	1
2	7	6	5	4	3	2	1	0
3	21	15	10	6	3	1	0	0
4	35	20	10	4	1	0	0	0

步骤 2 按位求和

若 r 是三位数,则其最高位只能是 1,对应的状态为 $f[3][1]$。如何表示符合要求的两位数呢?可将所有的 r 看作三位数,若最高位为 0,则第二位的数值肯定大于 0,因此 $f[3][0]$ 恰好表示所有符合要求的两位数。所以最终答案为:$f[3][0]+f[3][1] = 15+21 = 36$。

如果 $w = 10$ 呢?最终答案为:$f[4][1]+f[4][0]+f[3][0] = 76$。分别表示最高位为 1 的四位八进制数、所有的三位八进制数和所有的两位八进制数。

即从最高位开始,从高到低依次根据限制条件去累加状态集中符合要求的项目。

如果放大 r 的范围,r 可以是一位数,则需要再加上 $f[2][0]$。

由于 w 较大,在进行加法运算时需要使用高精度。

最后考虑 f 数组到底开多大。若 $k=3$,由于要求按位递增,所以 r 最多是 8 位数。虽然 $w \le 30\,000$,但是 $k \le 9$,因此,2^k 进制数的位数不会超过 511 位。因此,f 的状态个数不会超过 512×512。

再考虑结果值的位数。经计算,当 $k=9$ 时,结果不超过 155 位。

【核心代码】

```
1. #include <bits/stdc++.h>
2. using namespace std;
3. const int N = 520;
4. short f[N][N][160], ans[160]; // 空间约 86M
5. int n, m, k, w, t;
6. void add(short a[], short b[]){ // 高精度加 a+=b
7.     short x = 0;                    // 进位
8.     int w = max(a[0], b[0]) + 1; // 和的位数
9.     for (int i = 1; i <= w; i++){
10.         a[i] += b[i] + x;
11.         x = a[i] / 10;
12.         a[i] % = 10;
13.     }
14.     if (a[w] == 0)
15.         a[0] = w - 1;
16.     else
17.         a[0] = w; // 位数调整
18. }
19. int main(){
20.     scanf("% d % d", & k, & w);
```

```
21.     // 计算 r 的位数 n 和最高位的最大值 m
22.     if ( w >= ( ( 1 << k ) - 1 ) *  k )
23.         n = m = ( 1 << k ) - 1;  // w 过大则筛掉无效的数位
24.     else{
25.         if ( w %  k == 0 )
26.             n = w / k, m = ( 1 << k ) - 1;
27.         Else                      // 最高位不满 k 个二进制位
28.             n = w / k + 1, m = ( 1 << ( w % k ) ) - 1;
29.     }
30.     memset( f, 0, sizeof( f ) );
31.     for ( int j = 0; j < ( 1 << k ); j++ )
32.         f[ 1 ][ j ][ 1 ] = f[ 1 ][ j ][ 0 ] = 1;
33.     for ( int i = 2; i <= n; i++ )
34.         for ( int j = ( 1 << k ) - 1; j >= 0; j-- ){
35.             f[ i ][ j ][ 0 ] = 1;
36.             add( f[ i ][ j ], f[ i - 1 ][ j + 1 ] );
37.             add( f[ i ][ j ], f[ i ][ j + 1 ] );
38.         }
39.     memset( ans, 0, sizeof( ans ) );
40.     ans[ 0 ] = 1;
41.     for ( int j = 1; j <= m; j++ )
42.         add( ans, f[ n ][ j ] );
43.     for ( int i = n; i > 2; i-- )
44.         add( ans, f[ i ][ 0 ] );
45.     for ( int i = ans[ 0 ]; i > 0; i-- )
46.         printf( "% d", ans[ i ] );
47.     return 0;
48. }
```

数位 DP 的程序结构大体相似,根据不同的题目要求进行微调即可。

【例 2.2】 权值和(浙江省赛 2017)

【问题概述】

给出时间 n 和计时器当前显示时间 m(8 位十六进制数),不同数位对应的权值如表 2-2 所示,求在 n s 内(包括当前秒)每秒所出现的数字的权值和。

表 2-2 数位对应的权值

数位	0	1	2	3	4	5	6	7	8	9	A	B	C	D	E	F
权值	6	2	5	5	4	5	6	3	7	6	6	5	4	5	5	4
图例	0	1	2	3	4	5	6	7	8	9	A	b	C	d	E	F

57

如,当前显示时间为"5A8BEF67",这一秒的数字权值和为

$$5+6+7+5+5+4+6+3=41$$

特别的是,当 $m=\text{FFFFFFFF}$ 时,下一秒会变成 00000000。

【输入格式】

第 1 行:1 个整数 T,表示共有 T 组测试数据。

后面 t 行:每行 2 个整数,表示题目中的 n 和 m。

【输出格式】

共 t 行,每行 1 个整数,表示每个测试数据对应的数字权值和。

【输入输出样例】

输入样例	输出样例
3	208
5 89ABCDEF	124
3 FFFFFFFF	327
7 00000000	

【数据规模与约定】

对于 100% 的数据,$1 \leqslant T \leqslant 10^5$,$1 \leqslant n \leqslant 10^9$,$00000000 \leqslant m \leqslant \text{FFFFFFFF}$。

【问题分析】

根据题目描述,本题宜采用十六进制计数。可用数组 b 记录每个数位的值。

用 c 记录每个数字的权值。

根据上一题的经验,设计 $f[i][j]$ 为 i 位且以 j 开头的所有数的权值和。所有数的权值和可分为两部分,即首位的权值和及其余位的权值和,因此有:

$$f[i][j] = \begin{cases} 0 & i=0 \\ c[j] & i=1 \\ c[j] \times (i-1 \text{ 位数的总个数}) + \sum_{k=0}^{15} f[i-1][k] & i>1 \end{cases}$$

i 位数的总个数 $h[i]$ 可以预先算出,每一位都可以为 $0 \sim F$,$h[i]=16^i$。

i 位十六进制数的权值和能否预先算出?

$$\sum_{j=0}^{15} f[i][j] = \begin{cases} 0 & i=0 \\ \sum_{j=0}^{15} c[j] & i=1 \\ \sum_{j=0}^{15} c[j] \times h[i-1] + 16 \times \sum_{k=0}^{15} f[i-1][k] & i>1 \end{cases}$$

用 $w[i]$ 记录 i 位十六进制数的权值和,$0 \sim F$ 的权值和 S 为 78,则上式可简化为:

$$w[i] = \begin{cases} 0 & i=0 \\ S & i=1 \\ S \times h[i-1] + 16 \times w[i-1] & i>1 \end{cases}$$

$f[i][j]$ 也可转化为：

$$f[i][j] = \begin{cases} 0 & i = 0 \\ c[j] \times h[i-1] + w[i-1] & i > 0 \end{cases}$$

经计算, h 和 w 的值如表 2-3 所示：

表 2-3 h 和 w 的值

位数	h	w
0	1	0
1	16	78
2	256	2496
3	4096	59904
4	65536	1277952
5	1048576	25559040
6	16777216	490733568
7	268435456	9160359936
8	4294967296	167503724544

由于本题中显示器固位为 8 位,所以在统计权值和时,不但要统计 i 位且以 j 开头的所有数的权值和,还要统计 i 位前的所有数的权值和。

如样例中统计所有小于 89ABCDEF 的数码权和。

最高位(第八位)可为 0~7,数码权和为 $\sum\limits_{j=0}^{7} f[8][j] = 82946555904$。

最高位为 8,第七位可为 0~8,后 7 位数码权和为 $\sum\limits_{j=0}^{8} f[7][j] = 5138022400$,最高位的 8 贡献与第七位选择的方案数有关,如 0~8 共有 9 个方案,同时还与 6 位的数据总个数有关,因此其贡献的数码权和为 $c[8] \times h[6] \times 9 = 1056964608$, 合计 6194987008。

最高两位为 89,第六位可为 0~9,后六位数码权和为 $\sum\limits_{j=0}^{9} f[6][j] = 306970624$,最高两位 89 贡献的数码权和为 $(c[8] + c[9]) \times h[5] \times 10 = 136314880$, 合计 443285504。

最高三位为 89A,第五位可为 0~A,后五位数码权和为 $\sum\limits_{j=0}^{10} f[5][j]$,最高三位 89A 贡献的数码权和为 $19 \times h[4] \times 11$。 11 为 0~10 的变化总个数。19 为 89A 的数码权和。

最高四位为 89AB,第四位可为 0~B,后四位数码权和为 $\sum\limits_{j=0}^{11} f[4][j]$,最高四位 89AB 贡献的数码权和为 $24 \times h[3] \times 12$。

最高五位为 89ABC,第三位可为 0~C,后三位数码权和为 $\sum\limits_{j=0}^{12} f[3][j]$,最高五位 89ABC 贡献的数码权和为 $28 \times h[2] \times 13$。

最高六位为 89ABCD,第二位可为 0~D,后两位数码权和为 $\sum_{j=0}^{13} f[2][j]$,最高六位 89ABCD 贡献的数码权和为 $33 \times h[1] \times 14$。

最高七位为 89ABCDE,最低位可为 0~E,后两位数码权和为 $\sum_{j=0}^{14} f[1][j]$,最高七位 89ABCDE 贡献的数码权和为 $38 \times h[0] \times 15$。

综上所有小于 89ABCDEF 的数码权和合计为 89618483896。

5 s 结束,时钟显示为 89ABCDF3,继续按照上述方法求所有小于 89ABCDF4 的数码权和。前面五位的枚举方法相同。

最高六位为 89ABCD,第二位可为 0~E,后两位数码权和为 $\sum_{j=0}^{14} f[2][j]$,最高六位 89ABCD 贡献的数码权和为 $33 \times h[1] \times 14$。

最高七位为 89ABCDF,最低位可为 0~3,后两位数码权和为 $\sum_{j=0}^{3} f[1][j]$,最高七位 89ABCDF 贡献的数码权和为 $37 \times h[0] \times 4$。

数码权总和为:89618484104。

因此,从 89ABCDEF 开始的 5 s 内每秒所出现的数字的权值和为 89618484104 - 89618483896 = 208。

策略 1 巧用前缀和,降低时空复杂度

在上面的分析中,我们看到,在统计数位和的过程中,需要频繁使用 Σ 操作,要么是从 0 开始的前若干个数字的权值和,要么是数码中从高到低的若干数位的数码和,如果能将此类数据预先存储的话,f 无需存储,直接只用 $O(1)$ 时间就可以算得。设计如下状态:

$sc[i]$ 为从 0 到 i 的权值和;

$s[i]$ 为十六进制数从最高位开始到 i 位的数码的权值和。则 $s[i] = s[i+1] + c[d[i]]$。

策略 2 寻找规划区间

求解从当前时间 m 开始,n s 内的权值和。

首先考虑在 n s 内没有出现时钟从 FFFFFFFF 变成 00000000 的状况(不妨称为回归),则可计算小于 $n+m$ 的所有数据权值和 ans1、小于 m 的权值和 ans2,然后求两者差即可。

如果出现回归怎么办?会出现多少次?

由于 $n \leq 10^9$,$m \leq$ FFFFFFFF,$10^9 + 0XFFFFFFFF = 5294967295 = 0X13b9AC9FF$

因此 n s 内最多回归一次。可将统计进行拆分。

如:$n=3$,$m=$FFFFFFFF,统计分为四个部分:

① 00000000~FFFFFFFF 的数码和,即 $w[8]$;

② 小于 FFFFFFFF 的数码权和 ans1;

③ 小于 00000002 的数码权和 ans2;

④ 合并计算:①-②+③即问题的解。

如何判断是否出现回归?如何保证回归后数据仍是八位?可在数组 b 的基础上直接计算。b 就是十六进制高进度数。将 n 直接加到 $b[1]$,如果运算完发现最高位存在进位,则表示出现回归。同时,在进位过程中解决了前导 0 的问题。

【核心代码】

```
1. #include <bits/stdc++.h>
2. using namespace std;
3. int c[16] = {6, 2, 5, 5, 4, 5, 6, 3, 7, 6, 6, 5, 4, 5, 5, 4};
4. int s[10], sc[10], d[10], n, T;
5. long long h[10], w[10], ans1, ans2, ans;
6. long long calc(){
7.     long long ans;
8.     s[8] = 0;
9.     for (int i = 7; i >= 0; i--)
10.         s[i] = s[i+1] + c[d[i+1]]; // 高位数码权值前缀和
11.     ans = 0;
12.     for (int i = 8; i > 0; i--){
13.         if (d[i] > 0){
14.             ans += s[i] * d[i] * h[i-1];  // 高位数权值和
15.             ans += sc[d[i] - 1] * h[i-1]; // 枚举位权值和
16.             ans += w[i-1] * d[i];         // 低位权值和
17.         }
18.     }
19.     return ans;
20. }
21. int main(){
22.     string m;
23.     sc[0] = c[0];
24.     for (int i = 1; i < 16; i++)
25.         sc[i] = sc[i-1] + c[i]; // 数字权值前缀和
26.     h[0] = 1;
27.     for (int i = 1; i < 9; i++)
28.         h[i] = 16 * h[i-1]; // i 位数据总个数
29.     w[0] = 0;
30.     for (int i = 1; i < 9; i++)
31.         w[i] = sc[15] * h[i-1] + 16 * w[i-1]; // i 位数据权值和
32.     cin >> T;
33.     while (T--){
34.         cin >> n >> m;
35.         if (m == "00000000"){ // 无需计算
36.             memset(d, 0, sizeof(d));
37.             ans1 = 0;
38.         }
39.         else{
```

```
40.            for ( int i = 0; i < 8; i++) // 数位读入
41.                if ( m[ i ] >= 'A')
42.                    d[ 8 - i ] = 10 + m[ i ] - 'A';
43.                else
44.                    d[ 8 - i ] = m[ i ] - '0';
45.            ans1 = calc( ); // 统计
46.        }
47.        int x = n;
48.        for ( int i = 1; i <= 8; i++){ // 高精度 +单精度
49.            x += d[ i ];
50.            d[ i ] = x % 16;
51.            x /= 16; // 注意进制
52.        }
53.        ans2 = calc( );
54.        if ( x == 0)
55.            ans = ans2 - ans1;
56.        else
57.            ans = w[ 8 ] - ans1 + ans2; // 出现回归
58.        cout << ans << endl;
59.        return 0;
60.    }
61. }
```

数位 DP 的一般步骤就是预先设定 $f[i][j]$，后通过从高到低枚举各数位的值进行对应的计算，或累加值或统计个数。$[a,b]$ 区间值通常用 $f(b+1)-f(a)$ 表示。当然，根据特定问题，需要对状态或函数进行细化或调整。

2.1.2 状态压缩动态规划

状态压缩动态规划（状压 DP），顾名思义，就是在动态规划过程中，对状态进行压缩。如何压缩？通常将多个元素的取或不取的状态转化为若干个 0/1 数位最终组成二进制数。

一个二进制数蕴含了多个元素状态，其本质是一个集合，只不过所有关于集合的操作全部通过位运算实现。假设二进制数为 a，元素总数为 n。

表 2-4　不同操作对应的代码

操作	代码
枚举 a 的所有状态	for(a = 0; a < (1 << n) ; a++)
判断状态 a 第 j 位是否为 1	a & (1 << (j-1)) > 0 或 (a >> (j-1)) & 1 > 0
枚举 a 中元素	for(b = a; b > 0; b = (b-1) & a)
计算 a 的补集 b	t = (1 << n) - 1; b = a ^ t;
计算状态 a 与状态 b 并集	a | b
根据 C++ 的判定机制，关系表达式中的 ">0" 可以省略。	

【例 2.3】　背包

一个旅行者有一个最多能装 M kg 物品的背包,现在有 $N(N \leqslant 20)$ 件物品,它们的重量分别是 W_i,它们的价值分别为 P_i。若每种物品只有一件,求旅行者包中能装物品的最大总价值。

【问题分析】

这是我们已经学习过的经典问题。由于物品数较少,可以使用简单枚举的方式,数组元素的值设为 0/1,表示对应物品的选取情况,数组从 00…00～11…11 就可以罗列所有物品的选择。

这种枚举方式就可以用状态压缩的方法。代码如下:

```
1. for ( int i = 0; i < ( 1 << n ); i++ ) { // 枚举所有物品选择的状态
2.      sw = sp = 0;
3.      for ( int j = 0; j < n; j++ ) {
4.          sw += ( ( i >> j ) & 1 ) *  w[ j ]; // 若第 j 个物品对应位为 1
5.          sp += ( ( i >> j ) & 1 ) *  p[ j ];
6.      }
7.      if ( sw <= m )
8.          ans = max( ans, sp );
9. }
```

【例 2.4】　愤怒的小鸟(NOIP2016)

【问题概述】

愤怒的小鸟是一个平面游戏。有一架弹弓位于 $(0,0)$ 处,用它向第一象限发射一只红色的小鸟,小鸟们的飞行轨迹均为形如 $y = ax^2 + bx$ 的曲线,其中 a,b 是指定的参数,且 $a < 0$。

当小鸟落回地面(即 x 轴)时,它就会瞬间消失。

在游戏的某个关卡里,平面的第一象限中有 n 只绿色的小猪,其中第 i 只小猪所在的坐标为 (x_i,y_i)。如果某只小鸟的飞行轨迹经过了 (x_i,y_i),那么第 i 只小猪就会被消灭掉,同时小鸟将会沿着原先的轨迹继续飞行。

如果一只小鸟的飞行轨迹没有经过 (x_i,y_i),那么这只小鸟在飞行的全过程中就不会对第 i 只小猪产生任何影响。

例如,若两只小猪分别位于 $(1,3)$ 和 $(3,3)$,可以选择发射一只飞行轨迹为 $y = -x^2 + 4x$ 的小鸟,这样两只小猪就会被这只小鸟一起消灭。

希望通过发射小鸟消灭所有的小猪。

假设这款游戏一共有 T 个关卡,对于每一个关卡,至少需要发射多少只小鸟才能消灭所有的小猪。

【输入格式】

第 1 行为 1 个正整数 T。

下面依次输入这 T 个关卡的信息。

每个关卡第 1 行包含两个非负整数 n,m,分别表示小猪数量和神秘指令。

接下来的 n 行中,第 i 行包含两个正实数 x_i,y_i,表示第 i 只小猪坐标为 (x_i,y_i)。数据保证同一个关卡中不存在两只坐标完全相同的小猪。

神秘的指令能让游戏更轻松。

如果 $m=0$,表示输入了一个没有任何作用的指令。

如果 $m=1$,则这个关卡将会满足:至多用「$n/3+1$」只小鸟即可消灭所有小猪。

如果 $m=2$,则这个关卡将会满足:一定存在一种最优解,其中有一只小鸟消灭了至少 $\lfloor n/3 \rfloor$ 只小猪。

保证 $1 \le n \le 18$,$0 \le m \le 2$,$0 < x_i$,$y_i < 10$,输入中的实数均保留到小数点后两位。

上文中,符号「c」、$\lfloor c \rfloor$ 分别表示对 c 向上取整和向下取整。

【输出格式】

对每个关卡依次输出一行答案。

输出的每一行包含 1 个正整数,表示相应的关卡中,消灭所有小猪最少需要的小鸟数量。

【输入输出样例】

输入样例 1	输出样例 1	输入样例 2	输出样例 2	输入样例 3	输出样例 3
2 2 0 1.00 3.00 3.00 3.00 5 2 1.00 5.00 2.00 8.00 3.00 9.00 4.00 8.00 5.00 5.00	1 1	3 2 0 1.41 2.00 1.73 3.00 3 0 1.11 1.41 2.34 1.79 2.98 1.49 5 0 2.72 2.72 2.72 3.14 3.14 2.72 3.14 3.14 5.00 5.00	2 2 3	1 10 0 7.16 6.28 2.02 0.38 8.33 7.78 7.68 2.09 7.46 7.86 5.77 7.44 8.24 6.72 4.42 5.11 5.42 7.79 8.15 4.99	6

【数据规模与约定】

60% 数据,$n \le 10$,$m=0$,$T \le 30$;

另外 15% 数据,$n \le 15$,$T \le 15$;

另外 15% 数据,$n \le 18$,$T \le 5$。

【问题分析】

首先简化问题,输入数据中的 m 是对输入数据的限制,而不是对解决方案的限制,可以忽略不计。

由于抛物线 $y = ax^2 + bx$ 必经原点 $(0,0)$,对于任意一点 (x_1, y_1),也必然能找到不止一条符合要求的抛物线经过该点。

若经过任意两点 (x_1, y_1) 和 (x_2, y_2),则抛物线有且只有一条。因为方程组

$$\begin{cases} y_1 = ax_1^2 + bx_1 \\ y_2 = ax_2^2 + bx_2 \end{cases}$$

只有唯一解：

$$\begin{cases} a = \dfrac{x_2 y_1 - x_1 y_2}{x_1^2 x_2 - x_1 x_2^2} \\[3mm] b = \dfrac{x_2^2 y_1 - x_1^2 y_2}{x_1 x_2^2 - x_1^2 x_2} \end{cases}$$

可以通过枚举任意两只小猪，计算抛物线参数 a，b，如果 $a<0$，则说明两只小猪可被同一只小鸟击中。同时寻找其他可被击中的小猪。由于 $n \leqslant 18$，2^{18} 在 int 范围内，2^{18} 的存储也没有问题。

选择用状态 DP 解决问题。可将每只小猪是否击中用 1/0 表示，n 只小猪的是否击中情况就可用 n 位二进制数表示。

【状态设计】

用 $f[i]$ 表示被击中的小猪状态集合为 i 时，最少需要发射的小鸟个数。

用 t 表示全集，则 $t = (1 << n) - 1$。

$f[t]$ 即为问题的解。

分析 $f[i]$ 的状态转移，$f[i]$ 必然是在某集合 a 的基础上，增加一只小鸟得来的。假设最后增加的小鸟能击中的小猪为集合 b，则 $a|b$ 就是 i。

且 $f[i] = f[a|b] = \min(f[a|b], f(a)+1)$。

最好能预处理出集合 b，以提高转移效率。

用 $g[x]$ 表示编号为 x 的小鸟能击中的小猪集合。虽然最终使用的小鸟只数不可能超过 n，但可以根据击中小猪的类型将小鸟只数扩大到 $n + C_n^2 = \dfrac{n(n+1)}{2}$。每只小鸟设定不同的角色。如有的小鸟只能击中一只小猪，有的可以击中两只小猪。最终根据实际选择决定需要发射的小鸟只数。

【核心代码】

```
1. #include <bits/stdc++.h>
2. using namespace std;
3. const double eps = 1e-9;            // 实数误差
4. const int N = 1 << 19, M = 200; // 小猪只数不超18,小鸟只数不超200
5. int g[M], f[N], n, m;
6. double a, b, x[20], y[20];
7. void calc(int i, int j){ // 根据小猪 i 和小猪 j 的坐标计算 a、b
8.     a = (y[i] * x[j] - y[j] * x[i]) / (x[i] * x[i] * x[j] - x[i] * x[j] * x[j]);
9.     b = (y[i] * x[j] * x[j] - y[j] * x[i] * x[i]) / (x[i] * x[j] * x[j] - x[i] * x[i] *
        x[j]);
10. }
11. bool hit(int i){ // 判断小猪 i 能否被已知抛物线击中
12.     return abs(a * x[i] * x[i] + b * x[i] - y[i]) < eps; //击中
13. }
```

```
14. int main( ) {
15.     int T;
16.     scanf("% d", & T);
17.     while (T--) {
18.         int num = 0;
19.         memset(f, 63, sizeof(f)); // 初始化为最大值
20.         scanf("% d % d", & n, & m);
21.         for (int i = 1; i <= n; i++) {
22.             scanf("% lf% lf", & x[i], & y[i]);
23.             g[num++] = 1 << (i - 1); // 每个小鸟击中一头小猪
24.         }
25.         for (int i = 1; i <= n; i++)
26.             for (int j = i + 1; j <= n; j++) {
27.                 calc(i, j); // 若同时击中小猪 i 和 j, 计算参数 a、b
28.                 if (a >= 0)
29.                     continue; // 保证 a<0
30.                 int s = 0;
31.                 for (int k = 1; k <= n; k++)
32.                     if (hit(k))
33.                         s += (1 << (k - 1)); //可被击中的小猪集合
34.                 g[num++] = s;                    // 记录小鸟击中的集合
35.             }
36.         f[0] = 0;                                // 初始化
37.         for (int i = 0; i < (1 <<n); i++) // 枚举被击中的小猪结合 i
38.             for (int j = 0; j < num; j++)    // 枚举可击中猪的小鸟
39.                 f[i | g[j]] = min(f[i | g[j]], f[i] + 1);
40.         printf(" % d\n", f[(1 <<n) - 1]);
41.     }
42.     return 0;
43. }
```

算法时间复杂度为 $O(2^n n^2 T)$, 当 $n=18$ 时, 勉强在 1 s 内出解。

【例 2.5】 宝藏（NOIP2017）

【问题概述】

藏宝图上标有 n 个宝藏屋, 同时给出这 n 个宝藏屋之间可供开发的 m 条道路和它们的长度。需要挖掘所有宝藏屋中的宝藏, 打通一条从地面到某宝藏屋（入口）的通道, 并在此基础上开凿宝藏屋之间的道路。

新开发一条道路的代价是：

这条道路的长度×从入口到这条道路起点所经过的宝藏屋的数量（包括入口和这条道路起点的宝藏屋）。

如何选定入口和之后开凿的道路,使得工程总代价最小,输出这个最小值。

【输入格式】

第 1 行:2 个用空格分离的正整数 n 和 m,代表宝藏屋的个数和道路数。

接下来 m 行:每行 3 个用空格分离的正整数,分别是由一条道路连接的两个宝藏屋的编号(编号为 1~n)和这条道路的长度 v。

【输出格式】

输出共一行,为一个正整数,表示最小的总代价。

【输入输出样例】

输入样例 1	输出样例 1	输入样例 2	输出样例 2
4 5 1 2 1 1 3 3 1 4 1 2 3 4 3 4 1	4	4 5 1 2 1 1 3 3 1 4 1 2 3 4 3 4 2	5

【数据规模与约定】

对于 40% 的数据:$1 \leqslant n \leqslant 8$;$0 \leqslant m \leqslant 1\,000$;$v \leqslant 5\,000$ 且所有的 v 都相等。

对于 100% 的数据:$1 \leqslant n \leqslant 12$;$0 \leqslant m \leqslant 1\,000$;$v \leqslant 5 \times 10^5$。

【问题分析】

如图 2-1 所示,样例 1 和样例 2 均选择了 1 号作为入口,在样例 1 中,开挖⟨4, 3⟩代价是 2,而在样例 2 中,开挖⟨4, 3⟩的代价为 4。

无论如何选择,开挖的道路是一棵生成树,但样例 2 已经排除了最小生成树算法(最小生成树相关知识详见第五章)。

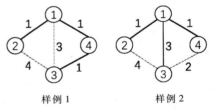

图 2-1　宝藏道路选择

【状态设计】

换一个思路,通过开挖可实现宝藏屋之间的互通。开挖道路⟨j, i⟩可完成三类任务:

① 将相互独立的宝藏屋 j 与 i 连通形成一个互通集合 a;

② 将宝藏屋 i 与宝藏屋 j 所属的互通集 a 连通;

③ 将两个不相交的互通集 a 与集合 b 连通(集合 b 内各宝藏屋未连通)。

其中,①与② 可以合并为一类。②是③的基础。

不妨设计两类状态:

$d[i][a]$:把宝藏屋 i 汇入互通集合 a 的最小代价。

$w[a][b]$:把 a、b 两个没有交集的集合连通的最小代价。

以图 2-2 为例,若宝藏屋 i 已在集合 a,则开发代价为 0,若宝藏屋 i 与集合 a 无可开发道路,则合并代价为 ∞,否则开发代价为所有与集合 a 中相连边的最小值。

而将集合 a、b 相连的代价,实际是将 b 中的每一个宝藏屋连入集合 a。合并代价为各边的代价和。

图 2-2　集合合并

再观察图 2-1,即使开挖的通道选定,入口不同,代价也不一样。以样例 1 为例,入口为 1,则代价为 4,若入口为 2,则代价为 6。究其原因,各宝藏屋距入口的边数不同。因此,必须将距入口的边数加入状态设计中。

不妨将某宝藏屋到入口的边数称为层数。入口为第 1 层。

$f[i][a]$ 表示开发 i 层的宝藏屋集合 a 所需的最小费用。则 a 必然是在 $i-1$ 层的基础上,执行③号任务得来(如图 2-2)。新加入的每条边,距入口的边数为 $i-1$。即

$$f[i][a|b] = \min(f[i-1][a] + w[a][b] \times (i-1))$$

若某点 s 为起点(start),则 $f[1][1<<(s-1)] = 0$

若全集 $t = (1<<n)-1$,最终结果为针对所有 s 的枚举,$f[1][t] \sim f[n-1][t]$ 中的最小值。

以样例 1 为例,若入口为 1,则 $f[i][a]$ 的值如表 2-5("—"表示"∞"):

表 2-5　入口为 1 时 $f[i][a]$ 的值

a		0	1	2	3	4	5	6	7	8	9	10	11	12	13	14	15
		0000	0001	0010	0011	0100	0101	0100	0111	1000	1001	1010	1011	1100	1101	1110	1111
$f[i][a]$	$i=1$	—	0														
	$i=2$	—	—	1	—	3	—	4	—	1	—	2	—	4	—	—	5
	$i=3$						5							3		3	4
	$i=4$																6

若入口为 2,则 $f[i][a]$ 的值如表 2-6:

表 2-6　入口为 2 时 $f[i][a]$ 的值

a		0	1	2	3	4	5	6	7	8	9	10	11	12	13	14	15
		0000	0001	0010	0011	0100	0101	0100	0111	1000	1001	1010	1011	1100	1101	1110	1111
$f[i][a]$	$i=1$	—	—	0													
	$i=2$	—	—	1	—	—	—	4	5								
	$i=3$							6					3			6	7
	$i=4$																6

【核心代码】

```cpp
1. #include <bits/stdc++.h>
2. using namespace std;
3. const int N = 15, M = 1 << 12; //集合总个数不超过 2^12
4. const int INF = 0x3f3f3f3f;
5. int n, m;
```

```
6.  int g[N][N]; // 邻接矩阵,记录宝藏屋之间可开发道路的长度
7.  int f[N][M], d[N][M], w[M][M];
8.  int main(){
9.      int x, y, z, a, b;
10.     cin >> n >> m; // 读入点数和边数
11.     int t = (1 << n) - 1;
12.     memset(g, 63, sizeof(g)); // 初始化为∞
13.     for (int i = 1; i <= m; i++){
14.         scanf("% d% d% d", & x, & y, & z);             // 读入道路和长度
15.         g[x][y] = g[y][x] = min(g[x][y], z); // 无向转有向
16.     }
17.     memset(d, 63, sizeof(d)); // 初始化为∞
18.     for (int i = 1; i <= n; i++){                      // 枚举宝藏屋 i
19.         x = 1 << i - 1;                                // i 对应的集合
20.         for (a = x ^ t; a; a = (a - 1) & (x ^ t))      // 枚举连通集合 a
21.             for (int j = 1; j <= n; j++)
22.                 if ((a >> (j - 1)) & 1)                // 枚举可开发的边 <j,i>
23.                     // 更新 i 合并入集合 a 的代价
24.                     d[i][a] = min(d[i][a], g[i][j]);
25.     }
26.     for (a = 0; a < (1 << n); a++)                     // 枚举连通集合 a
27.         for (b = a ^ t; b; b = (b - 1) & (a ^ t))      // 枚举未连通集合
28.             for (int i = 1; i <= n; i++)
29.                 if ((b >> (i - 1)) & 1){               // 枚举 b 中元素 i
30.                     w[a][b] += d[i][a]; // 将 i 并入集合 b
31.                     if (w[a][b] >= INF)
32.                         break; // 若存在宝藏屋无法合并,则放弃
33.                 }
34.     int ans = INF;
35.     for (int s = 1; s <= n; s++){   // 枚举入口
36.         memset(f, 63, sizeof(f));    // 状态初始化
37.         f[1][1 << (s - 1)] = 0;        // 第 1 层初值
38.         for (int i = 2; i <= n; i++)             // 枚举层数
39.             for (a = 0; a < (1 << n); a++)              // 集合 a
40.                 for (b = a ^ t; b; b = (b - 1) & (a ^ t))// 集合 b
41.                     if (f[i - 1][a] < INF && w[a][b] < INF) // 可行
42.                         f[i][a | b] = min(f[i][a | b], f[i - 1][a] + w[a][b] * (i -
                                1)); // 更新代价
43.         for (int i = 1; i <= n; i++)
44.             ans = min(ans, f[i][t]); // 更新最小代价
45.     }
46.     printf("% d", ans);
```

```
47.        return 0;
48. }
```

在状压 DP 中,由于出现了很多的简单枚举,因此效率并不高。当数据量不大的时候,可简化状态的描述,用一个数值表示若干个元素的取舍,借助位运算,提高时效,压缩空间。但如果元素个数超过 50,对 64 位计算机来讲,存储和表示都有压力,建议尝试其他解决方法。

2.1.3　优化状态描述

前面介绍的几种动态规划模型,时间复杂度以 $O(n^2)$ 和 $O(n^3)$ 居多,随着同学们解决问题能力的提升,大家对于大数据的处理能力提出了更高的要求,因此即使是在使用动态规划解题时,也要考虑到对于时间和空间的优化。

状态的规模与状态表示的方法密切相关,通过改进状态表示从而减小状态总数,在动态规划的优化中占有重要的地位。

不同的状态表示方法会直接影响算法的性能,进而降低算法的时间复杂度和空间复杂度。

【例 2.6】　纪念品(CSP2019)

【问题概述】

小伟知道未来 T 天 N 种纪念品每天的价格,且纪念品每天买进卖出价格相同。每天可以进行以下两种交易无限次:

① 任选一个纪念品,若手上有足够金币,以当日价格购买该纪念品;

② 卖出持有的任意一个纪念品,以当日价格换回金币。

每天卖出纪念品换回的金币可以立即用于购买纪念品,当日购买的纪念品也可以当日卖出换回金币。当然,一直持有纪念品也是可以的。

小伟现在有 M 枚金币,他想要在第 T 天卖出所有纪念品后拥有尽可能多的金币。

【输入格式】

第 1 行:包含 3 个正整数 T,N,M,含义同问题概述。

接下来 T 行:每行包含 N 个正整数。第 i 行的 N 个正整数分别为 $P_{i,1}$,$P_{i,2}$,$\cdots$,$P_{i,N}$,其中 $P_{i,j}$ 表示第 i 天第 j 种纪念品的价格。

【输出格式】

输出仅 1 行,包含一个正整数,表示小伟最多能拥有的金币数量。

【输入输出样例】

输入样例 1	输出样例 1	样例说明 1
6 1 100 50 20 25 20 25 50	305	第二天花光所有 100 枚金币买入 5 个纪念品 1; 第三天卖出 5 个纪念品 1,获得金币 125 枚; 第四天买入 6 个纪念品 1,剩余 5 枚金币; 第六天必须卖出所有纪念品换回 300 枚金币,第四天剩余 5 枚金币,共 305 枚金币。

（续表）

输入样例 2	输出样例 2	样例说明 2
3 3 100 10 20 15 15 17 13 15 25 16	217	第一天花光所有金币买入 10 个纪念品 1； 第二天卖出全部纪念品 1 得到 150 枚金币并买入 8 个纪念品 2 和 1 个纪念品 3，剩余 1 枚金币； 第三天必须卖出所有纪念品换回 216 枚金币，第 二天剩余 1 枚金币，共 217 枚金币。

【数据规模与约定】

对于 30% 的数据，$T \leq 4$，$N \leq 4$，$M \leq 100$，所有价格 $10 \leq P_{i,j} \leq 100$。

对于 100% 的数据，$T \leq 100$，$N \leq 100$，$M \leq 10^3$，所有价格 $1 \leq P_{i,j} \leq 10^4$，保证任意时刻小明手上的金币数不可能超过 10^4。

【问题分析】

根据题意，最后一天不需要购买纪念品。

当只有一种纪念品的时候，每天的选择为全款买和完全不买两种情况。根据样例 1 说明，第四天买入后在第六天卖出，其实质是在第五天将所有纪念品卖出后再全款买入，然后在第六天卖出。

因此，可以一般性推广为：在每天早上按当天牌价卖出所有的纪念品，然后选择重新购买或不购买。

根据以上策略，图 2-3 演示了 6 天中所有的购买方案，方框内的数为每天早上持有的总金额，根据买或不买当天的纪念品的情况，推算出第二天早上的总金额。其中灰色方框为该价值在同一天已出现，不再重复演示。

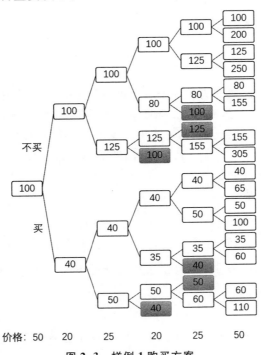

图 2-3　样例 1 购买方案

经过前面的分析可以看出,当只有一种纪念品的时候,该问题是经典的 0/1 背包问题。能否将此问题推广到多种纪念品的情况呢?

显然,每天早上卖空持有的纪念品,然后再进行决策仍然适用。只不过在选择某种纪念品的时候,可以在资金允许范围内买任意多个纪念品。

【初始状态设计】

由于这里涉及天数、金额,因此,可以设置状态 $f[i][j][k]$,表示在第 i 天投资 k 金币,通过决策选择前 j 种纪念品,第 $i+1$ 天能获得的最多金币数。$f[i][0][0]$ 则表示第 i 天不做任何投资时持有的成本。

决策数即第 j 种纪念品实际购买的个数。

考虑 $f[i][j][k]$。若购买 x 个 j 种纪念品,则花费金币 $x×p[i][j]$,该纪念品 $i+1$ 天售出后实际总收益为 $x×(p[i+1][j]-p[i][j])$,关于 j 的状态转移方程为:

$$f[i][j][k] = \max\begin{cases} f[i][j-1][k] & \text{不买} \\ f[i][j-1][k-x×p[i][j]] + x×(p[i+1][j]-p[i][j]) & \text{买 } x \text{ 个} \end{cases}$$

与天数相关的转移如何实现?第 i 天如何与第 $i-1$ 天建立联系?

根据贪心规则,持有成本越多,则收益越多。因此可将第 i 天早上售空纪念品获得的金币总额,作为当天重新进行投资的成本。

将第 i 天早上持有的金币的期望最大值记为 ans,则第 i 天所有的状态可先预置为 0,且 $f[i][0][0] =$ ans。即只考虑在最大持有量基础上的购买决策。

依次对 i,j,k,x 进行枚举,用 4 重循环即可。不要忘记针对每次 i 循环,需要对 f 数组进行一次预处理。

时间复杂度为 $O(T×N×M×M) = O(10^{12})$

空间复杂度为 $O(T×N×M) = O(10^8)$

只能过 30% 的数据。

优化策略 1:压缩 x

由于有资金限定,在前面的决策中采用了可重背包的方案,如果能转换成无限背包问题就能把 x 循环时间复杂度降为 $O(1)$。将每天早上的最多金币数作为 k 循环的右边界,就可以将可重背包转换成无限背包。即无论购买多少个 j 纪念品,都相当于在原有基础上增加了一个。若当前总投资为 k,则少买一个 j 纪念品的话,总投资为 $k-p[i][j]$,通过多买一件 j 纪念品,可在原有基础上增加的收益为 $p[i][j+1]-p[i][j]$。

当 $j≥1$ 时有转移方程:

$$f[i][j][k] = \max\begin{cases} f[i][j-1][k] & \text{不买} \\ f[i][j][k-p[i][j]] + p[i+1][j]-p[i][j] & \text{多买 1 个} \end{cases}$$

时间复杂度不超过 $O[10^8]$。而且由于初始情况下 M 不超过 10^3,因此基本能保证在规定时间内结束三重循环。

优化策略 2:降维

题目要求内存上限 256 MB,本题中 $O(10^8)$ 的空间复杂度显然会超出内存限制。

如何压缩空间,提高效率?

观察状态转移方程,发现每一天的决策都相对独立,因此第 i 维可以直接省略。

另外,在 j 从小到大循环过程中,由于是否购买 j 纪念品的抉择与其他纪念品无太多相关性,因此 j 维也可省略。状态及转移方程为:

$$f[k] = \max\begin{cases} f[k] & \text{不买} \\ f[k-p[i][j]] + p[i+1][j] - p[i][j] & \text{多买 1 个} \end{cases}$$

【核心代码】

```
1. #include <bits/stdc++.h>
2. using namespace std;
3. int p[101][101], f[10010], t, n, m, ans;
4. int main() {
5.     scanf("%d%d%d", &t, &n, &m);
6.     for (int i = 1; i <= t; i++)
7.         for (int j = 1; j <= n; j++)
8.             scanf("%d", &p[i][j]);
9.     ans = m;
10.    for (int i = 1; i < t; i++) {
11.        memset(f, 0, sizeof(f));
12.        f[0] = ans;
13.        for (int j = 1; j <= n; j++)
14.            for (int k = p[i][j]; k <= ans; k++)
15.                f[k] = max(f[k], f[k - p[i][j]] + p[i+1][j] - p[i][j]);
16.        int m1 = 0;
17.        for (int i = 0; i <= ans; i++)
18.            m1 = max(m1, f[i]);
19.        ans = m1;
20.    }
21.    printf("%d", ans);
22.    return 0;
23. }
```

【例 2.7】　传纸条(NOIP2008)

【问题概述】

班上同学坐成一个 m 行 n 列的矩阵,小渊坐在矩阵的左上角,坐标 $(1,1)$,小轩坐在矩阵的右下角,坐标 (m,n),他们可以通过传纸条来进行交流。从小渊传到小轩的纸条只可以向下或者向右传递,从小轩传给小渊的纸条只可以向上或者向左传递。

在活动进行中,小渊希望给小轩传递一张纸条,同时希望小轩给他回复。班里每个同学都可以帮他们传递,但只会帮他们一次。

全班每个同学的好心程度用一个 $0\sim100$ 中的自然数来表示(小渊和小轩的好心程度均

为 0),数越大表示越好心。小渊和小轩希望找到来回两条传递路径,使得这两条路径上同学的好心程度之和最大。

【输入格式】

第 1 行:2 个用空格隔开的整数 m 和 n,表示班里同学的座位有 m 行 n 列($1 \leqslant m$,$n \leqslant 50$)。

接下来的 m 行:一个 $m \times n$ 的矩阵,矩阵中第 i 行 j 列的整数表示坐在第 i 行 j 列的同学的好心程度。

【输出格式】

共 1 行,包含 1 个整数,表示来回两条路上参与传递纸条的同学的好心程度之和的最大值。

【输入输出样例】

输入样例	输出样例
3 3 0 3 9 2 8 5 5 7 0	34

【数据规模与约定】

30% 的数据满足:$1 \leqslant m$,$n \leqslant 10$;

100% 的数据满足:$1 \leqslant m$,$n \leqslant 50$。

【问题分析】

NOIP2000 方格取数和此题几乎相同,唯一不同之处在于数据规模。方格取数中矩阵不超过 9 行 9 列,而此题矩阵大小为 50×50。

先考虑小渊→小轩的传纸条路径,由于只能向下和向右传递,且期望路径上的同学的好心程度和最大,符合最优和无后效性原则。本题较容易划分阶段并设计状态和转移方程。

假设所有学生的好心程度预存入数组 A。

用 $f[i][j]$ 表示以小渊为起点,纸条传到 i 行第 j 列的同学时,所能得到的最大好心程度和。则 $f[i][j] = \max(f[i-1][j], f[i][j-1]) + A[i][j]$。计算的时间复杂度为 $O(mn)$。

由于好心程度均非负,所以将边界数据直接设为 0 即可。

在该样例中,很容易求得 $f[3][3] = 18$。经过的同学的依次为:

$$(1, 1) \rightarrow (1, 2) \rightarrow (2, 2) \rightarrow (3, 2) \rightarrow (3, 3)$$

我们把这一条路径称为最优路径 1。

再考虑小轩→小渊的传纸条路径,仍然要符合最优和无后效性原则。其实质相当于小渊再传一张纸条给小轩。由于每个同学只肯帮一次忙,因此最优路径 1 中的数据不能再取。

可能有同学会这样思考,把最优路径 1 中的好心程度修改为 0,然后继续寻找第二条最优路径即可。按照这样的思路,好心值矩阵为:

$$
\begin{matrix}
0 & 0 & 9 \\
2 & 0 & 5 \\
5 & 0 & 0
\end{matrix}
$$

可以求得 $f[3][3]=14$。最优路径为：$(1,1)\to(1,2)\to(1,3)\to(2,3)\to(3,3)$。

两条最优路径的得分之和为 32。为什么没能得到最大值 34 呢？因为在两条路径中，重复走到了 $(1,2)$，与题意不符。

而在原矩阵中选择路径 $(1,1)\to(1,2)\to(1,3)\to(2,3)\to(3,3)$，得分 17；路径 $(1,1)\to(2,1)\to(2,2)\to(3,2)\to(3,3)$，得分 17。总得分 34 为最优解。

是否就不能用动态规划思想解决问题呢？

换个角度看。如果第一条路径确定。假设为 $(1,1)\to(1,2)\to(1,3)\to(2,3)\to(3,3)$，好心矩阵更改为：

$$
\begin{matrix}
0 & 0 & 0 \\
2 & 8 & 0 \\
5 & 7 & 0
\end{matrix}
$$

此时，可以利用动态规划思想找到第二条路径 $(1,1)\to(2,1)\to(2,2)\to(3,2)\to(3,3)$。

为了避免重复走过同一个格子，我们也可以把走过的格子中好心值更改为 $-\infty$。

于是，得出第一种解决方案：搜索出第一条路径，并在此基础上动态规划出第二条路径，最终选择所有方案的最优解。

计算时间复杂度。在 $m\times n$ 的矩阵中从左上角沿着约定的方向走到右下角，总路径条数为 C_{m+n-2}^{n-1}。若 $m=n=9$ 时，总方案数为 12 870，然后进行动态规划，时间复杂度为 $O(nm)$，可以很快出解；但是当 $m=n=50$ 时，时间复杂度达 10^{28} 数量级！显然搜索不可行。

通过以上分析，我们可以得出这样的结论：两条路径必须同时进行。

策略 1：两路 *dp*

如何划分状态？任何一条路径的长度必然是 $m+n-2$，如果两张纸条同时从 $(1,1)$ 出发的话，它俩的每一步会有什么特征呢？容易发现，任何时刻，两张纸条必然在如图 2-4 所示的对角线上。

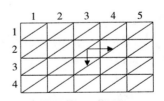

图 2-4　两个纸条位置关系

每根对角线的特征为行列的和为定值。每个时刻，纸条总是从一根对角线移动到下一根对角线上。

设定 $f[x_1][y_1][x_2][y_2]$ 表示同时从 $(1,1)$ 出发，纸条 1 到达 (x_1,y_1)，纸条 2 到达 (x_2,y_2) 时经过的同学的好心程度和的最大值。则初始值为 $f[1][1][1][1]$，目标值为 $f[m][n-1][m-1][n]$，为了避免两条路径经过同一个位置，只要保证两条路不交叉即可，即从第二步起保证 $x_1<x_2$。

由于是按照对角线划分阶段，因此需要考虑 x_1 和 x_2 的范围。

状态转移方程为：

$$f[x_1][y_1][x_2][y_2] = \max \begin{cases} f[x_{1-1}][y_1][x_{2-1}][y_2] \\ f[x_1][y_{1-1}][x_{2-1}][y_2] \\ f[x_{1-1}][y_1][x_2][y_{2-1}] \\ f[x_1][y_{1-1}][x_2][y_{2-1}] \end{cases} + A[x_1][y_1] + A[x_2][y_2]$$

时间复杂度为 $O(n^2m^2)$，当 $n=m=50$ 时，达 10^6 数量级，存储约占 10 MB，完全没有问题。当然，由于 $x_1+y_1=x_2+y_2$，在这里也可以把 y_2 压缩掉。

【核心代码】

```
1. #include <bits/stdc++.h>
2. using namespace std;
3. const int N = 52;
4. int f[N][N][N], A[N][N];
5. int main() {
6.     int m, n, ans;
7.     memset(f, 0, sizeof(f));
8.     scanf("%d %d", &m, &n);
9.     for (int i = 1; i <= m; i++)
10.         for (int j = 1; j <= n; j++)
11.             scanf("%d", &A[i][j]);
12.     for (int d = 3; d <= m +n - 1; d++)
13.         for (int x = 1; x < min(d - 1, m); x++) // 上侧点的行区间
14.             for (int x2 = x + 1; x2 <= min(d - 1, m); x2++)
15.             { // 下侧点的行区间
16.                 int y = d - x;
17.                 ans = max(f[x - 1][y][x2 - 1], f[x][y -1][x2- 1]);
18.                 ans = max(ans, max(f[x - 1][y][x2], f[x][y - 1][x2]));
19.                 f[x][y][x2] = ans +A[x][y] +A[x2][d - x2];
20.             }
21.     printf("%d", f[m - 1][n][m]);
22.     return (0);
23. }
```

策略2：滚动数组

由于在决策过程中，两张纸条的位置只跟前一对角线相关，如果用临时数组存储前一对角线上两点的状态，可顺畅地计算得到当前对角线的最优值。因此可以再次压缩，只记录两张纸条所在对角线上对应的行。

相关代码如下：

```
1. for (int d = 3; d <= m +n - 1; d++) {
2.     memcpy(b, f, sizeof(f)); // 前一对角线数据滚动
3.     for (int i = 1; i < min(d - 1, m); i++)
4.         for (int j = i + 1; j <= min(d - 1, m); j++) {
```

```
5.              ans = max(max(b[i - 1][j - 1], b[i][j - 1]), max(b[i - 1][j], b[i][j]));
6.              f[i][j] = ans + A[i][d - i] + A[j][d - j];
7.          }
8. }
9. printf("% d", f[m - 1][m]);
```

其中 b 数组为临时数组。通过 memcpy 记录上一对角线的最优策略。

策略 3：改变规划方向，再次压缩状态

根据迭代关系，将 $f[i][j]$ 看作一个二维状态的话，从位置上看，其值的更新只与左上方紧邻的三个位置及原位置相关，与下方的数据无关。运用这一规则，可取消前面的工作数据，按照对角线顺序，将两张纸条位置从下往上迭代更新，在策略 3 基础上空间进一步压缩50%。代码如下：

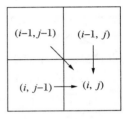

图 2-5 迭代关系

```
1. for (int d = 3; d <= m + n - 1; d++){
2.      for (int i = min(d - 1, m) - 1; i >= 1; i--)
3.          for (int j = min(d - 1, m); j > i; j--){
4.              ans = max(max(f[i - 1][j - 1], f[i][j - 1]), max(f[i - 1][j], f[i][j]));
5.              f[i][j] = ans + A[i][d - i] + A[j][d - j];
6.          }
7. }
```

请读者完成对应习题 2-1～2-3。

2.2　动态规划常用优化策略

利用动态规划的思想解决实际问题的过程中，总耗时与状态总数有关，与每个状态转移的决策数有关，与每个状态转移时进行的计算有关。

因此，我们可以从这三个维度考虑优化。

2.2.1　优化状态计算

优化状态计算主要考虑的是一次状态转移对整体时效的意义。减少每次状态转移所需的时间，对提高算法的时间效率具有重要的意义。

优化状态计算主要体现在两个部分：①在决策时预算出需要引用的状态；②减小状态转移递推式的常数项。

【例 2.8】　括号树（CSP2019）
【题目背景】
本题中合法括号串的定义如下：
( ) 是合法括号串。
如果 A 是合法括号串，则 (A) 是合法括号串。

如果 A, B 是合法括号串,则 AB 是合法括号串。

本题中子串与不同的子串的定义如下:

字符串 S 的子串是 S 中连续的任意个字符组成的字符串。S 的子串可用起始位置 l 与终止位置 r 来表示,记为 $S(l, r)$($1 \leq l \leq r \leq |S|$,$|S|$ 表示 S 的长度)。

当且仅当 S 的两个子串在 S 中的位置不同,即 l 不同或 r 不同时,这两个子串视作不同。

【问题概述】

一个大小为 n 的树,树上结点从 $1 \sim n$ 编号,1 号结点为树的根。除 1 号结点外,每个结点有一个父亲结点,u($2 \leq u \leq n$)号结点的父亲为 f_u($1 \leq f_u < u$)号结点。

这个树的每个结点上恰有一个括号,可能是"("或")"。定义 S_i 为:将根结点到 i 号结点按经过顺序依次排列组成的括号字符串。

对所有的 i($1 \leq i \leq n$),求出 S_i 中有多少个互不相同的子串是合法括号串。设 S_i 共有 k_i 个不同子串是合法括号串,求所有 $i \times k_i$ 的异或和,即:

$$(1 \times k_1) \text{ xor } (2 \times k_2) \text{ xor } (3 \times k_3) \text{ xor } \cdots \text{ xor } (n \times k_n)$$

其中 xor 是位异或运算。

【输入格式】

第 1 行:1 个整数 n,表示树的大小。

第 2 行:1 个长为 n 的由"("与")"组成的括号串,第 i 个括号表示 i 号结点上的括号。

第 3 行:包含 $n-1$ 个整数,第 i($1 \leq i < n$)个整数表示 $i+1$ 号结点的父亲编号 f_{i+1}。

【输出格式】

仅 1 行,为 1 个整数,表示答案。

【输入输出样例】

输入样例	输出样例
5 (()() 1 1 2 2	6

【样例说明】

树的形态如图 2-6 所示。

将根到 1 号结点的简单路径上的括号,按经过顺序排列所组成的字符串为 (,子串是合法括号串的个数为 0。

根到 2 号结点的字符串为 ((,子串是合法括号串的个数为 0。

根到 3 号结点的字符串为 (),子串是合法括号串的个数为 1。

根到 4 号结点的字符串为 (((,子串是合法括号串的个数为 0。

根到 5 号结点的字符串为 (()),子串是合法括号串的个数为 1。

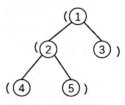

图 2-6　样例构图

【数据规模与约定】

50% 的数据满足:$n \leq 2\,000$;

100% 的数据满足:$n \leq 5 \times 10^5$。

【问题分析】

本题主要有两个关键问题：

（1）计算已知括号串中合法串的个数。

（2）动态括号串。

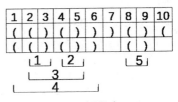

图 2-7 括号串

如图 2-7 所示，若已有括号串"（（）（））（）（"，为了方便表示，不妨从 1 开始编号。如何判定哪些括号属于合法串。10 号位置的"（"后面没有任何括号，7 号位置前面找不到可以匹配的"）"，因此这两个位置不属于合法串。共组成 5 个合法的括号串。

由于所有的合法串都以"）"结束，因此可以对所有的"）"进行计算，计算以它为结尾的所有合法串个数。设 $a[i]$ 为以第 i 个符号结尾的合法串个数。假设 $k[i]$ 为从起点到 i 为止的括号串中合法串的个数。则：

$$k[i] = \sum a[j] \quad (1 \leqslant j \leqslant i)$$

优化策略 1：运用前缀和

这种模型比较经典。由于在求 $k[i-1]$ 的过程中，已经求了 $\sum a[j] (1 \leqslant j \leqslant i-1)$，因此可将状态转移修改为：

$$k[i] = k[i-1] + a[i]$$

接下来分析 $a[i]$ 的计算。

若 i 对应位置是"（"，显然 $a[i]=0$。

如果是"）"且前面没有"（"匹配，$a[i]$ 仍然为 0。

如果是"）"且前方有多个"（"呢？每个"）"匹配的都是最近的可匹配的"（"。比如图 2-7 中，6 号位置的"）"匹配的是 0 号，5 号位置匹配的是 4 号。以 6 号位置结尾的合法串只有 1 个。以 5 号位置结尾的合法串有 2 个。

优化策略 2：提前存储需要引用的中间数据

若 i 的最近可匹配位置为 $p[i]$，则 $a[i]=a[p[i]-1]+1$。

借用 p，可以节约顺序查找最近可匹配位置的时间。同时也简化了 $a[i]$ 的计算。

$p[i]$ 如何计算？若 i 位置为"（"，则初值可设为 $p[i]=i$。若 i 位置为"）"，且匹配成功，则 $p[i]$ 修改为匹配项前一个"（"所在的位置。具体见表 2-7：

表 2-7 $P[i]$ 的计算

i	1	2	3	4	5	6	7	8	9	10
i 位置数据	（	（	）	（	）	）	）	（	）	（
$p[i]$	1	2	1	4	1	0	0	8	0	10

优化策略 3：匹配原问题

再次回到原题，由于字符串是建立在树结构上的，通过 f_u 记录 u 的父亲结点。因此在策略 1、策略 2 中的位置前后关系需要调整为父子关系。不妨用 $f[i]$ 记录 i 的父亲结点，则 i 的

前一个位置就是 $f[i]$。

若 i 位置的符号为 ")",且匹配成功的话,与 $a[i]$、$p[i]$、$k[i]$ 等状态的值相关的有:

$$\begin{cases} p[i] = u = p[f[p[f[i]]]] \\ a[i] = a[z] + 1 = a[f[p[f[i]]]] + 1 \\ k[i] = k[j] + 1 = k[f[i]] + a[i] \end{cases}$$

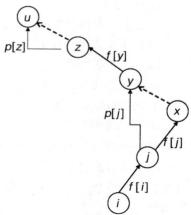

图 2-8　递推关系

【核心代码】

```
1. for ( int i = 1; i <= n; i++){
2.     if ( s[i] == '('){
3.         p[i] = i;
4.         a[i] = 0;
5.     }
6.     else{ // 右括号
7.         if ( p[f[i]] >0)
8.             a[i] = a[f[p[f[i]]]] +1; // 可匹配
9.             p[i] = p[f[p[f[i]]]];          // 更新可匹配位置
10.        }
11.        k[i] = k[f[i]] +a[i];
12.        ans ^= (i *  k[i]);
13. }
```

【例 2.9】　开车旅行(NOIP2012)

【问题概述】

小 A 和小 B 外出旅行,他们将想去的城市从 1 到 N 编号,且编号较小的城市在编号较大的城市的西边。已知各个城市的海拔高度互不相同,记城市 i 的海拔高度为 H_i,城市 i 和城市 j 之间的距离 $d[i,j]$ 恰好是这两个城市海拔高度之差的绝对值,即 $d[i,j] = |H_i - H_j|$。

旅行过程中,小 A 和小 B 轮流开车,第一天小 A 开车,之后每天轮换一次。他们计划选择一个城市 S 作为起点,一直向东行驶,并且最多行驶 X 公里就结束旅行。小 A 和小 B 的驾驶风格不同,小 B 总是沿着前进方向选择一个最近的城市作为目的地,而小 A 总是沿着前进方向选择第二近的城市作为目的地(注意:本题中如果当前城市到两个城市的距离相同,则认为离海拔低的那个城市更近)。如果其中任何一人无法按照自己的原则选择目的城市,或者到达目的地会使行驶的总距离超出 X 公里,他们就会结束旅行。

① 对于一个给定的 $X = X_0$,求从哪一个城市出发,小 A 开车行驶的路程总数与小 B 行驶的路程总数的比值最小(如果小 B 的行驶路程为 0,此时的比值可视为无穷大)。如果从多个城市出发,小 A 开车行驶的路程总数与小 B 行驶的路程总数的比值都最小,则输出海拔最高的那个城市。

② 求对任意给定的 $X = X_i$ 和出发城市 S_i,小 A 开车行驶的路程总数以及小 B 行驶的路程总数。

【输入格式】

第 1 行：1 个整数 N，表示城市的数目。

第 2 行：N 个整数，每两个整数之间用一个空格隔开，依次表示城市 1 到城市 N 的海拔高度，即 H_1，H_2，$\cdots$，H_n，且每个 H_i 都是不同的。

第 3 行：1 个整数 X_0。

第 4 行：1 个整数 M，表示给定 M 组 S_i 和 X_i。

接下来的 M 行：每行包含 2 个整数 S_i 和 X_i，表示从城市 S_i 出发，最多行驶 X_i 公里。

【输出格式】

输出共 $M+1$ 行。

第 1 行：1 个整数 S_0，表示对于给定的 X_0，从编号为 S_0 的城市出发，小 A 开车行驶的路程总数与小 B 行驶的路程总数的比值最小。

接下来的 M 行：每行包含 2 个整数，之间用一个空格隔开，依次表示在给定的 S_i 和 X_i 下小 A 行驶的里程总数和小 B 行驶的里程总数。

【输入输出样例】

输入样例	输出样例
4	1
2 3 1 4	1 1
3	2 0
4	0 0
1 3	0 0
2 3	
3 3	
4 3	

【数据规模与约定】

对于 50% 的数据，有 $1 \leqslant N \leqslant 100$，$1 \leqslant M \leqslant 1\,000$；

对于 100% 的数据，有 $1 \leqslant N \leqslant 10^5$，$1 \leqslant M \leqslant 10^4$，$-10^9 \leqslant H_i \leqslant 10^9$，$0 \leqslant X_0 \leqslant 10^9$，$1 \leqslant S_i \leqslant N$，$0 \leqslant X_i \leqslant 10^9$，保证 H_i 互不相同。

【问题分析】

首先解决最基本的问题。

从某城市 i 出发，小 B 开车到前进方向距离最近的城市 j，小 A 开车到前进方向距离第二近的城市 k，距离等于两城市海拔高度之差的绝对值。

也就是需要以城市 i 为起点，将前进方向的所有城市看作一个集合，需要将此集合中所有城市按海拔排序。

显然，起点为城市 1 时，集合最大，当起点为城市 N 时，集合最小。起点为城市 i，若集合为 S 的话，则起点为城市 $i+1$ 时，集合 $S'=S-\{i\}$。

策略 1：更改顺序，巧存数据

可将起点从城市 $N-1$ 开始，逆序计算每一个城市。将城市的编号和海拔信息存入可快速排序的结构中(如 set),可较快地得到最近和次近的城市。

参照样例数据,如果从城市 3 出发,则 set 中部分数据存储如图 2-9 所示。

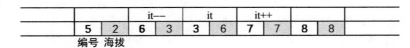

编号 海拔

图 2-9 存储技巧及目标城市判定

用 it 表示出发城市在 set 中存储的位置,则其最近和次近城市只可能在 it 前面两组和 it 后面两组数据中产生。详见 work(city)函数,从城市 city 出发。

【核心代码】

```
1. void work( node1 city) { // node1 结构为{num:城市编号,h: 海拔}
2.      set<node1>::iterator it;
3.      node1 city1, city2;
4.      it = q.find( city); // 找到 city 在 set 中的位置
5.      if ( it ! = q.begin( )) { // 前进方向上存在海拔低于 city 的城市
6.          it--;
7.          city1 = * it;      // 海拔差最小的城市
8.          cmp( city, city1); // 通过比较录入最近、次近城市信息
9.          if ( it ! = q.begin( )) { // it 第二组数据
10.             it--;
11.             city2 = * it;
12.             cmp( city, city2);
13.             it++; // 指针返回
14.         }
15.         it++;
16.     }
17.     if ( ++it ! = q.end( )) { // 前进方向上存在海拔高于 city 的城市
18.         city1 = * it;
19.         cmp( city, city1);
20.         if ( ++it ! = q.end( )) {
21.             city2 = * it;
22.             cmp( city, city2);
23.         }
24.     }
25. }
```

既然能快速找到前进方向最近及次近的城市,不妨同时记下小 A 和小 B 分别走过的路程。设计结构记录以上信息。用数组 *ab* 表示从某城市出发,小 A 和小 B 驾车的目的地以及各自驾车的距离。信息如表 2-8:

表 2-8　策略 1 相关信息

数据项	存储数据
da	小 A 驾驶的距离
db	小 B 驾驶的距离
h	出发城市的海拔
ta	小 A 的目的地（次近的城市编号）
tb	小 B 的目的地（最近的城市编号）

所有以上数据全部在 cmp( ) 函数中完成采集。

【核心代码】

```
1. void cmp( node1 city1, node1 city2) {
2.      int i = city1.num;
3.      ll delt = abs( city1.h - city2.h);
4.      if ( ab[i].db == 0 || delt < ab[i].db || delt == ab[i].db & & city2.h < ab[ab[i].tb].h)
5.      { // 发现最近
6.          ab[i].ta = ab[i].tb;
7.          ab[i].da = ab[i].db; // 最近传递给次近
8.          ab[i].tb = city2.num;
9.          ab[i].db = delt; // 记录最近
10.     }
11.     else if ( ab[i].da == 0 || delt < ab[i].da || delt == ab[i].da & & city2.h < ab[ab[i].ta].h)
12.     {
13.         ab[i].ta = city2.num;
14.         ab[i].da = delt; // 记录次近
15.     }
16. }
```

接下来回到问题本身。对任意给定的距离 X 和出发城市 i，计算小 A 开车行驶的路程总数以及小 B 行驶的路程总数。从 i 出发，利用 ab 数组，在 $O(n)$ 的时间复杂度内可以迭代出结果。但城市个数 $N \leqslant 10^5$，询问次数 $M \leqslant 10^4$。针对每个询问，$O(n)$ 的时间复杂度明显偏大，必须将其压缩到 $O(\lg n)$。

分析完成的形式过程，可分为两种情形：旅行由 A 结束，旅行由 B 结束。由 B 结束则表示经过了若干次完整的轮换。由 A 结束则是若干次完整轮换后 A 继续行驶到下一个次近城市。能否算出共进行了多少次轮换呢？从任一城市出发，能否计算出经过若干轮后到达哪个城市呢？

策略 2：利用倍增思想，优化计算

计算从 i 城市出发，经过 1 次轮换后可到达的城市以及小 A 和小 B 各自驾驶的距离。如图 2-10 所示。

同理，可计算出从 i 城市出发，经过 2 次轮换，4 次轮换，$\cdots$，2^j 次轮换的值。

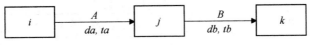

图 2-10 从 *i* 出发经过一次轮换

用 $f[i][j]$ 记录从 *i* 城市出发，经过 2^j 次轮换的相关信息。

表 2-9　策略 2 相关信息

数据项	存储数据
d	行驶的总距离
da	小 A 行驶的总距离
db	小 B 行驶的总距离
t	目标城市

各状态的计算如下：

```
1. for (i = 1; i <= n; i++)
2. {                        // 计算从城市 i 出发经过 1 次轮换后的信息
3.     int j = ab[i].ta;  // j 为 A 到达的城市，同时为 B 出发的城市
4.     if (ab[i].da > 0 && ab[j].db > 0 && ab[i].da + ab[j].db < inf) {   // 可行
5.         f[i][0].d = ab[i].da + ab[j].db; // 总路程
6.         f[i][0].da = ab[i].da;           // A 的路程
7.         f[i][0].db = ab[j].db;           // B 的路程
8.         f[i][0].t = ab[j].tb;            // 目标城市
9.     }
10.     else
11.         f[i][0].d = inf; // 路程设为 ∞，表示无法完成 1 次完整的轮换
12. }
13. for (int j = 1; j <= 16; j++) // 城市个数最多为 105，不超过 216 轮
14.     for (i = 1; i <= n; i++){
15.         int k = f[i][j - 1].t; // j-1 轮目的地
16.         if (f[i][j - 1].d + f[k][j - 1].d < inf) { // 同前
17.             f[i][j].d = f[i][j - 1].d + f[k][j - 1].d;
18.             f[i][j].da = f[i][j - 1].da + f[k][j - 1].da;
19.             f[i][j].db = f[i][j - 1].db + f[k][j - 1].db;
20.             f[i][j].t = f[k][j - 1].t;
21.         }
22.         else
23.             f[i][j].d = inf;
24.     }
```

如何计算实际轮换次数呢？代码如下：

```
1. void loc(int i, ll X){ // i 为起点，X 为总距离
```

```
2.    da = db = 0;
3.    for (int j = 16; j >= 0; j--) { // 从高到低寻找
4.        if (f[i][j].d <= X)
5.        {                           // 足够完成 2j 次轮换
6.            da += f[i][j].da; // 记录 A 的总路程
7.            db += f[i][j].db; // 记录 B 的总路程
8.            X -= f[i][j].d;   // 剩余路程
9.            i = f[i][j].t;    // 修改起点
10.       }
11.   }
12.   if (X >= ab[i].da && ab[i].da > 0)
13.       da += ab[i].da; // A 单程
14. }
```

在此基础上,无论是计算小 A 和小 B 各自路程或者其比值,或者所有比值的最优值都很容易了。将上面所有的代码拼装起来就是完整的程序了。

【核心代码】

```
1. int main() {
2.    node1 city;
3.    ll X;
4.    int i, h, n, k1, target; // target 记录最优解所在城市
5.    float dab, mm = inf;     // mm 记录最小比值
6.    cin >> n;
7.    memset(ab, 0, sizeof(ab));
8.    for (int i = 1; i <= n; i++)
9.        cin >> ab[i].h;
10.   for (int i = n; i > 0; i--)
11.   { // 从后往前,保证队列中的所有城市都是备选
12.       city.num = i;
13.       city.h = ab[i].h;
14.       q.insert(city); // 将 city 插入到 set 中
15.       work(city);     // 以 city 为起点计算小 A 和小 B 各自的驾驶信息
16.   }
17.   ...... // 计算 f 数组
18.   cin >> X;
19.   h = 0;
20.   for (i = 1; i <= n; i++)    {
21.       loc(i, X); // 计算小 A 和小 B 驾驶的总距离
22.       if (db == 0)
23.           dab = inf;
24.       else
25.           dab = da *  1.0 / db; // 计算比值
```

```
26.          if ( ans > dab )
27.              mm = dab, target = i, h = ab[i].h; // 记录最优值
28.          else if ( mm == dab && ab[i].h > h )
29.              target = i, h = ab[i].h; // 比值相等取高海拔
30.      }
31.      ......
32. }
```

2.2.2 优化决策选择

在动态规划过程中,所处的状态和阶段是进行决策的重要因素。每个状态的决策数,也就是每个状态可能转移的状态数也是决定算法效率的重要因素。在保证找到最优决策的前提下,减少决策数也是动态规划优化的手段之一。

我们可以通过一定的数学推导,缩小决策集合。如石子归并问题,假设 $f[i][j]$ 为将第 i~第 j 堆石子合并为一堆的最小费用,$w[i][j]$ 为第 i~第 j 堆石子的重量和。

$$f[i][j] = \min \{ f[i][k] + f[k+1][j] \} + w[i][j] \quad (i \leq k < j)$$

状态 $f[i][j]$ 需要从 $j-i$ 个状态中进行决策。利用数学知识,可证明在这 $j-i$ 个状态中,决定 $f[i][j]$ 最优的只有 $f[i+1][j]$ 和 $f[i][j-1]$ 两个状态。于是可将状态转移修正为:

$$f[i][j] = \min \{ f[i+1][j], f[i][j-1] \} + w[i][j]$$

通过前缀和等优化策略,总时间复杂度降为 $O(n^2)$。

飞扬的小鸟(NOIP2014)就可以采用这种策略进行决策优化。

我们也可以利用贪心思想,结合数学推导,将所有可能转移的状态进行排序,这同样可以提高决策效率,在 $O(1)$ 复杂内实现转移。

【例 2.10】 子矩阵(NOIP2014)

【问题概述】

给出如下定义:

① 子矩阵:从一个矩阵当中选取某些行和某些列交叉位置所组成的新矩阵(保持行与列的相对顺序)被称为原矩阵的一个子矩阵。

例如,图 2-11 中选取第 2、4 行和第 2、4、5 列交叉位置的元素得到一个 2×3 的子矩阵。

图 2-11 子矩阵

② 相邻的元素:矩阵中的某个元素与其上下左右四个元素(如果存在的话)是相邻的。

③ 矩阵的分值:矩阵中每一对相邻元素之差的绝对值之和。

本题任务:给定一个 n 行 m 列的正整数矩阵,请你从这个矩阵中选出一个 r 行 c 列的子矩阵,使得这个子矩阵的分值最小,并输出这个分值。

【输入格式】

第 1 行:用空格隔开的四个整数 n, m, r, c,意义如问题描述中所述。

接下来的 n 行:每行包含 m 个用空格隔开的整数,表示 n 行 m 列的矩阵。

【输出格式】

输出 1 个整数,表示子矩阵的最小分值。

【输入输出样例】

输入样例	输出样例
5 5 2 3 9 3 3 3 9 9 4 8 7 4 1 7 4 6 6 6 8 5 6 9 7 4 5 6 1	6

【样例说明】

该矩阵中分值最小的 2 行 3 列的子矩阵由原矩阵的第 4 行、第 5 行与第 1 列、第 3 列、第 4 列交叉位置的元素组成,为 $\begin{bmatrix} 6 & 5 & 6 \\ 7 & 5 & 6 \end{bmatrix}$,其分值为 $|6-5| + |5-6| + |7-5| + |5-6| + |6-7| + |5-5| + |6-6| = 6$。

【数据规模与约定】

对于 50% 的数据,$1 \leqslant n \leqslant 12$,$1 \leqslant m \leqslant 12$,矩阵中的每个元素 $1 \leqslant a[i][j] \leqslant 20$;

对于 100% 的数据,$1 \leqslant n \leqslant 16$,$1 \leqslant m \leqslant 16$,矩阵中的每个元素 $1 \leqslant a[i][j] \leqslant 1\,000$;

$1 \leqslant r \leqslant n$,$1 \leqslant c \leqslant m$。

【问题分析】

假设 $r = n$,则原问题简化为从 m 列中取出 c 列,使得矩阵值最小。

设 $f[i][j]$ 为在前 i 列中选取 j 列(i 列选中)时,所得矩阵的最小值。则:

$$f[i][j] = \min \begin{cases} 0 & j = 0 \\ f[i_1][j-1] + \sum \left| a[k][i_1] - a[k][i] \right| + \sum \left| a[h-1][i] - a[h][i] \right| & j > 0 \end{cases}$$

其中,$1 \leqslant k \leqslant n$,$2 \leqslant h \leqslant n$,$i_1$ 为恰在 i 前被选中的列。由于此处 $m \leqslant 16$,决策数不超过 15 个。

当 $r < n$ 时,n 行中选 r 行的方案数为 C_n^r,当 $n = 16$ 时,选 r 行方案数最大值为 12 870。再加上相邻元素差的计算,一次转移的时间消耗巨大。

解题策略:通过预处理减少决策数。

预先选出 r 行,把所有选定的 r 行存入工作数组 b。以图 2-11 为例,若选择了 2、4 行,则

$b = \{2, 4\}$。代码如下:

```
1. while ( b[0] == 0)
2. {              // 枚举选定的 r 行
3.     calc( ); // 计算 f
4.     for ( int i = c; i <= m; i++)
5.         ans = min(ans, f[i][c]);
6.     int j = r;
7.     while ( b[j] == n - r + j)
8.         j--;
9.     b[j]++;
10.    for ( int k = j + 1; k <= r; k++)
11.        b[k] = b[k - 1] + 1;
12. }
```

接下来在选定的行中进行列的选择。

f 的定义不变。i 列所选元素与 $i-1$ 列所选元素间的差值为:$a[b[k]][i1] - a[b[k]][i]$;i 列所选元素与相邻上一行元素差值为:$a[b[k]][i] - a[b[k-1]][i]$。

代码如下:

```
1. for ( int i = 1; i <= m; i++){
2.     f[i][1] = 0;
3.     for ( int k = 2; k <= r; k++)
4.         // 统计同列元素的差值
5.         f[i][1] += abs(a[b[k]][i] - a[b[k - 1]][i]);
6.     for ( int i1 = 1; i1 < i; i1++){
7.         s1 = 0;
8.         for ( int k = 1; k <= r; k++)
9.             s1 += abs(a[b[k]][i1] - a[b[k]][i]); // 统计同行差值
10.        for ( int j = 2; j <= min(i, c); j++)
11.            // 状态转移
12.            f[i][j] = min(f[i][j], f[i1][j - 1] + s1 + f[i][1]);
13.    }
14. }
```

算法总时间复杂度为 $O(m \times m \times (r + c) \times C_n^r)$。由于 m、n、r、c 规模较小,总时间复杂度基本能控制在 $O(10^7)$ 以内。

【例 2.11】 跳房子(NOIP2017)

【问题概述】

直线上从左到右有 n 个格子,每个格子内有一个整数。玩家初始位置在起点 0。规定玩家每次都必须跳到当前位置右侧的一个格子内。玩家可以在任意时刻结束游戏,获得的分数为曾经到达过的格子中的数字之和。

弹跳机器人参加游戏。它每次向右弹跳的距离只能为固定的 d。如果花 g 个金币改进机器人,当 $g<d$ 时,机器人每次可以选择向右弹跳的距离为 $d-g$,$d-g+1$,$d-g+2$,$\cdots$,$d+g-2$,$d+g-1$,$d+g$;当 $g\geqslant d$ 时,机器人每次可以选择向右弹跳的距离为 1,2,3,$\cdots$,$d+g-2$,$d+g-1$,$d+g$。

若希望机器人获得至少 k 分,至少要花多少金币来改造机器人?

【输入格式】

第 1 行:3 个正整数 n,d,k,含义同问题概述。

接下来 n 行:每行 2 个正整数 x_i,s_i,分别表示起点到第 i 个格子的距离以及第 i 个格子的分数。保证 x_i 按递增顺序输入。

【输出格式】

共 1 行,1 个整数,表示至少要花多少金币来改造机器人。若无论如何他都无法获得至少 k 分,输出 -1。

【输入输出样例】

输入样例 1	输出样例 1	输入样例 2	输出样例 2
7 4 10	2	7 4 20	-1
2 6		2 6	
5 -3		5 -3	
10 3		10 3	
11 -3		11 -3	
13 1		13 1	
17 6		17 6	
20 2		20 2	

【样例说明】

样例 1:花费 2 个金币改进后,机器人依次选择的向右弹跳的距离分别为 2,3,5,3,4,3,先后到达的位置分别为 2,5,10,13,17,20,对应 1,2,3,5,6,7 这 6 个格子。这些格子中的数字之和 15 即为小 R 获得的分数。

样例 2:由于 7 个格子组合的最大可能数字之和只有 18,无论如何都无法获得 20 分。

【数据规模与约定】

前 50% 数据满足:$n\leqslant 500$;

全部的数据满足:$1\leqslant n\leqslant 5\times 10^5$;$1\leqslant d\leqslant 2\,000$;$1\leqslant x_i$,$k\leqslant 10^9$;$|s_i|<10^5$。

【问题分析】

根据问题概述,机器人最终获得的得分与跳跃的距离有关。当未使用金币时,只能按一种方式跳跃,如果把所有可以到达的点看作一个数列的话,原问题就转换为求从原点出发的跳跃距离的最大连续和。

使用金币后,机器人每次的跳跃方案数增多,就可以通过避开累加和为负的区间或者直接避开负值的位置,使得分尽可能高。显然,每次可跳跃的距离越远,高分可能越大。

本题中 $x_i\leqslant 10^9$,无法对金币进行简单的枚举。本题需要求解的是最大得分不小于 k 时的最少金币数。该问题符合二分答案的最大值最小模型。

策略1：利用二分答案降低时间复杂度

以所有格子组成的线段作为金币枚举的区域，对于给定的金币数，如果最大得分超过 k，则降低金币个数；若最大得分少于 k，则说明金币数不够。在 $[0, 10^9]$ 范围内进行二分，约进行 30 次试探就能找到答案。

代码如下：

```
1. int ll = 0;
2. int rr = x[ n ];
3. int ans = -1;
4. while（ll <= rr）{
5.     int g =（ll + rr）/ 2;
6.     if（work（g））
7.         ans = g, rr = g - 1;
8.     else
9.         ll = g + 1;
10. }
```

策略2：通过维护单调性减少决策数

针对具体的金币数，如何求得最大得分？当金币数 $g \geqslant d$ 时，机器人每次可以选择弹跳的距离为 $1, 2, 3, \cdots, d+g-2, d+g-1, d+g$，共 $d+g$ 种。当 $g < d$ 时，弹跳的距离为 $d-g, d-g+1, d-g+2, \cdots, d+g-2, d+g-1, d+g$，共 $2g+1$ 种。即对于每一个目标位置而言，进行状态转移时，策略数共有 $d+g$ 种或 $2g+1$ 种。时间复杂度为 $O(n \times (d+g))$。由于 d 和 g 数据规模都可能超过 10^4，n 超过 10^5，简单的转移显然力不从心。

以 $g \geqslant d$ 为例，每次状态转移时，弹跳的位置具有连续性。$f[i]$ 表示从起点出发到达第 i 个格子所能得到的最大得分。

$$f[i] = \max (f[j]) + s_i \quad 1 \leqslant x[i] - x[j] \leqslant d+g$$

当 $g < d$ 时，每次状态转移时，弹跳的位置仍然具有连续性。

$$f[i] = \max (f[j]) + s_i \quad d-g \leqslant x[i] - x[j] \leqslant d+g$$

显然，决策位置 j 是一个连续区间。对于连续的两个格子，决策区间会有很多位置是重复的。图 2-12 所示。

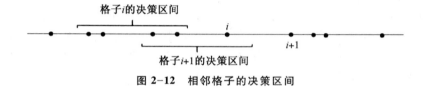

图 2-12　相邻格子的决策区间

如何把上一个目标 i 格子跳跃选择的过程记录下来？如果上一次决策位置为 a，即 $f(a)$ 是区间最大值。若目标位置为 $i+1$ 时，a 仍然在决策区间内，则只要用 $f(a)$ 与新加入的位置比较求值即可。如果 a 已经移出决策区间,则用上次区间的较大值与新加入的位置对比即可。

由此,可以借助一个单调递减的队列存储 f 值及其对应位置。

要维持队列的单调性?需要考虑每一个最新加入的位置 b。无论当前值是否为最优,因为无法预知后续的数据,在决策区间移动的过程中,$f(b)$ 有成为最优值的可能(如后续存在负数)。因此,最后加入的位置 b 必须保留在队列中。

如果新加入位置的 $f(b)$ 最小,可以直接把该位置添加到队列末尾,使队列单调性不变。

如果新加入的位置 $f(b)$ 较大,不妨假设 $f(c) < f(b)$ 且 $x(c) < x(b)$。可证明,$f(c)$ 没有成为最优值的机会,则 c 存在队列没有意义,因此可令 c 出队。换句话说,如果 $f(b)$ 不是区间最小值,则可令队列中小于 $f(b)$ 的位置全部出队。

如此操作,队列保证递减,要获取区间最大值直接取队头就可以了。需要时间的复杂度为 $O(1)$。每个位置进一次队列,出一次队列,总时间复杂度为 $O(n)$。

【核心代码】

```
1. int work( int g) {
2.     int f1, r1, f2;          // f1、r1 记录决策队列的首尾
3.     int m1 = max( d - g, 1); // 统一决策区间距离最小值
4.     int m2 = d + g;          // 决策区间距离最大值
5.     memset( f, 0, sizeof( f) );
6.     memset( v, 0, sizeof( f) ); // 记录格子能否从起点经若干次跳跃到达相应位置
7.     f[ 0] = 0;
8.     v[ 0] = 1;
9.     f1 = 0;
10.    f2 = 0;
11.    r1 = -1; // 队列初始化;f2 记录未入决策队列的最靠前的格子
12.    for ( int i = 1; i <= n; i++)       {
13.        while ( x[ i] - x[ f2] >= m1)
14.        { // 两格子距离在决策区间内
15.            if ( v[ f2])
16.            { // 若格子不可达则永远进不了决策队列
17.                while ( f1 <= r1 && q[ r1].s <= f[ f2])
18.                    r1--; // 删除干扰项保证单调
19.                q[ ++r1].x = x[ f2];
20.                q[ r1].s = f[ f2]; // 入决策队列
21.            }
22.            f2++;
23.        }
24.        while ( f1 <= r1 && x[ i] - q[ f1].x > m2)
25.            f1++; // 距离超界的格子出队列
26.        // 若决策区间非空,说明格子 i 可达计算最优解
27.        if ( f1 <= r1)
28.            f[ i] = q[ f1].s + s[ i], v[ i] = 1;
```

```
29.        if ( f[i] >= k)
30.            return 1; // 只要能得到分数 k,就说明 g 是可行解
31.        }
32.        return 0;
33. }
```

2.2.3 去除冗余状态

动态规划的求解过程需要枚举每一个阶段中的所有状态值。所谓冗余状态主要分两种：① 大量同值的状态；② 对最终结果无意义的子问题。

在前面的优化策略中已经涉及了一部分冗余状态,如通过维护决策队列的单调性剔除了一些无意义的引用。去除冗余最重要的是充分利用已有信息,减少不必要的计算。

【例 2.12】 摆渡车（**NOIP 2018**）

【问题概述】

有 n 名同学要乘坐摆渡车从 A 地前往 B 地,第 i 位同学从第 t_i 分钟开始等车。只有一辆摆渡车在工作,但摆渡车容量可以视为无限大。摆渡车从 A 地出发,把车上的同学送到 B 地,再回到 A 地(去接其他同学),这样往返一趟总共花费 m min(同学上下车时间忽略不计)。摆渡车要将所有同学都送到人民大学。

如果能任意安排摆渡车出发的时间,那么这些同学的等车时间之和最小为多少呢?

注意:摆渡车回到 A 地后可以即刻出发。

【输入格式】

第 1 行:2 个正整数 n, m,以一个空格分开,分别代表等车人数和摆渡车往返一趟的时间。

第 2 行:n 个正整数,相邻两数之间以一个空格分隔,第 i 个非负整数 t_i 代表第 i 个同学到达车站的时刻。

【输出格式】

输出 1 行,为 1 个整数,表示所有同学等车时间之和的最小值(单位:min)。

【输入输出样例】

输入样例 1	输出样例 1	输入样例 2	输出样例 2
5 1 3 4 4 3 5	0	5 5 11 13 1 5 5	4

【数据规模与约定】

30% 数据:$n \le 20$, $m \le 2$, $0 \le t_i \le 100$;

100% 数据:n, $m \le 500$, $0 \le t_i \le 4 \times 10^6$。

【问题分析】

首先对数据进行预处理,将所有学生按到达的时间 t_i 排序。

由于摆渡车容量无限大,所以对于每个学生来说,等车的过程中,只要有摆渡车出发,他必然会选择乘车而不是等待下一趟。

策略1:从学生的角度消除冗余

不妨以每趟车的发车时间设计状态。$f(i)$ 表示在 i 时刻发车,所有已乘车人员的最小等车时间和。有多少学生在当前这趟车上显然与上一次的发车时间相关。假设前一趟发车时间为 j。由于两趟车间隔不能小于 m,因此 $f(i)$ 的状态转移方程为:

$$f(i) = \min(f(j) + i \sim j \text{ 间所有学生的等车时间和}) \quad j - i \geq m$$

另外,由于摆渡车的费用不考虑,只要时间允许,应该尽可能地多发车以缩短学生的等车时间。如果两趟车的间隔时间超过 $2m$,可以在中间增开一趟车。因此,j 的范围可以进一步缩小为:$2m \geq j - i \geq m$,这样避免了大量对结果无用的子问题。

策略2:利用预处理加快转移

如何计算 (j, i) 间所有学生的等车时间和? 若某学生在 (j, i) 间的时刻 t_k 到达,则他需要等待的时间是 $i - t_k$,若有多个学生在该时刻到达的话,总等待时间为:

$$\sum i - t_k \quad j < t_k \leq i$$

这个量与 (j, i) 时间内的学生个数有关,与 (j, i) 时间内学生的到达时间的总和有关。

参照前面 2.2.1 的思想,可预处理出到每个时刻 i 为止的学生总数 $h[i]$,还可以预处理出到时刻 i 为止,所有学生的到达时间之和 $s[i]$。这两类数据全部可通过前缀和解决。这样的话,$j \sim i$ 之间所有学生的等车时间和为:

$$i \times (h[i] - h[j]) - (s[i] - s[j])$$

综合策略1、策略2,算法的总时间复杂度为 $O(tm)$,最大时为 $O(10^9)$。

如果上述状态存在大量同值的状态或对最终结果无意义的子问题,我们可以对这些冗余信息进行压缩以提高效率。

策略3:加工位置信息,进一步消除冗余

观察数据范围,学生个数及摆渡车往返时间均不大于 500 min,而学生到达时间高达 4×10^6 min,就算平均分配,必然存在大量相邻学生的时间间隔约为 10 000 min 甚至更大。虽然程序进行了若干次决策,但由于 $h[i] - h[j]$ 为 0,在这时间间隔内,所有的 f 值是相同的。也就是说只有车等人而没有人等车的情况。这些就是冗余数据。

只要相邻的两位学生等待的时间差超过 $2m$,可将后面的学生移位到时间差为 $2m$ 的位置。一轮平移后,算法的总时间复杂度压缩为 $O(nm^2)$,即可在规定时间内出解。

需要注意的是,最后一次的发车时间未必是最后一位学生的到达时间,需要考虑上一趟摆渡车的往返时间。

部分程序代码如下:

```
1. t[0] = 0;
```

```
2. sort(t + 0, t + n + 1); // 将学生按到达时间排序
3. L = 0;                   // 当前学生的到达时间
4. for (int i = 1; i <= n; i++) {
5.     if (t[i] - t[i - 1] >= 2 * m)
6.         L += 2 * m; // 缩小两位学生的时间间隔
7.     else
8.         L += t[i] - t[i - 1];
9.     h[L] += 1; // 将学生的到达时间移位到 h 数组
10. }
11. for (int i = 1; i < L + m; i++) {
12.     s[i] = s[i - 1] + i * h[i]; // 预处理到达时间前缀和
13.     h[i] += h[i - 1];           // 预处理到达人数前缀和
14. }
15. f[0] = 0;
16. for (int i = 1; i < L + m; i++) {
17.     f[i] = i * h[i] - s[i];
18.     for (int j = max(0, i - 2 * m); j <= i - m; j++) // 决策
19.         f[i] = min(f[i], f[j] + i * (h[i] - h[j]) - (s[i] - s[j]));
20. }
21. ans = f[L];
22. for (int i = L + 1; i < L + m; i++)
23.     ans = min(ans, f[i]); // 枚举最后一次出发时间求最优解
```

NOIP2005 的过河问题也是采用的这种方式消除冗余,同学们不妨试一试。

【例 2.13】 Emiya 家今天的饭(CSP2019)

【问题概述】

Emiya 掌握 n 种烹饪方法,且会使用 m 种主要食材做菜。Emiya 会做 $a_{i,j}$ 道不同的使用烹饪方法 i 和主要食材 j 的菜($1 \leqslant i \leqslant n$, $1 \leqslant j \leqslant m$),共会做 $\sum\limits_{i}^{n} \sum\limits_{j=1}^{m} a_{i,j}$ 道不同的菜。

Emiya 今天要准备 k 道菜,搭配方案如下:

① $k \geqslant 1$;

② 每道菜的烹饪方法互不相同;

③ 要求每种主要食材至多在一半的菜$\left(即 \dfrac{k}{2} 道菜\right)$中被使用。

Emiya 共有多少种不同的符合要求的搭配方案。当且仅当存在至少一道菜在一种方案中出现,而不在另一种方案中出现时,两种方案视为不同。

【输入格式】

第 1 行:2 个用单个空格隔开的整数 n, m。

第 2 行至第 $n+1$ 行:每行 m 个用单个空格隔开的整数,其中第 $i+1$ 行的 m 个数依次为 $a_{i,1}$, $a_{i,2}$, $\cdots$, $a_{i,m}$。

【输出格式】

仅一行,为一个整数,表示所求方案数对 998 244 353 取模的结果。

【输入输出样例】

输入样例 1	输出样例 1	输入样例 2	输出样例 2
2 3 1 0 1 0 1 1	3	3 3 1 2 3 4 5 0 6 0 0	190

【样例说明】

样例 1 符合要求的方案包括:

做一道用烹饪方法 1、主要食材 1 的菜和一道用烹饪方法 2、主要食材 2 的菜;

做一道用烹饪方法 1、主要食材 1 的菜和一道用烹饪方法 2、主要食材 3 的菜;

做一道用烹饪方法 1、主要食材 3 的菜和一道用烹饪方法 2、主要食材 2 的菜。

样例 2 中 Emiya 必须至少做两道菜:

做两道菜的符合要求的方案数为 100;做三道菜的符合要求的方案数为 90。

【数据规模与约定】

有 30% 数据,满足 $n \leqslant 40$, $m = 2$;

另有 30% 数据,满足 $n \leqslant 40$, $m = 3$;

对于 100% 数据,满足 $n \leqslant 100$, $m \leqslant 2\,000$, $a_{i,j} \leqslant 998\,244\,353$。

【问题分析】

先考虑 $m = 2$ 的情况。两种食材,n 种烹饪方法,能做多少道菜。可设计状态:$f[i][j][k]$,表示使用前 i 种烹饪方法,1 号食材选用了 j 次,2 号食材选用 k 次,共能做的不同菜品方案数为 $f[i][j][k]$,则有:

$$f[i][j][k] = \begin{cases} f[i-1][j][k] + & \text{不选择第 } i \text{ 种烹饪方法} \\ +f[i-1][j-1][k] \times a[i][1] \quad a[i][1] > 0 & \text{选择方法 } i\text{、食材 } 1 \\ +f[i-1][j][k-1] \times a[i][2] \quad a[i][2] > 0 & \text{选择方法 } i\text{、食材 } 2 \end{cases}$$

以烹饪方法 i 划分阶段,本递推式涉及同一阶段间的加法原理及不同阶段间的乘法原理。

最终结果为 $f[n][1][1] + f[n][2][2] + \cdots + f[n][n/2][n/2]$。

部分代码如下:

```
1. memset( f, 0, sizeof( f ) );
2. f[1][0][0] = 1;
3. f[1][1][0] = a[1][1];
4. f[1][0][1] = a[1][2];
5. for ( int i = 2; i <= n; i++ ) {
6.     for ( int k = 0; k <= i; k++ )     {
```

```
7.        f[i][0][k] = f[i - 1][0][k];
8.        f[i][k][0] = f[i - 1][k][0];
9.        if (a[i][1] > 0)
10.           f[i][k][0] = (f[i][k][0] + f[i - 1][k - 1][0] * a[i][1]) % 998244353;
11.        if (a[i][2] > 0)
12.           f[i][0][k] = (f[i][0][k] + f[i - 1][0][k - 1] * a[i][2]) % 998244353;
13.       }
14.    for (int j = 1; j <= i; j++)
15.      for (int k = 1; k <= i - j; k++)          {
16.        f[i][j][k] = f[i - 1][j][k];
17.        if (a[i][1] > 0)
18.           f[i][j][k] = (f[i][j][k] + f[i - 1][j - 1][k] * a[i][1]) % 998244353;
19.        if (a[i][2] > 0)
20.           f[i][j][k] = (f[i][j][k] + f[i - 1][j][k - 1] * a[i][2]) % 998244353;
21.       }
22. }
23. ans = 0;
24. for (int j = 1; j <= n / 2; j++)
25.    ans = (ans + f[n][j][j]) % 998244353;
```

程序的空间复杂度为 $O(n^3)$。根据 2.2.1 中优化状态描述的技巧,可以采用滚动数组的形式压缩状态中的第一维,但由于 $n \leq 40$,空间消耗并不大,因此参考程序没做压缩。

拓展到 $m = 3$ 的情况,与 $m = 2$ 类似,增加了一维,用 $f[i][j][k][t]$ 表示使用前 i 种烹饪方法,1 号食材选用了 j 次,2 号食材选用 k 次,3 号食材选用 t 次,共能做的不同菜品方案数为 $f[n][i][j][k]$。则状态转移方程为:

$$f[i][j][k][t] = \begin{cases} f[i - 1][j][k][t] + \\ + f[i - 1][j - 1][k][t] \times a[i][1] & a[i][1] > 0 \\ + f[i - 1][j][k - 1][t] \times a[i][2] & a[i][2] > 0 \\ + f[i - 1][j][k][t - 1] \times a[i][3] & a[i][3] > 0 \end{cases}$$

$\text{ans} = \sum f[n][i][j][k]$　　其中 $0 \leq i, j, k \leq (i + j + k)/2$ 且 $i + j + k \leq n$

大家可以尝试写一写。

空间复杂度为 $O(n^4)$,若 $n \leq 40$,最大约 10 MB。仍然可以不进行空间压缩。

随着 m 的增大,如果简单加维的话,空间复杂度将以几何数量级增长,即使用滚动数组,复杂度仍然高达 $O(n^m)$。且随着 m 的增大,很多状态根本没有机会参与计算,造成大量的冗余。

当 $n = 4$,$m = 3$ 时,空间浪费也相当大,实际参与运算的有效状态数不超过总数的 4%。

优化策略 1:逆向思维消除冗余

如果没有"每种主要食材至多在一半的菜中使用"这个约束,总共有多少种烧菜的方案呢? 用 $g[i][j]$ 表示前 i 种烹饪方法中,烧了 j 道菜的总方案数。

$$g[i][j] = \begin{cases} g[i-1][j] & \text{第 } i \text{ 种烹饪方法不选用} \\ g[i-1][j-1] \times \sum_{k=1}^{m} a[i][k] & \text{在第 } i \text{ 种烹饪方法中任选一种食材烧一道菜} \end{cases}$$

其中 $\sum_{k=1}^{m} a[i][k]$ 可预处理成 $s[i]$ (在读入 a 数组时直接累加求和),表示每种烹饪方法可以做出的菜式。

状态 g 的计算比较简单,代码如下:

```
1. memset( g, 0, sizeof( g ) );
2. for ( int i = 0; i <= n; i++)
3.      g[i][0] = 1;
4. for ( int i = 1; i <= n; i++)
5.      for ( int j = 1; j <= i; j++)
6.          g[i][j] = g[i - 1][j] +g[i - 1][j - 1] * s[i];
```

接下来考虑特殊情况。"每种主要食材至多在一半的菜中使用",如果从合理性角度分析,针对 $g[i][j]$,需要剔除每种食材在超过一半菜品使用的情况。

假设状态 $b[i][j][v][k]$ 表示前 i 种烹饪方法中,烧了 j 道菜,其中食材 v 烧了 k 道菜。

$$b[i][j][v][k] = \begin{cases} b[i-1][j][v][k] & \text{第 } i \text{ 种烹饪方法没选用} \\ b[i-1][j-1][v][k] \times (s[i] - a[i][v]) & \text{第 } i \text{ 种烹饪方法中没选用 } v \\ b[i-1][j-1][v][k-1] \times a[i][v] & \text{第 } i \text{ 种烹饪方法选用了 } v \end{cases}$$

观察上述表达式,v 可以直接作为循环变量,在状态表示中可以压缩。

食材 v 在超过一半菜品中使用的情况为 $\sum b[i][j][k]$,$j \geqslant k \geqslant (j+1)/2$。

综上所述,前 i 种烹饪方法中,烧了 j 道菜,符合要求的菜品共有:

$$g[i][j] - \sum_{v=1}^{m} \sum_{k=\lceil j/2 \rceil}^{j} b[i][j][k]$$

时间复杂度为 $O(n^3 m)$,空间复杂度为 $O(n^3)$,$n = 100$,$m = 2\,000$ 时超时。必须把时间复杂度压缩到 $O(n^2 m)$ 才能出解。

在优化策略 1 中,将 m 种食材的一一枚举调整到主食材与辅食材两类食材的枚举。这样一来看起来已经压缩到位,只能进一步深入分析问题,探寻压缩的办法。

优化策略 2:深度挖掘消除冗余

仔细分析需求,Emiya 今天要准备 k 道菜,但除了 $k \geqslant 1$ 外没有其他具体要求,也就是只需要菜,具体多少道菜可以不做考虑。

可以尝试再次降维,将策略 1 中 $b[i][j][k]$ 中的 j 维压缩掉。但是失去 j,k 的存在就不能很好说明主食材与其他食材之间的差距。

分析到这里,就发现解决问题的核心了,主食材与其他食材间的差距是真正需要考虑的问题。

主食材-辅食材>0 的方案都是不符要求的。不妨设 $d[i][x]$ 为前 i 种食材中主食材(假定为 v,可枚举)与辅食材做菜份数差值为 x 时的方案数。

$$d[i][x] = \begin{cases} d[i-1][x] & \text{第 } i \text{ 种烹饪方法不选用} \\ d[i-1][x-1] \times a[i][v] & \text{选用主食材 } v \\ d[i-1][x+1] \times (s - a[i][v]) & \text{选用除 } v \text{ 外的其他辅食材} \end{cases}$$

在编写代码前先计算一下时间复杂度。针对 d 数组的计算总时间为 $O(n^2 m)$。

需要注意的是,由于 x 表示的是主辅食材的差值,因此可能结果为 $-n \sim n$。需要注意数据的平移处理。

【核心代码】

```
1. for ( int v = 1; v <= m; v++){
2.      memset(d, 0, sizeof(d));
3.      d[0][N] = 1; // 统一向右平移,N 预设为超过 100 的数
4.      for ( int i = 1; i <= n; i++){
5.          for ( int x = N - i; x <= N + i; x++){
6.              d[i][x] = d[i - 1][x];
7.              (d[i][x] += (d[i - 1][x - 1] * a[i][v]) % md) % = md;
8.              (d[i][x] += ((s[i] - a[i][v] + md) % md * d[i - 1][x + 1]) % md) % = md;
9.          }
10.     }
11.     for ( int x = 1; x <= n; x++)
12.         (ans1 += d[n][x + N]) % = md; // 主食材 v 的贡献度
```

最终结果为:

```
1. ans = 0;
2. for ( int i = 1; i <= n; i++)
3.      (ans += g[n][i]) % = md;
4. printf("% lld", (ans - ans1 + md) % md);
```

请读者完成对应习题 2-4~2-6。

习　　题

【习题 2-1】　巴厘岛的雕塑(APIO2015)
【问题概述】
印尼巴厘岛的公路上有许多的雕塑,在某条主干道上一共有 N 座雕塑,从 1 到 N 依次对

其标号,其中第 i 座雕塑的年龄是 Y_i。现要将这些雕塑分为 X 组,其中 $A \leqslant X \leqslant B$,每组必须含有雕塑,每个雕塑也必须只属于一个组。同一组中的所有雕塑编号必须连续。分组结束后,首先分别计算每组雕塑的年龄和。然后对所有组的雕塑年龄和进行二进制取或,并将结果定义为分组的最终优美度。计算最小的最终优美度。

【输入格式】

第 1 行:3 个用空格分开的整数 N,A,B。

第 2 行:N 个用空格分开的整数 Y_1,Y_2,$\cdots$,Y_N。

【输出格式】

输出一行,为一个数,表示最小的最终优美度。

【输入输出样例】

输入样例	输出样例	样例说明
6 1 3 8 1 2 1 5 4	11	分为(8, 1, 2)和(1, 5, 4)两个组,每组年龄和为 11、10,两数取或为 11

【数据范围及约定】

对于 40% 的数据,$N \leqslant 50$,$Y_i \leqslant 10^9$;

对于 100% 的数据,$N \leqslant 2\,000$,$Y_i \leqslant 10^9$。

【习题 2-2】 动物园（APIO2007）

【问题概述】

圆形动物园坐落于太平洋的一个小岛上,包含一大圈 N 个围栏,围栏按照顺时针的方向编号为 1 至 N。每个围栏里有一种动物。

动物园的主管希望让每个来动物园参观的人都尽可能高兴。今天有 C 个小朋友来动物园参观,有的动物有一些小朋友喜欢,有的动物有一些小朋友害怕。可以选择将一些动物从围栏中移走

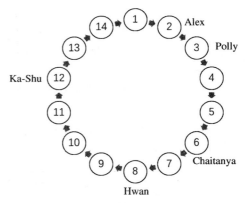

图 2-13 参观图示

以使得小朋友不会害怕。每个小朋友站在大围栏圈的外面,可以看到连续的 5 个围栏。当下面两种情况之一发生时,小朋友就会高兴:①至少有一种他害怕的动物被移走;②至少有一种他喜欢的动物没被移走。

假设原有 14 种动物,小朋友的参观起始位置及喜好关系如图 2-13 所示:

假如将围栏 4 和 12 的动物移走,那么 Alex、Ka-Shu 害怕的动物被移走了,Chaitanya 喜欢的动物被保留,但是 Polly 和 Hwan 看不到任何他们喜欢的动物,且他们害怕的动物都还在。这种安排方式只能使得三个小朋友高兴。

如果将围栏 4 和 6 中的动物移走,唯一不高兴的只有 Ka-Shu。

如果只移走围栏 13 中的动物,5 个小朋友都会高兴。

小朋友	可见的围栏	害怕的动物	喜欢的动物
Alex	2, 3, 4, 5, 6	围栏 4	围栏 2, 6
Polly	3, 4, 5, 6, 7	围栏 6	围栏 4
Chaitanya	6, 7, 8, 9, 10	围栏 9	围栏 6, 8
Hwan	8, 9, 10, 11, 12	围栏 9	围栏 12
Ka-Shu	12, 13, 14, 1, 2	围栏 12, 13, 2	

【输入格式】

第 1 行：2 个整数 N，C，用空格分隔。

接下来的 C 行：每行描述 1 个小朋友的信息，以下面的形式给出：

$$E, F, L, X_1, X_2, \cdots, X_F, Y_1, Y_2, \cdots, Y_L$$

E 表示这个小朋友可以看到的第一个围栏的编号（$1 \leq E \leq N$）。当 $N = 14$，$E = 13$ 时，这个小朋友看到的围栏为 13，14，1，2，3。

F 表示该小朋友能看到的围栏中害怕的动物种数。L 表示该小朋友能看到的围栏中喜欢的动物种数。

X_1，X_2，$\cdots$，X_F 表示该小朋友害怕的动物的围栏编号，Y_1，Y_2，$\cdots$，Y_L 表示他喜欢的动物的围栏编号。

小朋友已经按照他们可以看到的第一个围栏的编号从小到大的顺序排好了。注意可能有多于一个小朋友对应的 E 是相同的。

【输出格式】

输出一个数，表示最多可以让多少个小朋友高兴。

【数据范围及约定】

对于 100% 的数据，$10 \leq N \leq 10^4$，$1 \leq C \leq 5 \times 10^4$，$1 \leq E \leq N$。

【输入输出样例】

输入样例 1	输出样例 1	输入样例 2	输出样例 2
14 5 2 1 2 4 2 6 3 1 1 6 4 6 1 2 9 6 8 8 1 1 9 12 12 3 0 12 13 2	5	12 7 1 1 1 1 5 5 1 1 5 7 5 0 3 5 7 9 7 1 1 7 9 9 1 1 9 11 9 3 0 9 11 1 11 1 1 11 1	6

【习题 2-3】 括号序列（CSP2021）

【问题概述】

"超级括号序列"是由字符"("、")"、"$*$"组成的字符串，并且对于某个给定的常数 k，给出的符合规范的超级括号序列的定义如下：

① （ ）、(S)均是符合规范的超级括号序列，其中 S 表示任意一个仅由不超过 k 个字符的

"＊"组成的非空字符串(以下两条规则中的 S 均为此含义);

② 如果字符串 A 和 B 均为符合规范的超级括号序列,那么字符串 AB、ASB 均为符合规范的超级括号序列,其中 AB 表示把字符串 A 和字符串 B 拼接在一起形成的字符串;

③ 如果字符串 A 为符合规范的超级括号序列,那么字符串 (A)、(SA)、(AS) 均为符合规范的超级括号序列。

所有符合规范的超级括号序列均可通过上述 3 条规则得到。

例如,若 $k=3$,则字符串 $((**()*(*))*)(***)$ 是符合规范的超级括号序列,但字符串 $*()$、$(*()*)$、$((**))*)$、$(****(*))$ 均不是。特别地,空字符串也不被视为符合规范的超级括号序列。

现在给出一个长度为 k 的超级括号序列,其中有一些位置的字符已经确定,另外一些位置的字符尚未确定(用 ? 表示)。计算有多少种将所有尚未确定的字符一一确定的方法,使得得到的字符串是一个符合规范的超级括号序列。

【输入格式】

第 1 行:2 个正整数 n,k,由空格隔开。

第 2 行:1 个长度为 k 且仅由 (、)、＊、? 构成的字符串 S。

【输出格式】

一个非负整数表示答案,即对 10^9+7 取模的结果。

【输入输出样例】

输入样例 1	输出样例 1	样例 1 说明	输入样例 2	输出样例 2
7 3 (＊??＊??	5	(＊＊)＊() (＊＊)＊() (＊＊(＊)) (＊(＊＊)) (＊)＊＊() (＊)(＊＊)	10 2 ???(＊??(?)	19

【数据范围及约定】

对于 100% 的数据,$1 \leq k \leq n \leq 500$。

【习题 2-4】 数列(NOIP2021)

【问题概述】

给定整数 n、m、k 和一个长度为 $m+1$ 的正整数数组 v_0,v_1,$\cdots$,v_m。

对于一个长度为 n,下标从 1 开始且每个元素均不超过 m 的非负整数序列 $\{a_i\}$,我们定义它的权值为 $v_{a_1} \times v_{a_2} \times \cdots \times v_{a_n}$。

当这样的序列 $\{a_i\}$ 满足整数 $S = 2^{a_1} + 2^{a_2} + \cdots + 2^{a_n}$ 的二进制表示中 1 的个数不超过 k 时,我们认为 $\{a_i\}$ 是一个合法序列。

计算所有合法序列 $\{a_i\}$ 的权值和对 998244353 取模的结果。

【输入格式】

第 1 行:3 个整数 n,m,k,中间用空格隔开。

第 2 行：$m+1$ 个整数，分别是 v_0，v_1，$\cdots$，v_m，中间用空格隔开。

【输出格式】

输出 1 个整数，表示所有合法序列的权值和对 998244353 取模的结果。

【输入输出样例】

输入样例	输出样例	样例说明
5 1 1 2 1	40	$k=1$，由 $n \leq S \leq n \times 2^m$ 可知 $5 \leq S \leq 10$。S 只能是 8。a 中必须有 2 个 0 和 3 个 1，共 10 种。每种序列的贡献度都是 4，权值和为 40。

【数据规模与约定】

对所有测试点保证 $1 \leq k \leq n \leq 30$，$0 \leq m \leq 100$，$1 \leq v_i < 998244353$。

【习题 2-5】 上升点列（CSP2022）

【问题概述】

在一个二维平面内，给定 n 个整数点 (x_i, y_i)，此外还可以自由添加 k 个整数点。

在自由添加 k 个点后，还需要从 $n+k$ 个点中选出若干个整数点并组成一个序列，使得序列中任意相邻两点间的欧几里得距离恰好为 1，而且横坐标、纵坐标值均单调不减，即：

$$\begin{cases} x_{i+1} - x_i = 1 \\ y_{i+1} = y_i \end{cases} \quad \text{或} \quad \begin{cases} x_{i+1} = x_i \\ y_{i+1} - y_i = 1 \end{cases}$$

请给出满足条件的序列的最大长度。

【输入格式】

第 1 行：2 个正整数 n，k，含义同问题叙述。

接下来 n 行：第 i 行输入两个正整数 x_i，y_i，表示给定的第 i 个点的横纵坐标。

【输出格式】

一个整数，表示满足条件的序列的最大长度。

【输入输出样例】

输入样例 1	输出样例 1	输入样例 2	输出样例 2
8 2 3 1 3 2 3 3 3 6 1 2 2 2 5 5 5 3	8	4 100 10 10 15 25 20 20 30 30	103

【数据规模与约定】

保证对所有数据满足 $1 \leqslant n \leqslant 500$，$0 \leqslant k \leqslant 100$。对于所有给定的整点，其横纵坐标 $1 \leqslant x_i$，$y_i \leqslant 10^9$，且保证所有给定的点互不重合。对于自由添加的整点，其横纵坐标不受限制。

【习题 2-6】　飞扬的小鸟（NOIP2014）

【问题概述】

玩家需要不断控制点击手机屏幕的频率来调节小鸟的飞行高度，让小鸟顺利通过画面右方的管道缝隙。如果小鸟一不小心撞到了水管或者掉在地上的话，便宣告失败。

游戏界面是一个长为 n，高为 m 的二维平面，其中有 k 个管道（忽略管道的宽度）。

小鸟始终在游戏界面内移动。小鸟从游戏界面最左边任意整数高度位置出发，到达游戏界面最右边时，游戏完成。

图 2-14　游戏界面

小鸟每个单位时间沿横坐标方向右移的距离为 1，竖直移动的距离由玩家控制。如果点击屏幕，小鸟就会上升一定高度 X，每个单位时间可以点击多次，效果叠加；如果不点击屏幕，小鸟就会下降一定高度 Y。小鸟位于横坐标方向不同位置时，上升的高度 X 和下降的高度 Y 可能互不相同。

小鸟高度等于 0 或者小鸟碰到管道时，游戏失败。小鸟高度为 m 时，无法再上升。

请判断是否可以完成游戏。如果可以，输出最少点击屏幕数；否则，输出小鸟最多可以通过多少个管道缝隙。

【输入格式】

第 1 行：3 个整数 n，m，k，分别表示游戏界面的长度、高度和水管的数量，每两个整数之间用一个空格隔开。

接下来的 n 行：每行 2 个用一个空格隔开的整数 X 和 Y，依次表示玩家在对应的横坐标位置上点击屏幕后，小鸟在下一位置上升的高度 X，以及不点击屏幕时，小鸟在下一位置下降的高度 Y。

接下来 k 行：每行 3 个整数 P，L，H，每两个整数之间用一个空格隔开。每行表示一个管道，其中 P 表示管道的横坐标，L 表示此管道缝隙的下边沿高度为 L，H 表示管道缝隙上边沿的高度（输入数据保证 P 各不相同，但不保证按照大小顺序给出）。

【输出格式】

第 1 行：1 个整数，如果可以成功完成游戏，则输出 1，否则输出 0。

第 2 行：1 个整数，如果第一行为 1，则输出成功完成游戏需要最少点击屏幕数，否则，输出小鸟最多可以通过多少个管道缝隙。

【输入输出样例】

输入样例 1	输出样例 1	输入样例 2	输出样例 2
10 10 6	1	10 10 4	0
3 9	6	1 2	3
9 9		3 1	
1 2		2 2	
1 3		1 8	
1 2		1 8	
1 1		3 2	
2 1		2 1	
2 1		2 1	
1 6		2 2	
2 2		1 2	
1 2 7		1 0 2	
5 1 5		6 7 9	
6 3 5		9 1 4	
7 5 8		3 8 10	
8 7 9			
9 1 3			

【数据规模与约定】

对于 30% 的数据，$5 \leqslant n \leqslant 10$，$5 \leqslant m \leqslant 10$，$k = 0$，保证存在一组最优解使得同一单位时间最多点击屏幕 3 次。

对于 100% 的数据，$5 \leqslant n \leqslant 10\,000$，$5 \leqslant m \leqslant 1\,000$，$0 \leqslant k < n$，$0 < X < m$，$0 < Y < m$，$0 < P < n$，$0 \leqslant L < H \leqslant m$，$L+1 < H$。

第3章 图

图论(graph theory)是数学的一个分支,它以图为研究对象。图论中的图是由若干给定的点及连接两点的线所构成的图形,这种图形通常用来描述某些事物之间的某种特定关系,用点代表事物,用连接两点的线表示相应两个事物间具有的关系。图论起源于一个非常经典的问题——柯尼斯堡(Königsberg)问题。1738 年,瑞士数学家欧拉(Leonhard Euler)解决了柯尼斯堡问题,由此图论诞生,欧拉也成为图论的创始人。

本章主要学习图的基本概念、三种存储方法及深度优先遍历和宽度优先遍历等基础知识,在此基础上剖析了拓扑排序和图的连通性这两类基本问题。

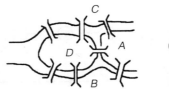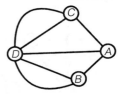

图 3-1 柯尼斯堡问题

3.1 图的基本概念

3.1.1 基本概念

图是一种数据结构,定义为 $G=(V, E)$。V 是一个非空有限集合,代表顶点(结点);E 代表边的集合,对于边 $(u, v) \in E$,u 和 v 邻接(adjacent);E 和 u、v 关联(incident)。

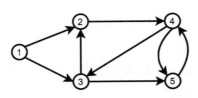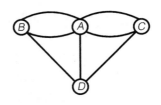

图 3-2 图

3.1.2 图的种类

无向图:图的边没有方向,双向可到达。例如从 A 点能到 B 点,则从 B 点一定能到 A 点。

有向图:图的边有方向,只能按箭头方向从一点到另一点。例如从 A 点能到 B 点,但不代表从 B 点一定能到 A 点。

完全图:任意两个顶点之间都有一条边相连。恰有 $n(n-1)/2$ 条边的无向图为无向完

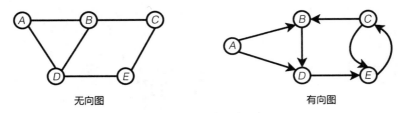

图 3-3 无向图和有向图

全图;有 $n(n-1)$ 条边的有向图为有向完全图。

3.1.3 图的权值

图权值就是边的权重,表示连接两个结点的边的大小或者长度等,权值通常代表距离、费用、流量等,没有权的图也可以认为所有边上的权值都是 1。

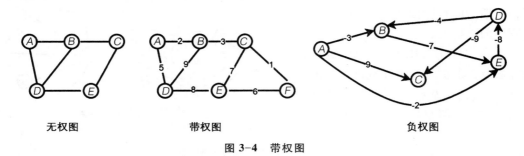

图 3-4 带权图

3.1.4 图的阶和度

阶:一个图的阶是指图中顶点的个数。

度:与顶点相关联的边的条数。

对于无向图,顶点有奇点和偶点之分,奇点就是度为奇数的顶点,偶点就是度为偶数的顶点;对于有向图,度有入度和出度之分。

定理:

① 无向图中所有顶点的度之和等于边数的 2 倍;

② 有向图中所有顶点的入度之和等于所有顶点的出度之和;

③ 任意一个无向图一定有偶数个(或 0 个)奇点。

3.1.5 图的路径与环

路径:指从一个顶点到另一个顶点所经过的顶点序列;

环:起点和终点相同的路径。

3.1.6 图的连通性

概念:如果图中结点 U、V 之间存在一条从 U 通过若干条边、点到达结点 V 的通路,则称 U、V 是连通的。无向图中,若任意两点都是连通的,称此图为连通图;有向图中,若任意两点都连通,称此图为强连通图。

定理:

n 个顶点的无向连通图最少有 $n-1$ 条边;

n 个顶点的强连通图最少有 n 条边;

3.2　图 的 存 储

3.2.1　邻接矩阵

邻接矩阵采用一个二维数组存储图中结点之间的邻接关系。设 $G=\{V,E\}$ 是一个阶为 n 的图(顶点序号分别用 1,2,3,$\cdots$,n 表示),则 G 的邻接矩阵就是一个 n 阶方阵,$G[i][j]$ 的值定义如下:

$$G[i][j] = \begin{cases} 1\text{ 或权值} & \text{顶点 } v_i \text{ 和 } v_j \text{ 之间有边时,取值为 1 或权值} \\ 0\text{ 或 }\infty & \text{顶点 } v_i \text{ 和 } v_j \text{ 之间没有边时,取值为 0 或 }\infty(\text{无穷大}) \end{cases}$$

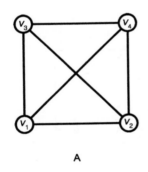
A

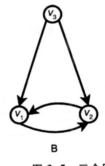
B

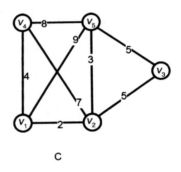
C

图 3-5　三个图

如图 3-5 三个图对应的邻接矩阵分别为:

	v_1	v_2	v_3	v_4		v_1	v_2	v_3		v_1	v_2	v_3	v_4	v_5
v_1	0	1	1	1	v_1	0	1	0	v_1	0	2	0	4	9
v_2	1	0	1	1	v_2	1	0	0	v_2	2	0	5	7	3
v_3	1	1	0	1	v_3	1	1	0	v_3	0	5	0	0	5
v_4	1	1	1	0					v_4	4	7	0	0	8
									v_5	9	3	5	8	0
A					B				C					

根据观察我们可以发现,邻接矩阵的图是对称的,建立带权无向图的核心代码为:

```
1. memset(g,0x3f,sizeof(G));//初始化邻接矩阵,无权图也可以用0来表示
2. cin >> n;//有 n 条边
3. for (int i = 1;i <= n;i++){
4.     cin >> u >> v >> w;//无向图的两个顶点和权值
5.     g[u][v] = g[v][u] = w;//无向图是对称的,若无权值可以用1来表示权值
6. }
```

用邻接矩阵来表示图,直观方便,很容易查找图中任两个顶点 u 和 v 之间有没有边,以及得到边上的权值,只需要看 $g[u][v]$ 的值就可以,因为可以根据 u,v 的值随机查找和存取,所以时间复杂度为 $O(1)$。

但是,邻接矩阵表示法的空间复杂度为 $O(n^2)$,如果用来表示稀疏图,则会造成很大的空间浪费。而且邻接矩阵若需要查找最短边的时间复杂度也为 $O(n^2)$。

3.2.2 边集数组

边集数组(Edgeset Array)是利用一维数组存储图中所有边的一种图的表示方法。该数组中所含元素的个数要大于等于图中边的条数,每个元素用来存储一条边的起点、终点(对于无向图,可选定边的任一端点为起点或终点)和权(若有的话),各边在数组中的次序可任意安排,也可根据具体要求而定。

图 3-5 中的图 C 用边集数组表示如表 3-1。

表 3-1　边集数组

边数	1	2	3	4	5	6	7	8
起点	1	1	1	2	2	2	3	4
终点	2	4	5	3	4	5	5	5
权值	2	4	9	5	7	3	5	8

有 n 条边的无向图的边集数组建立过程的核心代码为:

```
1. #include <bits/stdc++.h>
2. using namespace std;
3. struct node{//边集数组每条边有起点 u,终点 v,权值 w 三个参数
4.     int u,v,w;
5. };
6. node g[10011];
7. int main(){
8.     int n;
9.     cin >> n;
10.    for (int i = 1;i <= n;i++){
11.        cin >> u >> v >> w;
12.        g[i].u = u;
13.        g[i].v = v;
14.        g[i].w = w;
```

15. 　　}
16. 　return 0;
17. }

在边集数组中查找一条边或一个顶点的度都需要扫描整个数组,所以其时间复杂性为 $O(e)$,e 为边数。这种表示方法适合那些对边依次进行处理的运算,而不适合对顶点的运算和对任意一条边的运算。从空间复杂性上讲,边集数组适合于存储稀疏图。

3.2.3 邻接表

图的邻接表存储方法跟树的孩子链表示法相类似,采用一种顺序分配和链式分配相结合的存储结构。如这个表头结点所对应的顶点存在相邻顶点,则把相邻顶点依次存放于表头结点所指向的单向链表中。

邻接表是图的一种最主要存储结构,用来描述图上的每一个点。对图的每个顶点建立一个容器(n 个顶点建立 n 个容器),第 i 个容器中的结点包含顶点 v_i 的所有邻接顶点。C++中我们常用 vector 来实现。

图 3-5 中的图 C 用邻接表表示如图 3-6 所示。

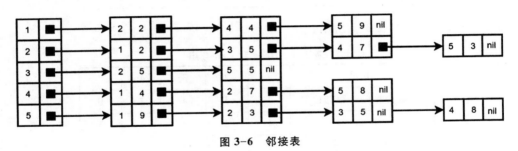

图 3-6　邻接表

有 n 条边的无向图,邻接表建立的核心代码:

```
1. #include<bits/stdc++.h>
2. using namespace std;
3. struct node{//邻接表 vector 需包含终点 v 和权值 w 两个信息
4.     int v,w;
5. };
6. vector<node>g;
7. int main( ){
8.     int n,u,v,w;
9.     cin >> n;
10.    for ( int i = 1;i <= n;i++){
11.        cin >>u >>v >>w;
12.        g[u].push_back(node{v,w});
13.        g[v].push_back(node{u,w});//无向图中 u,v 两个顶点都要建边
14.    }
15.    return 0;
```

16. }

3.2.4 前向星和链式前向星

（1）前向星

前向星是一种特殊的边集数组，我们把边集数组中的每一条边按照起点从小到大排序，如果起点相同就按照终点从小到大排序，然后记录下以某个顶点为起点的所有边在数组中的起始位置和存储长度，那么前向星就构造好了。用 $len[i]$ 来记录所有以 i 为起点的边在数组中的总数。用 $head[i]$ 记录以 i 为边集的数组中的第一个存储位置。

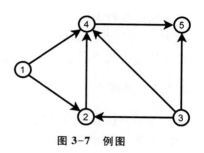

图 3-7　例图

如图 3-7 对应的前向星存储表如表 3-2 所示：

表 3-2　前向星存储表

编号	1	2	3	4	5	6	7
起点	1	1	2	3	3	3	4
终点	2	4	4	4	2	5	5

Head 和 len 数组如表 3-3 所示：

表 3-3　Head 和 Len 数组

Head	1	2	3	4	5
i 为起点第一个存储位置	1	3	4	7	0
len	1	2	3	4	5
i 为起点的边数量	2	1	3	1	0

前向星存储的优点是实现简单，容易理解，缺点是需要在所有边都读入结束后对所有边再进行一次排序，这带来了时间开销，实用性也较差，只适合离线算法。

（2）链式前向星

链式前向星和邻接表类似，是链式结构和线性结构的结合，每个结点 i 都有一个链表，链表的所有数据是从 i 出发的所有边的集合（邻接表存的是顶点集合），边的表示为一个三元组 $(v, w, next)$，其中 v 代表该条边的终点，w 代表边上的权值，$next$ 指向下一条边。我们需要一个边的结构体数组 edge[MAXM]，MAXM 表示边的总数，所有边都存储在这个结构体数组中，并且用 $head[i]$ 来指向 i 结点的第一条边。图 3-7 依次给出的边的顺序为 $1 \rightarrow 2$，$2 \rightarrow 4$，$1 \rightarrow 4$，$3 \rightarrow 4$，$3 \rightarrow 2$，$4 \rightarrow 5$，$3 \rightarrow 5$，得到的链式前向星存储表如表 3-4 所示（此图权值全为 1）：

表 3-4　链式前向星存储表

编号	1	2	3	4	5	6	7
终点 v	2	4	4	4	2	5	5
权值 w	1	1	1	1	1	1	1
next	-1	-1	1	-1	4	-1	5

head 数组如表 3-5 所示：

表 3-5　head 数组

Head	1	2	3	4	5
i 为起点的链式存储的头位置	3	2	7	6	-1

链式前向星建边的核心代码：

```
1. void add( int u,int v,int w)    {
2.     cnt++;
3.     edge[ cnt].w = w;
4.     edge[ cnt].to = v;
5.     edge[ cnt].next = head[ u];
6.     head[ u]  = cnt;
7. }
```

遍历以顶点 u 为起始位置的所有边的时候是这样的：

```
for( int i = head[ u];i ! = -1;i = edge[ i].next)
```

3.3　图 的 遍 历

从图中某一顶点出发按某种方式访问图中所有顶点，使每个顶点恰好被访问一次，这种运算操作被称为图的遍历。为了避免重复访问某个顶点，可以设一个标志数组 visited[i]，未访问时其值为 false，访问一次后就改为 true。

图的遍历分为深度优先遍历和广度（宽度）优先遍历两种方法。

3.3.1　图的深度优先遍历

图的深度优先遍历是最常见的图遍历方法之一。深度优先遍历是沿着一条路径一直走下去，无法行进时，退回到刚刚访问的结点，似"不撞南墙不回头，不到黄河不死心"。具体操作为：从图中某个顶点 v_i 出发，访问此顶点并作已访问标记，然后从 v_i 的一个未被访问过的邻接点 v_j 出发再进行深度优先遍历，当 v_i 的所有邻接点都被访问过时，则退回到上一个顶点 v_k，再从 v_k 的另一个未被访问过的邻接点出发进行深度优先遍历，直至图中所有顶点都被访问到为止。

如图 3-8 中的左图从顶点 a 出发，进行深度优先遍历的结果为：a，b，c，d，e，g，f；图 3-8 中的右图从 v_1 出发进行深度优先遍历的结果为：v_1，v_2，v_4，v_8，v_5，v_3，v_6，v_7。注意：图的遍历方案并不唯一。

图的深度优先遍历我们一般用递归来实现。

【核心代码】（图的存储我们采用邻接表）

```
1. struct node{//邻接表 vector 需包含终点 v 和权值 w 两个信息
2.     int v,w;
```

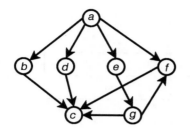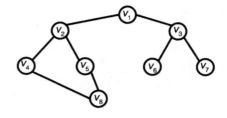

图 3-8 例图

```
3. };
4. vector <node>g;
5. bool vis[MAXN];
6. void dfs(int u) {
7.     vis[u] = 1;
8.     for (int i = 0;i < g[u].size();i++){
9.         v = g[u][i].v;
10.         if(vis[v] == 0) dfs(v);
11.     }
12. }
```

3.3.2　图的宽度优先遍历

图的宽度优先遍历也是最常见的图遍历方法之一。宽度优先遍历是从某个顶点（源点）出发,一次性访问所有未被访问的邻接点,再依次从这些访问过的邻接点出发往下访问,就像水中涟漪,一层层地传播开来。具体操作为:从图中某个顶点v_0出发,访问此顶点,然后依次访问与v_0邻接的、未被访问过的所有顶点,然后再分别从这些顶点出发进行宽度优先遍历,直到图中所有被访问过的顶点的相邻顶点都被访问到。若此时图中还有顶点尚未被访问,则另选图中一个未被访问过的顶点作为起点,重复上述过程,直到图中所有顶点都被访问到为止。如图 3-8 中的左图从顶点 a 出发,进行宽度优先遍历的结果为:a,b,d,e,f,c,g;图 3-8 中的右图从顶点v_1出发,进行宽度优先遍历的结果为:$v_1,v_2,v_3,v_4,v_5,v_6,v_7$,$v_8$。宽度优先遍历的方案也不唯一。

图的宽度优先遍历我们用队列来实现,代码如下(图的存储我们采用邻接表):

```
1. struct node{//邻接表 vector 需包含终点 v 和权值 w 两个信息
2.     int v,w;
3. };
4. queue <int>q;
5. void bfs(int u){
6.     q.push(u);
7.     vis[u] = 1;
8.     while (! q.empty()){
9.         u = q.front();
```

```
10.            q.pop( );
11.            for ( int i = 0;i < g[ u ].size( );i++){
12.                 v = g[ u ][ i ].v;
13.                 if( vis[ v ] ==0 ){
14.                      q.push(v);
15.                      vis[ v ] = 1;
16.                 }
17.            }
18.       }
19. }
```

【例 3.1】　发书（book. cpp/. in/. out）

【问题描述】

即将上编程课,为了能让每个同学都能拿到教材,老师让 Star 去发教材,由于 Star 比较内向,见到不认识的新同学会害羞得什么话也不说,什么事情也不做,当然更不可能发书给他了。怎么办呢? 老师的任务不能不完成啊! 当然,遇到 Star 认识的同学 Star 还是很乐意交流的,于是 Star 会要求他认识的同学继续帮他发书(不管对方认不认识他),Star 害羞的情绪也影响了其他同学,于是其他同学也只会发书给他们认识的人。最后 Star 要统计还有哪些同学没有拿到书,他要能硬着头皮,顶着极大的心理压力给他们发书(老师的任务一定要完成啊)所有的学生都用学号来表示。

【输入格式】

第 1 行：3 个数,分别为 k, m, n, k 代表学号,n 代表人数,m 代表关系数 $n(n<250)$ 和 m ($m<10\,000$。

接下来 m 行：每行 2 个数,分别为 a 和 b,代表 a 认识 b(不代表 b 认识 a),同一行的 a,b 不会相同。

【输出格式】

输出 1 行,为所有没有拿到教材的同学的学号,学号从小到大排列。如果所有同学都能拿到书,那么输出 0。

【数据规模与约定】

$n \le 250$, $m<1\,000$。

【输入输出样例】

输入样例	输出样例
1 4 6 1 2 2 3 4 1 3 1 1 3 2 3	4

【样例说明】

只有 4 号学生没有拿到书。

【问题分析】

本题就是从 k 出发进行遍历,能遍历到的就是拿到教材的同学,最后统计有多少人没有遍历到。

【参考程序】

```
1. #include <bits/stdc++.h>
2. using namespace std;
3. vector<int> g[251];
4. int vis[255];
5. void dfs(int u){
6.     vis[u] = 1;
7.     for(int i = 0; i < g[u].size(); i++){
8.         int v = g[u][i];
9.         if(vis[v]) continue;
10.        dfs(v);
11.    }
12. }
13. int main(){
14.     int k,n,m;
15.     cin >> k >> n >> m;
16.     for(int i = 1; i <= m; i++){
17.         int u,v;
18.         cin >> u >> v;
19.         g[u].push_back(v);
20.     }
21.     dfs(k);
22.     int cnt = 0;
23.     for(int i = 1; i <= n; i++){
24.         cnt += ! vis[i];
25.         if(! vis[i]){
26.             cout << i << " ";
27.         }
28.     }
29.     if(cnt == 0) cout << 0;
30.     return 0;
31. }
```

【例 3.2】 图的遍历

【问题描述】

给出有 n 个点,m 条边的有向图,对于每个点 v,求从点 v 出发,能到达的编号最大的点,

用 $A(v)$ 表示。

【输入格式】

第 1 行：2 个整数 n 和 m；

接下来 m 行：每行 2 个数 x, y，代表一条有向边。

【输出格式】

输出 1 行，为 n 个整数，代表每个顶点出发能到达的编号最大的点。

【数据规模与约定】

$n < 100\ 000$。

【输入输出样例】

输入样例	输出样例
4 3 1 2 2 4 4 3	4 4 3 4

【问题分析】

本题若穷举每个顶点去遍历到最大编号的顶点会超时，因此需要反向建图，然后从编号最大的顶点开始遍历，能遍历到的顶点，都是能到达这个最大编号顶点的顶点。

【参考程序】

```
1. #include <bits/stdc++.h>
2. using namespace std;
3. int n,m;
4. vector<int>g[100010];
5. int h[100010];
6. void dfs(int x,int v){
7.     h[x] = v;
8.     for(int i = g[x].size()-1;i >= 0;i--)
9.         if(!a[p[x][i]])dfs(p[x][i],v);
10. }
11. int main(){
12.     cin >> n >> m;
13.     for(int i = 1;i <= m;i++){
14.         int u,v;
15.         cin >> u >> v;
16.         g[v].push_back(u);
17.     }
18.     for(int i = n;i > 0;i--)
19.         if(!h[i])dfs(i,i);
20.     for(int i = 1;i <= n;i++)
```

```
21.        cout << g[i] << ' ';
22.        return 0;
23. }
```

3.3.3 拓扑排序

对一个有向无环图(Directed Acyclic Graph,简称 DAG)G 进行拓扑排序,是将 G 中所有顶点排成一个线性序列,使得对于图中任意一对顶点 u 和 v,若边$(u,v) \in E(G)$,则 u 在线性序列中出现在 v 之前。通常,这样的线性序列称为满足拓扑次序(Topological Order)的序列,简称拓扑序列。例如图 3-9 所示为早晨穿衣的过程,穿衣时需按照一定的顺序(如先穿袜子后穿鞋),有些衣物则可以按任意次序穿戴(如袜子和裤子)。有向边⟨u,v⟩表示衣物 u 必须先于衣物 v 穿戴。因此,该图的拓扑排序就是一个合理的穿衣顺序。

图 3-10 说明了对该图进行拓扑排序后,将沿水平线方向形成一个顶点序列,使得图中所有有向边均从左指向右。

注意:拓扑排序不是唯一的。

图 3-9 穿衣过程

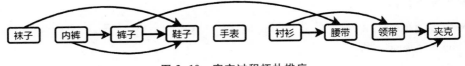

图 3-10 穿衣过程拓扑排序

拓扑排序主要用来解决有向图中的依赖解析(Dependency Resolution)问题。

拓扑排序问题存在一个线性时间解。也就是说,若有向图中存在 n 个结点,则我们可以在复杂度为 $O(n)$ 的时间内得到其拓扑排序,或在该时间内确定该图不是有向无环图,也就是说对应的拓扑排序不存在。

(1) 拓扑序的 KAHN 实现

KAHN 算法又叫做入度表算法。这个算法是要找出入度为 0 的点。入度为 0,就是没有任何结点指向它,也就是只做 from,不做 to 的结点。入度为 0 的点就是第一步要执行的结点。当处理完了这些入度为 0 的点之后,再将这些点删除,于是就有了新的入度为 0 的点,然后再往下执行,直到所有点处理完毕,拓扑排序结束。

在任一有向无环图中,必然存在入度为 0 的顶点。否则,每个顶点都至少有一条入边,这意味着包含环路,具体步骤如下:

① 预处理并保存每一个结点的入度,将入度为 0 的结点放入队列。

② 选取入度为 0 的结点开始遍历,并将该结点加入输出。

③ 对于遍历过的每个结点,更新其子结点的入度:将子结点的入度减 1,如果入度为 0,就将该结点放入队列。

④ 重复步骤③,直到遍历完所有的结点。

⑤ 如果无法遍历完所有的结点,则意味着当前的图不是有向无环图,不存在拓扑排序。

【核心代码】

```
//将所有入度为 0 的顶点加入队列 q;
1. while(! q.empty()) {
2.     u = q.front();
3.     q.pop();
4.     a.push(u);//a 为存放结果的数组
5.     for (u 的每个邻接点 v){
6.         删除边(u,v),v 的入度减一;
7.         if(v 的入度为 0){
8.             q.push(v);
9.         }
10.    }
11.    if(图还有边存在) 存在环;
12.    else 输出 a 就是拓扑序;
13. }
```

(2) 拓扑序的 DFS 实现

当一个有向图无环的时候,我们还可以利用 DFS 深度优先搜索算法来实现拓扑排序。由于图中没有环,那么由图中某点出发的时候,最先退出 DFS 的顶点一定是出度为 0 的顶点,也就是拓扑排序中最后的一个顶点(逆向思维)。因此按 DFS 退出的先后顺序记录下的顶点序列就是逆向的拓扑排序的序列。

从任意一个未被访问的入度为 0 的顶点出发做深搜后序遍历。遍历所有顶点,回溯前记录顶点,最后将路径再倒序一下就是正确的拓扑排序(或者建图的时候就把边的方向倒了,最后得到的排序不用倒)。如果有多个子图,要进行多次深搜,直到所有结点都被访问完(所有子图都搜完),得到多个子序列,再将它们拼接在一起就是答案。

【核心代码】

```
1. stack<int>a;//用栈 a 来记录最终的拓扑序
2. void dfs(int u){
3.     vis[u] = 1;
4.     for (u 的每个邻接点 v){
5.         if(vis[v] == 0) dfs(v);
6.     }
7.     a.push(u);//用栈来记录目前出度为 0 的顶点
8. }
9. int main(){
10.    for(穷举所有入度为 0 的顶点 u 进行 dfs) {
11.        dfs(u);
12.    }
```

117

```
13.    return 0;
14. }
```

【例 3.3】 奖金(bonus.cpp/.in/.out)

【问题描述】

由于无敌的小 X 在 2011 年世界英俊帅气男总决选中胜出,×××公司总经理 Mr. Y 心情好,决定给每位员工发奖金。公司决定以每个人本年在公司的贡献为标准来计算他们得到奖金的数额。

于是 Mr. Y 下令召开 m 方会谈。每位参加会谈的代表提出了自己的意见。Mr. Y 决定要找出一种奖金方案,满足各位代表的意见,且同时使得总奖金数最少。每位员工奖金最少为 100 元,且都是整数。

【输入格式】

第 1 行:2 个整数 n,m,表示员工总数和代表数。

以下 m 行:每行 2 个整数 a,b,表示某个代表认为员工 a 奖金应该比员工 b 高。

【输出格式】

若无法找到合法方案,则输出"Poor Xed"(不包含引号),否则输出一个数表示最少总奖金数。

【数据规模与约定】

80% 的数据满足: $n<=1\,000$, $m<=2\,000$;

100% 的数据满足: $n<=10\,000$, $m<=20\,000$。

【输入输出样例】

输入样例	输出样例
4 5 2 1 3 1 4 1 3 2 4 3	406

【问题分析】

员工对资金的发放有一些想法,他们表示 a 的奖金比 b 高,求公司所付奖金最少为多少。我们只需要建立一条从 b 到 a 的有向图,进行拓扑排序,一开始入度为 0 的员工奖金为 100 元,然后依次递增。若一开始就没有入度为 0 的点,或者出现环的情况就表示找不到方案。

【参考程序】

```cpp
1. #include <bits/stdc++.h>
2. using namespace std;
3. int v,d[10001],ans,cnt,num =100;
4. int b[10001];
5. vector<int>g[10001];
```

```
6.  pair<int,int> u;
7.  queue<pair<int,int> >q;
8.  int main( ) {
9.      int n,m;
10.     cin >> n >> m;
11.     for( int i = 1;i <= m;i++) {
12.         int x,y;
13.         cin >> x >> y;
14.         g[y].push_back(x);
15.         d[x]++;
16.     }
17.     for( int i = 1;i <= n;i++) {
18.         if( d[i] == 0) {
19.             q.push( make_pair(i,100) );
20.         }
21.     }
22.     while(! q.empty( )) {
23.         u = q.front( );
24.         ans += u.second;
25.         cnt++;
26.         q.pop( );
27.         for( int i = 0; i < a[u.first].size( );i++) {
28.             v = g[u.first][i];
29.             d[v]--;
30.             if( d[v] == 0) {
31.                 q.push( make_pair( a[u.first][i],u.second +1) );
32.             }
33.         }
34.     }
35.     if( cnt == n) {
36.         cout << ans;
37.         return 0;
38.     }
39.     cout << "Poor Xed";
40.     return 0;
41. }
```

3.3.4 欧拉图判定

1736 年瑞士数学家欧拉发表了图论的第一篇论文——《柯尼斯堡七桥问题》。在当时的柯尼斯堡城有一条横贯全市的普雷格尔河,河中的两个岛与两岸用七座桥联结起来,见图 3-11a。当时那里的居民热衷于解决一个难题:游人怎样才能不重复地走遍七桥,最后回到出发点。

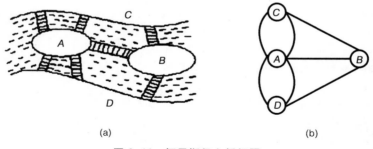

(a)   (b)

图 3-11   柯尼斯堡七桥问题

为了解决这个问题,欧拉用四个字母代替陆地,作为四个顶点,将七座桥用相应的线段表示,如图 3-11b,于是柯尼斯堡七桥问题就变成了图 3-11b 中是否存在一条路径能经过每条边仅一次,且经过所有的顶点的回路问题了。欧拉在论文中指出,这样的回路是不存在的。

(1)定义

欧拉通路(欧拉迹)——通过图中每条边仅一次,并且过每一顶点的通路。

欧拉回路(欧拉闭迹)——通过图中每条边仅一次,并且过每一顶点的回路。

欧拉图——存在欧拉回路的图。

(2)无向图是否具有欧拉通路或回路的判定

定理:

① 存在欧拉通路的条件:图是连通的,且存在 0 个或 2 个奇点。如果存在 2 个奇点,则欧拉通路一定是从一个奇点出发,以另一个奇点结束。

② 存在欧拉回路的条件:图是连通的,且不存在奇点。

③ 有向图是否具有欧拉通路或回路的判定

a. 有向图 D 的基图连通,则称经过 D 的每条边仅一次的有向路径为有向欧拉通路;

b. 如果有向欧拉通路是有向回路,则称此有向回路为有向欧拉回路(directed Euler circuit);

c. 具有有向欧拉回路的有向图 D 称为有向欧拉图(directed Euler graph)。

定理:

有向图 D 存在欧拉通路的充要条件是:D 为有向图,D 的基图连通,并且所有顶点的出度与入度都相等;或者除两个顶点外,其余顶点的出度与入度都相等,而这两个顶点中一个顶点的出度与入度之差为 1,另一个顶点的出度与入度之差为-1。

推论:

① 当 D 除出、入度之差为 1 和-1 的两个顶点之外,其余顶点的出度与入度都相等时,D 的有向欧拉通路必以出、入度之差为 1 的顶点作为始点,以出、入度之差为-1 的顶点作为终点。

② 当 D 的所有顶点的出、入度都相等时,D 中存在有向欧拉回路。

③ 有向图 D 为有向欧拉图的充分必要条件是 D 的基图为连通图,并且所有顶点的出、入度都相等。

【例 3.4】 环城旅行(travel. cpp/. in/. out)

【问题描述】

在美丽的 CZ 城中,有着繁多的道路,其中有双向道,也有单向道。

小 L 来到了 CZ 城,他现在想进行环城旅行,请你来帮他规划一条路线。

小 L 从 CZHotel 出发,可以在任意休息站停留,现在他需要一条路线,能使他游览之后,回到 CZHotel。

一共两个子任务:

CZ 城中只有双向道。

CZ 城中只有单向道。

【输入格式】

第 1 行:一个整数 t,表示子任务编号。如果 $t=1$ 则表示只有双向道的情况,如果 $t=2$ 则表示只有单向道的情况。

第 2 行:两个整数 n, m,表示 CZ 城的休息站(包括 CZHotel)格式和道路条数。

接下来 m 行:第 i 行两个整数 v_i, u_i,表示第 i 条道路(从 1 开始编号)。保证 $1 \leqslant v\_i$, $u\_i \leqslant n$。

如果 $t=1$,则表示 v_i 到 u_i 有一条双向道路。

如果 $t=2$,则表示 v_i 到 u_i 有一条单向道路。

CZ 城中可能有重边也可能有自环。

【输出格式】

第 1 行:如果不存在可行的道路,输出 NO,否则输出 Yes。

接下来一行输出一组方案。

① 如果 $t=1$,输出 m 个整数 p_1, p_2, $\cdots$, p_m。令 $e=|p\_i|$,那么 e 表示经过的第 i 条道路的编号。如果 p_i 为正数表示从 v_e 走到 u_e,否则表示 u_e 走到 v_e。

② 如果 $t=2$,输出 m 个整数 p_1, p_2, $\cdots$, p_m。其中 p_i 表示经过的第 i 条边的编号。

【数据规模与约定】

对于 100% 的数据:$1 \leqslant n \leqslant 10^5$, $0 \leqslant m \leqslant 2 \times 10^5$。

【输入输出样例】

输入样例 1	输出样例 1
1 3 3 1 2 2 3 1 3	YES 1 2 -3

（续表）

输入样例2	输出样例2
2 5 6 2 3 2 5 3 4 1 2 4 2 5 1	YES 4 1 3 5 2 6

【问题分析】

此题为分别求出有向图和无向图的欧拉回路,我们根据定理通过 DFS 来判断就行。

【参考程序】

```
1. #include <bits/stdc++.h>
2. using namespace std;
3. #define pii pair<int,int>
4. #define ll long long
5. #define MOD（100000009）
6. #define MAXN（400005）
7. #define MAXM（600005）
8. int type, n, m, tot, cnt = 1;
9. int head[MAXN], to[MAXM << 1], nxt[MAXM << 1], Euler[MAXM], cur[MAXN], sz[MAXN],
   val[MAXM << 1], in[MAXN], out[MAXN];
10. bool vis[MAXM << 1];
11. void dfs(int u) {
12.     for (int & i = head[u]; i;) {
13.         if (vis[i]) {
14.             i = nxt[i];
15.             continue;
16.         }
17.         cur[u] = nxt[i];
18.         int v = to[i], id = val[i];
19.         vis[i] = 1;
20.         if (!(type ^ 1))
21.             vis[i ^ 1] = 1;
22.         i = nxt[i];
23.         dfs(v);
24.         Euler[++tot] = (type ^ 1) ? id : -id;
```

```
25.        }
26. }
27. void add ( int u, int v, int nval ) {
28.        ++ in [ u ], ++ out [ v ];
29.        to [ ++ cnt ] = v, val [ cnt ] = nval;
30.        nxt [ cnt ] = head [ u ];
31.        head [ u ] = cnt;
32. }
33. int main ( ) {
34.        cin >> type >> n >> m;
35.        for ( int i = 1; i <= m; i++ ) {
36.            int x, y;
37.            cin >> x >> y;
38.            if ( ! ( type ^ 1 ) )
39.                add ( x, y, i ), add ( y, x, -i );
40.            if ( ! ( type ^ 2 ) )
41.                add ( x, y, i );
42.        }
43.        bool flg = 0;
44.        for ( int i = 1; i <= n; i++ ) {
45.            cur [ i ] = head [ i ];
46.            if ( ( ! ( type ^ 1 ) ) && ( in [ i ] & 1 ) ) {
47.                flg = 1;
48.                break;
49.            }
50.            if ( ( ! ( type ^ 2 ) ) && ( in [ i ] ^ out [ i ] ) ) {
51.                flg = 1;
52.                break;
53.            }
54.        }
55.        if ( flg ) {
56.            cout << "NO";
57.            return 0;
58.        }
59.        for ( int i = 1; i <= n; i++ ) {
60.            if ( head [ i ] ) {
61.                dfs ( i );
62.                break;
63.            }
```

```
64.        }
65.        if ( tot ^ m ) {
66.            cout << "NO";
67.            return 0;
68.        }
69.        cout << "YES\n";
70.        if ( ! ( type ^ 1 ) )
71.            for ( int i = 1; i <= tot; i++ )
72.                cout << " " << Euler[ i ];
73.        if ( ! ( type ^ 2 ) )
74.            for ( int i = tot; i; i-- )
75.                cout << " " << Euler[ i ];
76.        return 0;
77. }
```

3.3.5 图的连通性判定

（1）无向图的连通性

无向图的连通性判断一般用遍历的方法（或并查集）来实现，深度优先遍历或者宽度优先遍历均可。深度优先遍历得到的是无向图的一个连通分量，从图的任意一个顶点出发进行深度优先遍历，每遍历一个顶点则遍历顶点总数 tot 加一，当深度优先遍历结束后，若 tot 总数跟图的总结点数一致，则图为连通图，否则图不连通，遍历得到的是一个连通分量。宽度优先遍历判定图是否连通的原理跟深度优先遍历原理一致。通过遍历我们也可以求出无向图中的各个连通分量。

【例 3.5】 朋友（friend.cpp/.in/.out）

【问题描述】

有一个城镇，住着 n 个市民。已知一些人互相为朋友。引用一个名人的话说，朋友的朋友也是朋友。意思是说如果 A 和 B 是朋友，C 和 B 是朋友，则 A 和 C 也是朋友。你的任务是数出最大朋友组的人数。

【输入格式】

第 1 行：输入 n，m，n 是市民的个数，m 是朋友对的个数。

接下来的 m 行：每一行由 2 个数 A 和 B 组成（$1<=A$，$B<=N$，$A<>B$），表示 A 和 B 是朋友。注意给的朋友对可能会有重复。

【输出格式】

输出 1 行，包含 1 个整数，表示要求的最大朋友组的人数。

【数据规模与约定】

$1 \leqslant n \leqslant 3 \times 10^4$；

$0 \leqslant m \leqslant 5 \times 10^5$。

【输入输出样例】

输入样例	输出样例
10 12	6
1 2	
3 1	
3 4	
5 4	
3 5	
4 6	
5 2	
2 1	
7 10	
1 2	
9 10	
8 9	

【问题分析】

此题的本质是统计一个最大的连通分量是多大,深度优先遍历和宽度优先遍历均可。

【参考程序】

```
1. #include <bits/stdc++.h>
2. using namespace std;
3. vector<int>g[30011];
4. bool vis[30011];
5. int tot;
6. void dfs(int u){
7.     int v;
8.     vis[u] = 1;
9.     tot ++;
10.     for (int i = 0; i < a[u].size(); i++){
11.         v = g[u][i];
12.         if(! vis[v]) dfs(v);
13.     }
14. }
15. int main(){
16.     int n, m, x, y, ans = 0;
17.     cin >> n >> m;
18.     for (int i = 1; i <= m; i++){
19.         cin >> x >> y;
20.         g[x].push_back(y);
```

```
21.          g[y].push_back(x);
22.      }
23.      for( int i = 1; i <= n; i++) {
24.          if (! vis[i]) {
25.              tot = 0;
26.              dfs(i);
27.              ans = max(ans,tot);
28.          }
29.      }
30.      cout << ans << endl;
31.      return 0;
32. }
```

（2）无向图的割点和割边

① 割点

割点概念：在一个无向图中，如果有一个顶点集合，删除这个顶点集合以及这个集合中所有顶点相关联的边以后，图的连通分量增多，就称这个点集为割点集合。

割点的判定：

a. 暴力删除每一顶点，再用 DFS 求图的连通性，若连通分量变多，则这个顶点就是割点。时间复杂度为 $O(n(n+m))$，n 为顶点数，m 为边数。

b. 采用 Tarjan 算法，通过一遍 DFS 就求出所有割点。

在具体分析 Tarjan 算法前我们先了解一些关于图的 DFS 的一些性质：

a. 搜索树（森林）：对一个图做 DFS 搜索，搜索过程会形成一颗搜索树。

b. 时间戳：DFS 过程中，按照结点访问到的顺序给每个结点记录一个值，我们用 dfn[u] 来表示，即时间戳。

c. 搜索树中边的分类

树边：搜索过程中自然形成的边。如果通过结点 u 搜索其邻接点 v 时，发现之前 v 还未被访问，则搜索 v，这时边 $\langle u, v \rangle$ 形成搜索树中一条搜索经过的边，称作树边。

反向边（返祖边）：搜索过程中子孙指向其祖先的边。如果通过结点 u 搜索其邻接点 v 时，发现 v 在搜索树中是 u 的祖先（即 v 已经被 DFS 搜索到，但是还没完全搜索结束），这时边 $\langle u, v \rangle$ 称为反向边。

前向边：搜索过程中祖先指向子孙的边。

交叉边：搜索过程中不同子树之间的边，无向图不会出现交叉边。

图 3-12 左图为原图，右图为搜索树中的各种边及搜索过程中各个结点的时间戳。

性质 1：在 dfs 过程中，通过结点 u 遍历邻接点 v 时，如果 v 已经访问过（v 已经被 dfs 搜索到，不一定完全搜索结束）且 dfn[u]>dfn[v]，则边 $\langle u, v \rangle$ 是一条反向边或交叉边。

Tarjan 算法中我们还需要记录一个信息 low[u]，代表 u 这个结点直接或者间接通过反向边或者交叉边返回祖先结点的 dfn 值。

Tarjan 求割点的原理：

定理 1：若 u 是搜索树的根结点，在搜索树中若 u 有两个或者更多的子孙，那么 u 就是一

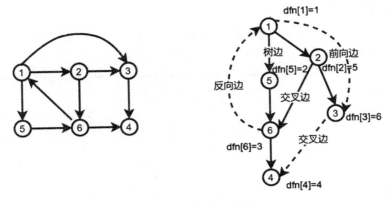

图 3-12 原图与搜索树

个割点。

定理 2:若 u 是搜索树中的非根结点,u 的子结点 v 及 v 的子孙没有反向边返回 u 的祖先,即 $low[v] \geqslant dfn[u]$,那么 u 对于以 v 为根的子树就是一个割点。

图 3-13 的左图为原图,右图为求无向图割点的搜索树,割点为 1,4,5;注意:求割点的时候反向父亲的反向边是可以用的。

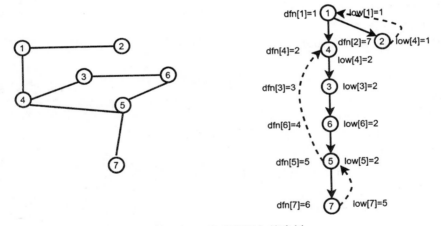

图 3-13 无向图原图与搜索树

【例 3.6】 割点(cut.cpp/.in/.out)
【问题描述】
给出一个具有 n 个点,m 条边的无向图,求无向图的割点。
【输入格式】
第 1 行:2 个正整数 n,m。
下面 m 行:每行输入 2 个正整数 x,y,表示 x 到 y 有一条边。
【输出格式】
第 1 行输出割点个数。
第 2 行按照编号从小到大的顺序输出结点,1 行 1 个。

【数据规模与约定】

对于全部数据 $1 \leq n \leq 2 \times 10^4$，$1 \leq m \leq 1 \times 10^5$。

【输入输出样例】

输入样例	输出样例
6 7 1 2 1 3 1 4 2 5 3 5 4 5 5 6	1 5

【问题分析】

此题为求割点的模板题,根据数据规模,我们只能用 Tarjan 算法来求割点,此题需要注意的是,无向图不一定是连通图。

【参考程序】

```
1.  #include <bits/stdc++.h>
2.  using namespace std;
3.  int dfn[100001],low[100001],cut[100001];
4.  int times = 0, cnt;
5.  int n,m;
6.  vector<int>g[100001];
7.  void tarjan(int u,int id){
8.      dfn[u] = low[u] = ++times;
9.      int son = 0;
10.     for(int i = 0;i < a[u].size(); i++){
11.         int v = g[u][i];
12.         if(dfn[v] == 0){
13.             son++;
14.             tarjan(v,id);
15.             low[u] = min(low[u],low[v]);
16.             if(dfn[u] <= low[v] && u ! = id){
17.                 cut[u] = 1;
18.             }
19.         }
20.         else  low[u] =min(low[u],dfn[v]);
21.     }
22.     if(u == id){
23.         if(son >1){
24.             cut[u] = 1;
```

```
25.          }
26.      }
27. }
28. int main( ){
29.      int n, m;
30.      cin >> n >> m;
31.      for( int i = 1; i <= m; i++){
32.          int x, y;
33.          cin >> x >> y;
34.          g[x].push_back(y);
35.          g[y].push_back(x);
36.      }
37.      for( int i = 1; i <= n; i++){
38.          tarjan(i,i);
39.      }
40.      for( int i = 1; i <= n; i++){
41.          if( cut[i] == 1){
42.              cnt++;
43.          }
44.      }
45.      cout << cnt << "\n";
46.      for( int i = 1;i <= n; i++){
47.          if( cut[i] == 1){
48.              cout <<i << "\n";
49.          }
50.      }
51.      return 0;
52. }
```

② 割边

割边的概念:假设有连通图 G，e 是其中一条边，如果 G-e 是不连通的,则边 e 是图 G 的一条割边。此情形下，G-e 必包含两个连通分支。

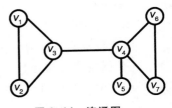

图 3-14 连通图

如图 3-14，v_3v_4 和 v_4v_5 就是割边。

割边的判定:

a. 暴力删除每一条边,然后再 DFS 一遍,看图的连通性,若图不连通,则这条边就是割边。

b. Tarjan 算法:跟求割点类似,若 u 的子结点 v 没有反向边返回 u 及 u 的祖先,或者 v 的子孙没有反向边返回 u 及 u 的祖先,即 $low[v]>dfn[u]$,则 u 到 v 这条边就是割边,此处需要注意的是,从 v 开始搜索结点的时候要把它的父结点排除在外,即反向父亲的反向边是不能用的。

图 3-15 左图为原图,右图为求无向图割边的搜索树,〈1,4〉,〈1,2〉,〈5,7〉为割边。

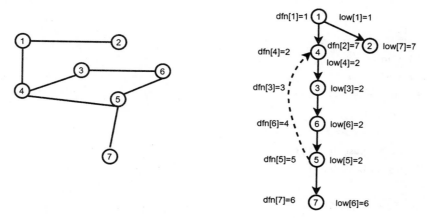

图 3-15　无向图原图与搜索树

【例 3.7】　炸铁路(railway. cpp/. in/. out)
【问题描述】

A 国派出将军小 X,对 B 国采取战略性措施,以解救涂炭的生灵。

B 国有 n 个城市,这些城市以铁路相连。任意两个城市都可以通过铁路直接或者间接相连。小 X 发现有些铁路被毁坏之后,某两个城市无法互相通过铁路相连。这样的铁路就被称为 key road。小 X 为了尽快使该国的物流系统瘫痪,希望炸毁铁路,以达到某两个城市无法互相通过铁路相连的效果。

然而,只有一发炮弹(A 国国会不给钱了)。所以,他该轰炸哪一条铁路呢?

【输入格式】

第 1 行:n,m,分别表示有 n 个城市,总共 m 条铁路。

以下 m 行:每行两个整数 a,b,表示城市 a 和城市 b 之间有铁路直接连接。

【输出格式】

第 1 行输出割点个数。

第 2 行按照结点编号从小到大的顺序输出结点,1 行 1 个。

【数据规模与约定】

对于全部数据,$1 \leqslant n \leqslant 150$,$1 \leqslant m \leqslant 5\ 000$。

【输入输出样例】

输入样例	输出样例
6 6 1 2 2 3 2 4 3 5 4 5 5 6	1 2 5 6

【问题分析】

根据题意,我们只需要把割边找出来就行。

【参考程序】

```
1. #include <bits/stdc++.h>
2. using namespace std;
3. const int Maxn = 10000001;
4. inline int read(){
5.     int x = 0,f = 1;char ch = getchar();
6.     while( ch < '0' || ch > '9'){
7.         if( ch == '-') f = -1;
8.         ch = getchar();
9.     }
10.    while( ch >= '0' && ch <= '9'){
11.        x = x * 10 + ch - 48;
12.        ch = getchar();
13.    }
14.    return x * f;
15. }
16. vector<int>g[100001];
17. int dfn[100001],low[100001],times = 0,n,m;
18. priority_queue <pair<int,int>,vector<pair<int,int> >,greater<pair<it,int> > >q;
19. void tarjan( int u,int fa){
20. dfn[u] = low[u] = ++times;
21.    for( int i = 0;i < g[u].size(); i++){
22.        int v = g[u][i];
23.        if( v == fa) continue;
24.        if(! dfn[v]){
25.            tarjan(v,u);
26.            low[u] = min(low[u],low[v]);
27.            if( dfn[u] <low[v])
28.                q.push(make_pair( min(u,v),max(u,v)));
29.        }else low[u] = min(low[u],dfn[v]);
30.    }
31. }
32. int main(){
33.    n = read();m = read();
34.    for( int i = 1;i <= m; i++){
35.        int x,y;
36.        x = read(),y = read();
37.        g[x].push_back(y);
38.        g[y].push_back(x);
```

```
39.        }
40.    tarjan(1,1);
41.    while(! q.empty()){
42.        cout<<q.top().first<<' '<< q.top().second << endl;
43.        q.pop();
44.    }
45.    return 0;
46. }
```

（3）有向图的强连通分量

有向图强连通分量:在有向图 G 中,如果两个顶点 v_i 和 v_j 间($v_i > v_j$)有一条从 v_i 到 v_j 的有向路径,同时还有一条从 v_j 到 v_i 的有向路径,则称两个顶点强连通(strongly connected)。如果有向图 G 的每两个顶点都强连通,称 G 是一个强连通图。有向图的极大强连通子图,称为强连通分量 SCC(Strongly Connected Components)。

如图 3-16,{1,2,5,6}为一个强连通分量,{3}为一个强连通分量,{4}为一个强连通分量。

图 3-16 连通图

① Kosaraju 算法

Kosaraju 算法可以说是最容易理解,最常用的算法,其比较关键的部分是同时应用了原图 G 和反图 GT,算法步骤如下:

步骤 1:对有向图 G 做 DFS(深度优先遍历),记录每个顶点结束访问的时间(即结点出栈顺序,后出栈的点第二次先扫描);

步骤 2:将图 G 逆置,即将 G 中所有边反向;

步骤 3:按步骤 1 中记录的顶点访问结束时间从晚到早对逆置后的图做 DFS;

步骤 4:得到的遍历森林中每棵树对应一个强连通分量。

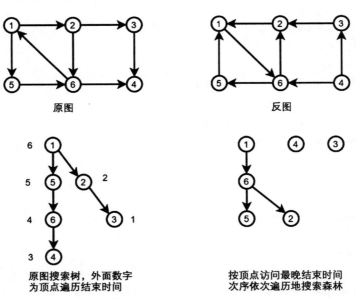

图 3-17 Kosaraju 算法

【核心代码】

```
1. #include <bits/stdc++.h>
2. using namespace std;
3. const int MAXN =110;
4. int n;
5. bool flag[MAXN];//访问标志数组
6. int belg[MAXN];//存储强连通分量,其中 belg[i]表示顶点 i 属于第 belg[i]个强连通分量
7. int numb[MAXN];//结束时间标记,其中 numb[i]表示离开时间为 i 的顶点
8. vector<int>g[MAXN],gt[MAXN];//g 位原图邻接表,gt 为原图逆邻接表
9. void    dfs1(int cur,int sig){//用于第一次深搜,求得 numb[1]~numb[n]的值
10.     flag[cur]  = true;
11.     for(int i = 0;i <= g.size();i++)
12.         if(false == flag[g[cur][i]])
13.             dfs1(g[cur][i],sig);
14.     numb[++sig]  = cur;
15. }
16. void dfs2(int cur,int sig){//用于第二次深搜,求得 belg[1]~belg[n]的值
17.     flag[cur]  = true;
18.     belg[cur]  = sig;
19.     for(int i = 0; i <= gt.size(); i++)
20.         if(false == flag[gt[cur][i]])
21.             dfs2(gt[cur][i],sig);
22. }
23. int Kosaraju(){//Kosaraju 算法,返回为强连通分量个数
24.     int i,sig;
25.     //第一次深搜
26.     memset(flag+1,0,sizeof(bool)* n);
27.     for(sig  = 0,i = 1;i <= n;i++)
28.         if(flag[i]  == false)
29.             dfs1(i,sig);
30.     //第二次深搜
31.     memset(flag+1,0,sizeof(bool)* n);
32.     for(sig  = 0,i = n;i >0; i--)
33.         if(flag[numb[i]]  == false)
34.             dfs2(numb[i],++sig);
35.     return sig;
36. }
```

Kosaraju 算法的第二次深搜选择树的顺序有一个特点。它就是:如果把求出来的每个强连通分量收缩成一个点,并且用求出每个强连通分量的顺序来标记收缩后的结点,那么这个顺序就是强连通分量收缩成点后形成的有向无环图的拓扑序列。

② Tarjan 算法

Tarjan 算法是基于对图深度优先遍历的算法,它能在一次 DFS 中就把所有点都按照 SCC(强连通分量)分开,它的原理是:在一个强连通分量中,从任何一个顶点出发,都至少有一条路径能返回自己。同处于一个 SCC 中的结点必然构成 DFS 树的一棵子树。我们要找 SCC,就要找到它在 DFS 树上的根。在图的搜索树中,若顶点 u 没有反向边,u 的子孙也没有反向边返回 u 的祖先,而且 u 的子树中也没有强连通分量(若有则需提前剥离),则以 u 为根的搜索树就是一个强连通分量。我们用 low[u] 来记录 u 直接或者间接通过反向边或者交叉边能返回到的祖先结点的 dfn,搜索开始时 low[u] = dfn[u]。

【核心代码】

```
1. stack<int>st;//搜索树中按时间戳记录遍历过的但还没有构成 SCC 的顶点
2. vector<int>a[100001];//记录每一个 SCC 的顶点
3. int dfn[100001],low[100001];
4. int times = 0;//时间戳
5. int ln[100001];//是否还在栈里
6. int index = 0;//强连通分量总数
7. void tarjan(int u){
8.     dfn[u] = low[u] = ++times;
9.     st.push(u);
10.     ln[u] = 1;
11.     for (int i = 0;i < a[u].size(); i++){
12.         int v = a[u][i];
13.         if (dfn[v] ==0){
14.             tarjan(v);
15.             low[u] = min(low[u],low[v]);//间接返祖
16.         }
17.         else if(ln[v] ==1) low[u] = min(low[u],dfn[v]);//直接返祖
18.     }
19.     if(low[u] == dfn[u]){ //u 没有返祖,则 u 就是强连通分量搜索树中的根
20.         index++;
21.         while (st.top() != u){
22.             a[index].push_back(st.top());
23.             ln[st.top()] = 0;
24.             st.pop();
25.         }
26.         a[index].push_back(st.top());
27.         ln[st.top()] = 0;
28.         st.pop();
29.     }
```

求出强连通分量后我们一般用来缩点,缩点的定义:把强连通分量看成是一个大点,保留那些不在强连通分量里的边,这样的图就是缩点后的图。缩点后的图保留了所有不在分

量里的边,而且缩点后的图是一个有向无环图(DAG),可以进行拓扑排序。

【例 3.8】 受欢迎的牛(cow. cpp/. in/. out)

【问题描述】

每一头牛的愿望就是变成一头最受欢迎的牛。现在有 N 头牛,给你 M 对整数(A,B),表示牛 A 认为牛 B 受欢迎。这种关系是具有传递性的,如果 A 认为 B 受欢迎,B 认为 C 受欢迎,那么牛 A 也认为牛 C 受欢迎。你的任务是求出有多少头牛被所有的牛认为是受欢迎的。

【输入格式】

第 1 行:2 个数 N, M。

接下来 M 行:每行两个数 A, B,意思是 A 认为 B 是受欢迎的(给出的信息有可能重复,即有可能出现多个 A, B)。

【输出格式】

输出 1 个数,即有多少头牛被所有的牛认为是受欢迎的。

【数据规模与约定】

$N \leqslant 10^4$, $M \leqslant 5 \times 10^4$。

【输入输出样例】

输入样例	输出样例
3 3 1 2 2 1 2 3	1

【问题分析】

我们可以把两头牛间的"喜欢"关系看做有向图中的一条边,那么我们很容易知道题目中"受欢迎的牛"就是能被其他所有点遍历到的那个点。

不难发现,如果这几个点在同一个强连通分量中,那么它们一定互相受欢迎。如果在这个强连通分量之外的点喜欢这个强连通分量中的任意一个点,那么它就喜欢强连通分量里的每一个点(如图 3-18 左边的图,D 喜欢 A,B 和 C)。

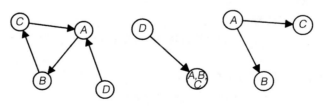

图 3-18 例 3.8 图

不难想到,我们可以把每个强连通分量缩成一个一个点,并构造一个有向无环图,如图 3-18 中间的图,此时,我们发现,如果一个强连通分量的出度为 0,那么这个强连通分量中的每一个点都是答案。但特殊的情况是:如果有多个强连通分量的出度为 0,如图 3-18

右边的图,那么就没有答案,因为多个出度为0的强连通分量不能互相喜欢。

所以,我们只要对原图进行缩点,然后统计出度为0的强连通分量,就可以解决此题。

【参考程序】

```
1. #include<bits/stdc++.h>
2. using namespace std;
3. inline int read(){
4.     char ch = getchar();
5.     int x = 0,f = 1;
6.     while(ch <'0' || ch >'9'){
7.         if(ch == '-') f = -1;
8.         Ch = getchar();
9.     }
10.    while(ch >= '0' && ch <= '9'){
11.        X = (x <<1) +(x <<3) +(ch ^ 48);
12.        Ch = getchar();
13.    }
14.    return x* f;
15. }
16. void write(int x){
17.    if(x <0){
18.        putchar('-');
19.        X = -x;
20.    }
21.    if(x >9){
22.        write(x/10);
23.    }
24.    putchar(x % 10 +'0');
25. }
26. stack<int>st;
27. vector<int>b[10001]; //缩点后的图
28. vector<int>a[100001]; //原来的图
29. int dfn[100001]; //时间戳
30. int low[100001]; //记录通过返祖边能访问到的最先遍历的祖宗
31. int times = 0;
32. int ln[100001]; //记录该点在不在栈中
33. int h[100001]; //记录该结点在缩点后在哪个连通块中
34. int cnt = 0; //连通块数量
35. void tarjan(int u){ //tarjan 缩点
36.    dfn[u] = low[u] = ++times;
37.    st.push(u);
38.    ln[u] = 1;
```

```
39.        for ( int i = 0;i < a[ u ].size( ); i++ ) {
40.            int v = a[ u ][ i ];
41.            if ( dfn[ v ] == 0 ) {
42.                tarjan( v );
43.                low[ u ] = min( low[ u ],low[ v ] );
44.            }
45.            else if( ln[ v ] == 1 ) low[ u ] = min( low[ u ],dfn[ v ] );
46.        }
47.        if( low[ u ] == dfn[ u ] ) {
48.            cnt++;
49.            while ( st.top( ) ! = u ) {
50.                b[ cnt ].push_back( st.top( ) );
51.                ln[ st.top( ) ] = 0;
52.                h[ st.top( ) ] = cnt;
53.                st.pop( );
54.            }
55.            b[ cnt ].push_back( st.top( ) );
56.            ln[ st.top( ) ] = 0;
57.            h[ st.top( ) ] = cnt;
58.            st.pop( );
59.        }
60. }
61. int po[ 1000001 ]; //该点的入度数量
62. signed main( ) {
63.        int n,m;
64.        N = read( );
65.        M = read( );
66.        for( int i = 1;i <= m; i++ ) { //建图
67.            int x,y;
68.            X = read( );
69.            Y = read( );
70.            a[ x ].push_back( y );
71.        }
72.        for( int i = 1; i <= n; i++ ) { //缩点
73.            if( ! dfn[ i ] ) tarjan( i );
74.        }
75.        for( int i = 1;i <= n; i++ ) {
76.            for( int j = 0;j < a[ i ].size( ); j++ ) {
77.                if( h[ i ] ! = h[ a[ i ][ j ] ] ) //如果这两个点不在同一个连通块中
78.                    po[ h[ i ] ]++; //统计出度数量
79.            }
80.        }
```

```
81.        int id = -1;
82.        for( int i = 1;i <= cnt; i++) { //遍历每一个连通块
83.            if( po[ i ]  == 0){
84.                if( id ! = -1){ //如果有两个以上的连通块出度为 0
85.                    puts("0"); //无解
86.                    return 0;
87.                }
88.                id = i; //记录没有出度的连通块
89.            }
90.        }
91.        write( b[ id ].size( ));
92.        return 0;
93. }
```

习   题

【习题 3-1】 图的存储和遍历(visit. cpp/. in/. out)
【问题描述】
已知图 G 已用邻接矩阵存储。
(1) 编写一个程序,将图 G 转化为邻接表。
(2) 输出图的深度优先遍历结果(从结点 1 开始遍历,序号从小到大)。
(3) 输出图的广度优先遍历结果(从结点 1 开始遍历,序号从小到大)。
【输入格式】
第 1 行:结点总数 $n(n <= 1 000)$。
下面 n 行:图 G 的邻接矩阵。
【输出格式】
第 1 行:图的深度优先遍历。
第 2 行:图的广度优先遍历。
【输入输出样例】

输入样例	输出样例
8 0 1 1 1 0 0 0 0 1 0 0 0 0 1 0 0 1 0 0 0 1 0 0 0 1 0 0 0 1 1 1 0 0 0 1 1 0 0 0 0 0 1 0 1 0 0 0 0 0 0 0 1 0 0 0 1 0 0 0 0 0 0 1 0	1 2 6 4 5 3 7 8 1 2 3 4 6 5 7 8

138

【习题 3-2】　连通块（block. cpp/. in/. out）

【问题描述】

一个 $n×m$ 的方格图,一些格子被涂成了黑色,在方格图中被标为 1,其余白色格子被标为 0。四连通的黑色格子连通块指的是一片由黑色格子组成的区域,其中的每个黑色格子能通过四连通的走法(上下左右),只走黑色格子,到达该连通块中的其他黑色格子。求四连通的黑色格子连通块的个数。

【输入格式】

第 1 行:2 个整数 n,$m(1 \leq n$,$m \leq 100)$,表示一个 $n×m$ 的方格图。

接下来 n 行:每行 m 个整数,都为 0 或 1,表示这个格子是黑色还是白色。

【输出格式】

输出一行:一个整数 ans,表示图中有 ans 个黑色格子连通块。

【输入输出样例】

输入样例	输出样例
3 3 1 1 1 0 1 0 1 0 1	3

【习题 3-3】　病毒（virus. cpp/. in/. out）

【问题描述】

有一天,小 y 突然发现自己的计算机感染了一种病毒。还好,小 y 发现这种病毒很弱,只是会把文档中的所有字母替换成其他字母,但并不改变顺序,也不会增加和删除字母。

现在怎么恢复原来的文档呢? 小 y 很聪明,他在其他没有感染病毒的机器上,生成了一个由若干单词构成的字典,字典中的单词是按照字母顺序排列的,他把这个文件拷贝到自己的机器里,故意让它感染上病毒,他想利用这个字典文件原来的有序性,找到病毒替换字母的规律,再用来恢复其他文档。

现在你的任务是:给你被病毒感染了的字典,要你恢复一个字母串。

【输入格式】

第 1 行:整数 $K(K \leq 50\ 000)$,表示字典中的单词个数。

以下 K 行:被病毒感染了的字典,每行一个单词。

最后一行:需要你恢复的一串字母。

所有字母均为小写。

【输出格式】

输出仅一行,为恢复后的一串字母。当然也有可能出现字典不完整甚至字典有错的情况,这时请输出一个 0。

【输入输出样例】

输入样例	输出样例
6 cebdbac cac ecd dca aba bac cedab	abcde

第4章 树

前面一章我们学过了图结构的相关知识,这章我们主要介绍树结构的一些知识。树结构可以认为是一种特殊的图结构。

4.1 树

4.1.1 树的相关概念

树(Tree)是 $n(n \geqslant 0)$ 个结点的有限集,$n = 0$ 时称为空树。

在任意一棵非空树中:

- 有且仅有一个特定的称为根(Root)的结点;

- 当 $n > 1$ 时,其余结点可分为 $m(m > 0)$ 个互不相交的有限集 $T_1,T_2,\cdots,T_m$,其中每一个集合本身又是一棵树,并且称为根的子树(SubTree)。

树是由结点和连接结点的边(结点数大于 1 时有边)组成,树中的结点不能被边连接成环。树可以认为是由 n 个结点、$n-1$ 条边组成的连通图,且图中没有环存在。

树的定义是递归的,树的每个孩子结点都是所在子树的根。

图 4-1 很像把自然界中的树倒放,树根在上,叶结点在下,我们通常用这种图来描述树结构。

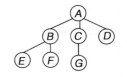

图 4-1 树的表示

父亲结点:某一结点的前驱结点。如 A 是 B、C、D 的父亲结点,B 是 E、F 的父亲结点。

孩子结点:某一结点的孩子结点为其结点子树的根结点。如 B、C、D 是 A 的孩子结点,也叫儿子结点。

根结点:没有前驱结点(父结点)的结点,除根结点外的所有结点有且只有一个前驱结点。图 4-1 中的结点 A 就是根结点。如果一棵树规定了唯一的根结点,则称为有根树,否则称为无根树。对无根树我们编程时往往任选一个结点作为根结点。除了根结点,所有结点都是其父结点的孩子结点。

分支结点:有后继结点(孩子结点)的结点,如图 4-1 中的结点 A、B、C。

叶子结点:孩子结点数为 0 的结点,如图 4-1 中的结点 D、E、F、G。

兄弟结点:父结点相同的结点。如图 4-1 中的结点 B、C、D。

堂兄弟结点:树结构中,父结点不相同但位于同一层的两个结点。如图 4-1 中的结点 E 和 G。

祖先结点：某一结点的父结点，它父结点的父结点，它父结点的父结点的父结点等，也就是该结点的父结点到祖先之间路径上所有的结点。相应的，以某一结点为根的子树中的任一结点称为该结点的子孙。树中所有结点可以有零个或多个后继结点。

有序树：树中结点的子结点之间有顺序关系，即子结点的左右相对位置是明确的。在有序树中，一个结点最左边的孩子结点称为"第一个孩子"，最右边的孩子结点称为"最后一个孩子"。

无序树：树中结点的孩子结点没有顺序关系。

森林：由 $m(m \geqslant 0)$ 棵互不相交的树构成一片森林。如果把一棵非空的树的根结点删除，则该树就变成了一片森林，森林中的树由原来根结点的各棵子树构成。

结点的度：结点拥有的子树数。分支结点的度大于0，叶子结点的度为0。

树的度：树中所有结点的度的最大值即树的度。图4-1中树的度为3。

树的深度：树可以按层划分，根结点在第1层，深度为1；根结点的儿子在第2层，深度为2，……依此类推，每个结点所在的层为它父结点所在有层数加1，深度为父结点深度加1。树中结点的最大深度称为树的深度（Depth）或高度。

树的宽度：树中某一层中最多的结点数称为树的宽度。

树适合表示具有层次结构的数据。

4.1.2 树的表示

可以用下面的方法来表示树：

① 树形表示法：用一棵倒置的树来表示树结构，比较直观易懂。图 4-1 就是这种表示法。

② 文氏图（嵌套集合）表示法：用集合表示结点之间的层次关系，对于其中任意两个集合，它们或者不相交，或者一个集合包含另一个集合，如用图4-2来表示图4-1。

③ 凹入表（缩进）表示法：该方法类似于书的目录结构，用结点逐层缩进的方法表示树中各个结点之间的层次关系，如图4-3所示。

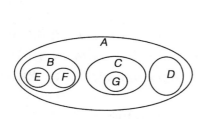

图 4-2　树的文氏图表示

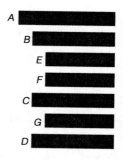

图 4-3　树的凹入表（缩进）表示法

（4）广义表（嵌套括号）表示法：先将整棵树的根结点放入一对圆括号中，根结点后紧跟一对圆括号，然后把它的子树由左至右放入根结点后的括号中，同层子树用圆括号括在一起（同层子树之间用逗号隔开），而对子树也采用同样的方法处理，直到所有的子树都只有一个根结点为止。广义表用括号的嵌套表示结点之间的层次关系,如图 4-1 可以表示为(A(B(E,F),C(,G),D)。

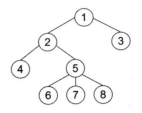

图 4-4 树的存储

4.1.3 树的存储

(1) 父亲表示法

我们以一组连续空间存储树的结点为例,每个结点的父结点都是唯一的,数组的每个元素记录该结点和它的父亲结点的下标。

```
struct node{
    int id,father;
};
node tree[maxn];
```

表 4-1 二叉树的双亲表示

id	1	2	3	4	5	6	7	8
father	0	1	1	2	2	5	5	5

(2) 邻接矩阵存储

树是图的一种特殊形式,可以采用邻接矩阵来表示结点之间的关系。这种表示法只适合于树中结点较少的情况。

```
int tree[maxn][maxn];
```

表 4-2 二叉树的邻接矩阵表示

	1	2	3	4	5	6	7	8
1	0	1	1	0	0	0	0	0
2	0	0	0	1	1	0	0	0
3	0	0	0	0	0	0	0	0
4	0	0	0	0	0	0	0	0
5	0	0	0	0	0	1	1	1
6	0	0	0	0	0	0	0	0
7	0	0	0	0	0	0	0	0
8	0	0	0	0	0	0	0	0

(3) 邻接表存储

每个结点包含该结点和若干指向它孩子所在位置的数组,由于不知道每个结点有多少个子结点,son 数组只能定义大一点,这样造成了空间浪费。

```
struct node{
    int id,son[maxson];
}
```

```
node tree[maxn];
```

表 4-3　二叉树的邻接表表示

id	1			2			3			4			5			6			7			8		
son	2	3	0	4	5	0	0	0	0	0	0	0	6	7	8	0	0	0	0	0	0	0	0	0

在 C++中可以将 vector 作为存储容器：

```
int value[MaxN];
vector<int> child[MaxN];
```

当然,采用前面章节中讲的前向星存储也是一种比较好的解决方法。

4.1.4 树的遍历

先序遍历：先访问根结点,再从左到右按照先序的思想遍历各个子树。图 4-4 的先序遍历为：1 2 4 5 6 7 8 3。

后序遍历：先从左到右按照后序的思想遍历各个子树,再访问根结点。图 4-4 的后序遍历为：4 6 7 8 5 2 3 1。

按层遍历：按照第 1 层、第 2 层……最后一层的顺序逐层访问,同一层次按从左到右的次序访问。图 4-4 的按层遍历为：1 2 3 4 5 6 7 8。

4.2　二　叉　树

4.2.1　二叉树的定义

二叉树（Binary tree）是一种特殊的树型结构,它的特点是每个结点最多只有二棵子树,且有左右之分。所以二叉树是一棵严格的有序树。

二叉树的五种基本形态：空二叉树、只有一个根结点的二叉树、右子树为空的二叉树、左右子树都有的二叉树、左子树为空的二叉树。

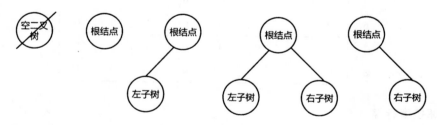

图 4-5　二叉树的五种形态

4.2.2　二叉树的性质

性质 1：在二叉树的第 i 层上至多有 2^{i-1} 个结点$(i \geqslant 1)$。

性质 2：深度为 h 的二叉树至多有 $2^h - 1$ 个结点 $(h \geq 1)$。

性质 3：对任何一棵二叉树，如果其叶结点数为 n_0，度为 2 的结点数为 n_2，则一定满足：$n_0 = n_2 + 1$。

设 n_0 为二叉树中度为 0 的结点数，n_1 为二叉树中度为 1 的结点数，n_2 为二叉树中度为 2 的结点数，s 为二叉树的总结点数。则可得下式：

$$s = n_0 + n_1 + n_2$$

n_1 表示有 n_1 个子结点，n_2 表示共有 $2 \times n_2$ 个子结点，但根结点不是任何结点的子结点，所以可得下式：

$$s = n_1 + 2 \times n_2 + 1$$

由上面的两个式子可得：$n_0 = n_2 + 1$。

满二叉树：一棵深度为 h 且有 $2^h - 1$ 个结点的二叉树称为满二叉树，即除了叶结点外，每一个结点都有左右子树且叶子结点都处在最底层的二叉树。

完全二叉树：一棵深度为 h，有 n 个结点的二叉树，对树中的结点按从上至下、从左到右的顺序从 1 到 n 进行编号，当且仅当其每一个结点都与深度为 h 的满二叉树中编号从 1 到 n 的结点一一对应时，称为完全二叉树。

如果完全二叉树的深度为 h，除第 h 层外，第 $i (1 \leq i < h)$ 层的结点数都为 $2^i - 1$，即最多的结点个数，第 h 层所有的结点是从最左边连续出现。

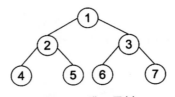
图 4-6　满二叉树

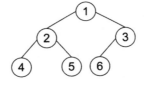
图 4-7　完全二叉树

性质 4：具有 n 个结点的完全二叉树的深度为 $\lg n + 1$。

一棵满二叉树必定是一棵完全二叉树，而一棵完全二叉树未必是一棵满二叉树。

4.2.3　二叉树的存储

（1）顺序存储

对一个完全二叉树的所有结点按层编号，将编号为 i 的结点存入数组的第 i 个单元。顺序存储只适用于完全二叉树。因此，如果我们想顺序存储普通二叉树，需要将普通二叉树转化为完全二叉树。

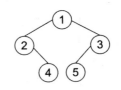
图 4-8　二叉树

表 4-4　二叉树的顺序存储

数组下标	1	2	3	4	5	6
结点编号	1	2	3	0	4	5

（2）链式存储（数组实现）

```
struct node{
    int id,lft,rgt;
};
node tree[1001];
```

表 4-5   二叉树的链式存储

数组下标	1	2	3	4	5
id	1	2	3	4	5
lft	2	0	5	0	0
rgt	3	4	0	0	0

4.2.4   二叉树的遍历

（1）二叉树的先序遍历

若二叉树为非空,先访问根结点,再访问左子树,最后访问右子树。

对于图 4-6,先序遍历为：1 2 4 5 3 6 7。

（2）二叉树的中序遍历

若二叉树为非空,先访问左子树,再访问根结点,最后访问右子树。

对于图 4-6,中序遍历为：4 2 5 1 6 3 7。

（3）二叉树的后序遍历

若二叉树为非空,先访问左子树,再访问右子树,最后访问根结点。

对于图 4-6,中序遍历为：4 5 2 6 7 3 1。

（4）二叉树的按层遍历

按照第 1 层、第 2 层……最后一层的顺序逐层访问,同一层按从左到右的次序访问。图 4-6 的按层遍历为：1 2 3 4 5 6 7。

【例 4.1】   先序遍历（preorder.cpp/.in/.out）

【问题描述】

现给出一棵 N 个结点二叉树,保证 1 号结点为这棵二叉树的根,求这棵二叉树的先序遍历。

【输入格式】

输入包括 $N + 1$ 行。

第 1 行：1 个正整数 N,为这棵二叉树的结点数,结点标号由 1 至 N。

接下来 N 行：这 N 行中的第 i 行包含 2 个正整数 l_i、r_i,分别表示结点 i 的左儿子与右儿子编号。如果 l_i 为 0,表示结点 i 没有左儿子,同样,如果 r_i 为 0 则表示没有右儿子。

【输出格式】

输出 N 行,每行包含 1 个整数,表示这棵二叉树按先序遍历访问的结点。

【输入输出样例】

输入样例	输出样例
6	1
2 3	2
4 5	4
0 6	5
0 0	3
0 0	6
0 0	

【数据规模与约定】

对于 10% 的数据,有 $N \leqslant 10$;

对于 40% 的数据,有 $N \leqslant 100$;

对于 50% 的数据,有 $N \leqslant 1000$;

对于 60% 的数据,有 $N \leqslant 10\,000$;

对于 100% 的数据,有 $N \leqslant 100\,000$,且保证树的深度不超过 32 768。

【问题分析】

由于试题中给出了每个结点的左孩子和右孩子的结点编号,用链式存储比较方便。

【参考程序】

```
1. #include <bits/stdc++.h>
2. using namespace std;
3. #define int long long
4. const int Maxn = 100000 + 5;
5. struct node {
6.     int lft, rgt;
7. } tree[Maxn];
8. int n, ans;
9. void visit(int r) {
10.     cout << r << endl; // 访问根结点
11.     if (tree[r].lft)
12.         visit(tree[r].lft); // 访问左子树
13.     if (tree[r].rgt)
14.         visit(tree[r].rgt); // 访问右子树
15. }
16. signed main() {
17.     cin >> n;
18.     for (int i = 1; i <= n; i++)
19.         cin >> tree[i].lft >> tree[i].rgt;
20.     visit(1);
21.     return 0;
22. }
```

【例 4.2】　后序遍历（USACO，postorder.cpp/.in/.out）

【问题描述】

已知一棵二叉树的中序遍历和先序遍历的结果，请你编程输出这棵二叉树的后序遍历结果。

【输入格式】

输入包括 2 行，每行均为不同的大写字母组成的字符串，分别表示一棵二叉树的中序遍历与先序遍历。

【输出格式】

输出 1 行，包含 N 个不同的大写字母，表示这棵二叉树的后序遍历。

【输入输出样例】

输入样例	输出样例
ABEDFCHG CBADEFGH	AEFDBHGC

【样例说明】

【数据规模与约定】

对于 100% 的数据，有 $1 \le N \le 26$。

【问题分析】

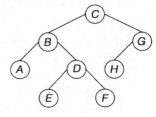

图 4-9　求二叉树后序遍历

先序遍历是先遍历根结点，再遍历根结点的左、右子树。那么，先序遍历（本题中的第 1 个字符串）的第一个结点一定是根结点。根据找到的根结点，可以确定根结点在中序遍历（本题中的第 2 个字符串）中的位置。根据根结点在中序遍历中的位置，可以分别确定左、右子树的先序遍历、中序遍历。上面的操作可以递归实现。

【参考程序】

```
1. #include<bits/stdc++.h>
2. using namespace std;
3. #define int long long
4. string mid,pre;
5. void dfs(string mid,string pre){
6.      if(mid.size()<1)
7.          return;
8.      int p = mid.find(pre[0]);
9.      string m1,m2,p1,p2;
10.     m1 = mid.substr(0,p);//左子树的中序
11.     m2 = mid.substr(p+1,mid.size()-p-1);//右子树的中序
12.     p1 = pre.substr(1,p);//左子树的先序
13.     p2 = pre.substr(p+1,mid.size()-p-1);//右子树的先序
14.     dfs(m1,p1);
15.     dfs(m2,p2);
```

```
16.     cout << pre[0];
17. }
18. signed main() {
19.     cin >> mid >> pre;
20.     dfs(mid, pre);
21.     cout << endl;
22.     return 0;
23. }
```

【例 4.3】 二叉树的个数（count. cpp/. in/. out）

【问题描述】

具有 n 个结点的不同形态的二叉树有多少棵？

【输入格式】

输入只有 1 行，为 1 个正整数 n。

【输出格式】

输出 1 行，为 1 个正整数，表示有 n 个结点的不同形态的二叉树的数目。

【输入输出样例】

输入样例	输出样例
3	5

【样例说明】

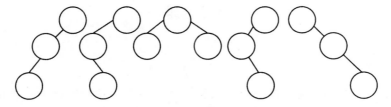

图 4-10　3 个结点的不同形态的二叉树有 5 棵

【数据规模与约定】

对于 100% 的数据，有 $1 \leqslant N \leqslant 18$。

【问题分析】

如果 $n = 0$，只有 1 种情况，即这是一棵空二叉树。当 $n > 0$ 时，有 1 个根结点，左子树有 $i(0 \leqslant i < n)$ 个结点，右子树有 $n - 1 - i$ 个结点，用 $dp[n]$ 表示有 n 个结点的不同形态的二叉树的数目，根据乘法原理和加法原理可得：

$$dp[0] = 1$$

$$dp[n] = \sum_{i=0}^{n-1} dp[i] * dp[n-1-i] \quad (n > 0)$$

【参考程序】

```
1.  #include <bits/stdc++.h>
2.  using namespace std;
3.  #define int long long
4.  const int Maxn = 20；
5.  int n, dp[Maxn]；
6.  signed main() {
7.      cin >> n;
8.      dp[0] = 1; // 空二叉树
9.      for (int i = 1; i <= n; i++)
10.         for (int j = 0; j < i; j++)
11.             dp[i] = dp[i] + dp[j] * dp[i - 1 - j];
12.     cout << dp[n] << endl;
13.     return 0;
14. }
```

树和二叉树的区别：

① 树中结点的最大度数没有限制,而二叉树结点的最大度数为 2。

② 树的结点无左、右之分,而二叉树的结点有左、右之分。所以树没有中序遍历,二叉树有中序遍历。

③ 树不能为空,二叉树可以为空。

请读者完成对应习题 4-1~4-3。

4.3 堆

4.3.1 堆的定义

堆也称二叉堆,本质上是一棵完全二叉树。树中每个结点与数组中存放该结点中值的那个元素相对应。所以二叉堆的存储往往采用顺序存储方式,用数组来实现。

二叉堆有两种：大根堆和小根堆。

大根堆：父结点的权值总是大于或等于其任何一个子结点的权值。

小根堆：父结点的权值总是小于或等于其任何一个子结点的权值。

图 4-11 所示为一个大根堆。

假设用数组 num 来存储图 4-11 所表示的二叉堆,用 num[1] 表示二叉树的根。根据完全二叉树的性质,可以求出第 i 个结点的父结点、左孩子结点、右孩子结点的下标分别为：$int(i/2)$、$2 \times i$、$2 \times i + 1$。

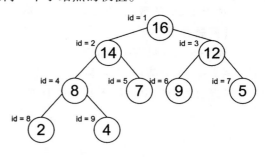

图 4-11　二叉堆

表 4-6　二叉堆的存储

数组下标	1	2	3	4	5	6	7	8	9
数组元素	16	15	12	8	7	9	5	2	4

二叉堆的根结点叫做堆顶。大根堆的堆顶是整个堆中的最大元素,小根堆的堆顶是整个堆中的最小元素。

二叉堆最下面一层最右边的结点叫做堆尾,也就是数组中最后一个元素。

4.3.2　堆的基本操作

(1)插入一个结点(put 操作)

向一个堆中插入一个结点时,每次都将要插入的数据插入到堆尾后面,如向图 4-11 所表示的二叉堆中插入 10,就如图 4-12 所示:

可以发现,10 大于它的父结点 7,这不符合大根堆的性质。于是就有了向上调整结点(pushup)操作。

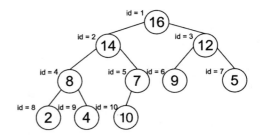

图 4-12　向二叉堆中插入 10

(2)向上调整结点

```
1. void put(int x) {
2.     // put 操作
3.     len++;
4.     num[len] = x;
5.     int son = len;
6.     int father = son / 2;
7.     while (son != 1 && num[father] < num[son]) {
8.         // 向上调整结点
9.         swap(num[son], num[father]);
10.        son /= 2;
11.        father = father / 2;
12.    }
13. }
```

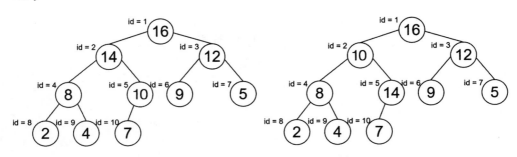

图 4-13　整数 10 向上调整

151

（3）删除堆顶结点（get 操作）

把第一个结点和最后一个结点互换，结点总数减 1，但根结点改变了就破坏了堆的结构。此时堆可能需要向下调整操作。如图 4-14 左边的堆中要删除 16，将 4 放到堆顶后，4 小于左孩子 14 且小于右孩子 12。

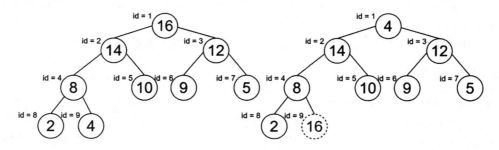

图 4-14　删除堆顶元素

（4）向下调整结点

要调整的结点首先和它的两个子结点比较，如果两个子结点中较小的结点大于该结点，就将要调整的结点与其较大子结点交换，然后下面的子结点执行同样的操作，直到要调整的结点位于最后一层或它的子结点均比它小。

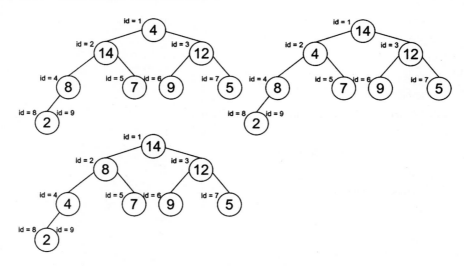

图 4-15　向下调整结点

【核心代码】

```
1. int get( ) {
2.     // get 操作
3.     int r = num[1];
4.     swap(num[1], num[len]);
5.     len --;
```

```
6.      int father = 1;
7.      int son = father *  2;
8.      while（son <= len）{
9.          // 向下调整结点
10.         if（son < len && num[son] < num[son +1]）
11.             son ++;
12.         if（num[son] > num[father]）{
13.             swap（num[son], num[father]）;
14.             father = son;
15.             son = father *  2;
16.         }
17.         else
18.             break;
19.     }
20.     return r;
21. }
```

（5）建堆操作

如果要建立一个含有 n 个结点的堆,只要执行 n 次 put 操作即可。

【核心代码】

```
1. for( int i = 1; i <= n; i++) {
2.     cin >> x;
3.     put( x);
4. }
```

4.3.3　优先队列

优先队列（priority_queue）是一个拥有优先级概念的单向队列（queue）,优先队列具有队列的所有特性,其基本操作也和队列的一样,它本质是一个堆。优先队列的出队顺序不是先进先出,而是按照优先级来,优先级最高的最先出队。往优先级队列中插入一个元素,就相当于往堆中插入一个元素;从优先级队列中取出优先级最高的元素,就相当于取出堆顶元素。

在 C++中使用优先队列时需要使用头文件〈bits/stdc++. h〉或头文件〈queue〉。

（1）在 C++中优先定义队列

优先输出大数据：priority_queue < 类型> q;

优先输出小数据 priority_queue< 类型, vector< 类型>, greater< 类型> > q;

当然,我们还可以自定义优先级。

（2）priority_queue 的常用函数

表 4-7 priority_queue 的常用函数

函数	使用
empty( )	q. empty( );//判断 q 是否为空
pop( )	q. pop( );//删除 q 的队头元素
top( )	q. top( );//返回 q 的队头元素
push( )	q. push(8);//向 q 中加入一个元素 8
size( )	q. size( );//返回 q 中元素个数

4.3.4 堆的应用

【例 4.4】 找出中间数（usaco,middle,1S,256MB）

【问题描述】

给定一个奇数 $N(1 \le N \le 10\ 000)$，有 N 个整数 $\text{Num}_i(1 \le \text{Num}_i \le 1\ 000\ 000)$，要求中间数，也就是第 $(N+1)/2$ 小的数。

【输入格式】

第 1 行：1 个整数 N。

第 $2 \sim N+1$ 行：每行 1 个整数 Num_i。

【输出格式】

输出 1 行：为 1 个整数，表示中间数。

【输入输出样例】

输入样例	输出样例
5 2 4 1 3 5	3

【问题分析】

这题由于 N 的规模较小，可以将 N 个数排序后输出第 $(N+1)/2$ 个数。通过本节内容的学习，我们也可以用堆来解决这题。开始时，可以通过 put 操作对 N 个数建堆，然后执行 $(N+1)/2-1$ 次 get 操作，最后输出堆顶元素。对于这题来说，用小根堆和大根堆都能解决问题。

【参考程序】

```
1. #include <bits/stdc++.h>
2. using namespace std;
3. int n, x, op, num[10005], len;
4. void put(int x) {
```

```
5.      // put 操作
6.      len++;
7.      num[len] = x;
8.      int son = len;
9.      int father = son / 2;
10.     while (son != 1 && num[father] > num[son]) {
11.         swap(num[son], num[father]);
12.         son /= 2;
13.         father = father / 2;
14.     }
15. }
16. int get() {
17.     // get 操作
18.     int r = num[1];
19.     swap(num[1], num[len]);
20.     len--;
21.     int father = 1;
22.     int son = father * 2;
23.     while (son <= len) {
24.         // 向下调整
25.         if (son < len && num[son] > num[son + 1])
26.             son++;
27.         if (num[son] < num[father]) {
28.             swap(num[son], num[father]);
29.             father = son;
30.             son = father * 2;
31.         }
32.         else
33.             break;
34.     }
35.     return r;
36. }
37. int main() {
38.     cin >> n;
39.     for (int i = 1; i <= n; i++) {
40.         // 建立小根堆
41.         cin >> x;
42.         put(x);
43.     }
44.     for (int i = 1; i <= n / 2; i++)
45.         get();
46.     cout << get() << endl;
```

```
47.      return 0;
48. }
```

如果将上面的程序段：

```
for( int i = 1;i < = n / 2;i++)
get( );
cout << get( ) << endl;
```

改为：

```
for( int i = 1;i < = n;i++)
cout << get( ) << " ";
```

则该程序就是堆排序的程序代码。

堆(二叉堆)排序的时间复杂度是 $O(n\lg n)$，空间复杂度是 $O(1)$，是不稳定的排序。

【例 4.5】 合并果子(NOIP2004 提高组)

【问题描述】

在一个果园里，多多已经将所有的果子打了下来，而且按果子的不同种类分成了不同的堆。多多决定把所有的果子合成一堆。

每一次合并，多多可以把两堆果子合并到一起，消耗的体力等于两堆果子的重量之和。可以看出，经过 $n - 1$ 次合并之后，所有果子被合成一堆。多多在合并果子时总共消耗的体力等于每次所耗体力之和。

因为还要花大力气把这些果子搬回家，所以多多在合并果子时要尽可能地节省体力。假定每个果子重量都为 1，并且已知果子的种类数和每种果子的重量，你的任务是设计出合并的次序方案，使多多耗费的体力最少，并输出这个最小的体力耗费值。

例如有 3 种果子，重量依次为 1,2,9。可以先将 1、2 堆合并，新堆重量为 3，耗费体力为 3。接着，将新堆与原先的第三堆合并，又得到新的堆，重量为 12，耗费体力为 12。所以多多总共耗费体力 = 3+12 = 15。可以证明 15 为最小的体力耗费值。

【输入格式】

输入有 2 行。

第 1 行：1 个整数 $n(1 \leq n \leq 10\,000)$，表示果子的种类数。

第 2 行：n 个整数,用空格分隔,第 i 个整数 $a_i(1 \leq a_i \leq 20\,000)$ 是第 i 种果子的数目。

【输出格式】

输出包括 1 行，这 1 行只包含 1 个整数，即最小的体力耗费值。输入数据保证这个值小于 2^{31}。

【输入输出样例】

输入样例	输出样例
3 1 2 9	15

【问题分析】

为了保证得到最小的体力耗费值,每次都要选重量最小的两堆果子合并,如果我们用排序来实现,由于每次要排序的数据元素在变化,时间复杂度就会很高。如果我们维护一个小根堆,开始时建堆,每次连续两次取出堆顶元素,将堆顶元素的值相加后再插入堆中,时间复杂度为 $O(n\lg n)$,就比较理想了。下面的参考程序用优先队列实现。

【参考程序】

```
1.  #include <bits/stdc++.h>
2.  using namespace std;
3.  int n, num, ans;
4.  priority_queue<int, vector<int>, greater<int>> q;
5.  int main() {
6.      cin >> n;
7.      for (int i = 1; i <= n; i++) {
8.          cin >> num;
9.          q.push(num);
10.     }
11.     for (int i = 1; i < n; i++) {
12.         int r1 = q.top();
13.         q.pop();
14.         int r2 = q.top();
15.         q.pop();
16.         ans = ans + r1 + r2;
17.         q.push(r1 + r2);
18.     }
19.     cout << ans << endl;
20.     return 0;
21. }
```

【例 4.6】 建筑抢修(JSOI2007)

【问题描述】

小刚在玩 JSOI 提供的一个称之为"建筑抢修"的电脑游戏,经过了一场激烈的战斗,T 部落消灭了所有 Z 部落的入侵者。但是 T 部落的基地里已经有 N 个建筑设施受到了严重的损伤,如果不尽快修复的话,这些建筑设施将会完全毁坏。现在的情况是:T 部落基地里只有一个修理工人,虽然他能瞬间到达任何一个建筑,但是修复每个建筑都需要一定的时间。同时,修理工人修理完一个建筑才能修理下一个建筑,不能同时修理多个建筑。如果某个建筑在一段时间之内没有完全修理完毕,这个建筑就报废了。你的任务是帮小刚合理制订一个修理顺序,以抢修尽可能多的建筑。

【输入格式】

第 1 行:1 个整数 N。

接下来 N 行:每行 2 个整数 T_1,T_2,表示修理这个建筑需要 T_1 秒,如果在 T_2 秒之内还没有修理完成,这个建筑就报废了。

【输出格式】

输出 1 个整数 S,表示最多可以抢修 S 个建筑。

【输入输出样例】

输入样例	输出样例
4 100 200 200 1300 1000 1250 2000 3200	3

【问题分析】

首先,对于所有建筑以 t_2 为关键字进行升序排序,从而确保更多的建筑在规定的时间内修好。如果某建筑在规定的时间 t_2 之前能修好,那肯定是要修的;如果不能修复这个建筑,那说明现在要报废一个建筑,是不是就一定要报废当前建筑呢? 如果在 t_2 时间之前要放弃修理一个建筑,显然要放弃修理时间最长的那个建筑。

【参考程序】

```
1.  #include <bits/stdc++.h>
2.  using namespace std;
3.  #define int long long
4.  const int N = 150005;
5.  struct node {
6.      int t1, t2; // t1 表示修理时间,t2 表示要在 t2 之前修好
7.      friend bool operator<(node X, node Y) {
8.          return X.t2 < Y.t2;
9.      }
10. } b[N];
11. int n, ans, s;
12. priority_queue<int> q; // 大根堆
13. signed main() {
14.     cin >> n;
15.     for (int i = 1; i <= n; i++)
16.         cin >> b[i].t1 >> b[i].t2;
17.     sort(b + 1, b + 1 + n); // 以 t2 为关键字从小到大排序
18.     for (int i = 1; i <= n; i++) {
19.         s += b[i].t1; // 当前修理花费的总时间
20.         ans++;
21.         q.push(b[i].t1);
```

```
22.          if ( s > b[i].t2 ) {
23.                  s - = q.top( ) ; // 选择当前修理时间最长的建筑舍弃
24.                  q.pop( ) ;
25.                  ans-- ;
26.          }
27.      }
28.      cout << ans << endl;
29.      return 0 ;
30. }
```

请读者完成对应习题 4-4 ~ 4-5。

4.4 字 典 树

如果要对字符串进行保存、统计、查询等操作,我们可以用字典树来实现。

4.4.1 字典树的定义

字典树又称单词查找树或 Trie 树,是一种树形结构,经常被搜索引擎系统用于文本词频统计。它的优点是:利用字符串的公共前缀来节约存储空间,最大限度地减少无谓的字符串比较,查询效率比哈希表高。

字典树的核心思想是利用字符串的公共前缀来提高查询速度。

对于字符串集合{b,am,be,bef,bee,bed,ac,his},我们可以用图 4-16 表示。

4.4.2 字典树的性质

① 根结点不包含字符,除根结点外的其他结点都包含一个字符。

② 从根结点到某一结点,路径上经过的字符连接起来,就是该结点对应的字符串。如:0→1→4→6 所表示的就是字符串 bee。

③ 每个结点的所有子结点包含的字符串不相同。

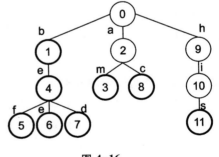

图 4-16

4.4.3 字典树的存储

我们可以用二维数组存储字典树,第一维记录当前结点的编号,编号的最大值就是所有字符串的长度和,第二维记录当前结点所表示的字符。

如果字典树所表示的字符串都是小写字母组成的,字符串的长度和不超过 10^5,我们可以这样定义:

int tree[100005][26];//tree[p][c]表示从 p 对应结点到 c 对应结点之间是否有路径,tree[p][c]为

0 则表示没有

图 4-16 中的 1、3、4、5、6、7、8、11 就是单词的结尾结点,其他结点不是,为了区分当前结点是否为单词的结尾结点,我们定义一个 flag 数组:

bool flag[100005];//flag[i]的值如果为 true 则表示第 i 个结点为单词的结尾结点

4.4.4 字典树的操作

(1)插入操作(Insert)

对于字符串集合{b,am,be,bef,bee,bed,ac,his},对一个字符串"b",若字典树中没有字符 b,就插入字符 b(结点 1,为单词的结尾结点);对于字符串"am",若字典树中没有字符 a,就插入字符 a(结点 2),没有字符 m,就插入字符 m(结点 3,为单词的结尾结点);对于字符串"be",若字典树中有字符 b,就在 b 的子树中找字符 e,没有就插入字符 e(结点 4,为单词的结尾结点);以此类推,建立起图 4-16 的字典树。

【核心代码】

```
1. void Insert(string s) {
2.     int r = 0;
3.     for (int i = 0; i < s.size(); i++) {
4.         int letter = s[i] - 'a'; // 将小写字母转为相应的数
5.         if (! tree[r][letter])      // 如果没有对应的结点,就新建一个
6.             tree[r][letter] = cnt++;
7.         r = tree[r][letter];
8.     }
9.     flag[r] = true; // 表示第 r 个结点为单词的结尾结点
10. }
```

(2)查询操作(Find)

下面为在字典树中查找某一单词的操作步骤:

- 从根结点开始依次查询;
- 取得要查询关键词的第一个字母,并根据该字母选择对应的子树,然后从该子树继续进行查询;
- 在相应的子树上,根据要查找关键词的第二个字母选择对应的子树进行查询;
- 依此类推,如根据当前字母未找到相应的子树则中止查询并返回未查到该关键词;
- 如果到某一结点关键词的所有字母已被查询到,如当前结点是单词的结尾结点则查询成功,否则为没有查询到该单词。

【核心代码】

```
1. bool Find(string s) {
2.     int r = 0;
```

```
3.     for(int i = 0; i < s.size(); i++) {
4.         if (! tree[r][s[i] - 'a'])
5.             return false;//字符串中第 i 个字符未找到相应的子树
6.         r = tree[r][s[i] - 'a'];//继续在子树中查询
7.     }
8.     return flag[r];//如果 r 是单词的结尾结点,则查询到该单词。
9. }
```

【例 4.7】　点名(洛谷,P2580)

【问题描述】

给出 n 个学生的姓名,老师进行 m 次点名,根据点名的情况输出相应的结果。

【输入格式】

第 1 行:1 个整数 n,表示有 n 个学生。

接下来的 n 行:每行 1 个字符串表示学生的名字(学生的名字互不相同,且只含小写字母,长度不超过 50)。

第 $n + 2$ 行:1 个整数 m,表示老师进行了 m 次点名。

接下来 m 行:每行 1 个字符串,表示老师报的名字(只含小写字母,且长度不超过 50)。

【输出格式】

对于老师报的名字,输出一行。

如果该名字正确且是第一次出现,输出 OK,如果该名字错误,输出 WRONG,如果该名字正确但不是第一次出现,输出 REPEAT。

【输入输出样例】

输入样例	输出样例
5 a b c ad acd 3 a a e	OK REPEAT WRONG

【数据规模与约定】

对于 40% 的数据,$n \leq 1\,000$,$m \leq 2\,000$;

对于 70% 的数据,$n \leq 10^4$,$m \leq 2 \times 10^4$;

对于 100% 的数据,$n \leq 10^4$,$m \leq 10^5$。

【问题分析】

这题涉及对字符串的保存和多次查询,我们可以用字典树来实现。将 N 个学生的姓名用字典树来保存。将 flag[i] 由 bool 类型改为 int 类型,查询过一次单词结尾结点对应的 flag[i] 就加 1,根据 flag[i] 就可以输出正确的结果。

【参考程序】

```
1.  #include <bits/stdc++.h>
2.  using namespace std;
3.  #define int long long
4.  const int N = 500005;
5.  int n, m, tree[N][30], flag[N], cnt;
6.  string s;
7.  void Insert(string s) {
8.      int r = 0;
9.      for (int i = 0; i < s.size(); i++) {
10.         if (!tree[r][s[i] - 'a'])
11.             tree[r][s[i] - 'a'] = ++cnt;
12.         r = tree[r][s[i] - 'a'];
13.     }
14.     flag[r] = 1;  // 表示是单词的结尾结点
15. }
16. int Find(string s) {
17.     int r = 0;
18.     for (int i = 0; i < s.size(); i++) {
19.         if (!tree[r][s[i] - 'a'])
20.             return 0;
21.         r = tree[r][s[i] - 'a'];
22.     }
23.     return flag[r]++;  // 访问一次后加 1
24. }
25. signed main() {
26.     cin >> n;
27.     for (int i = 1; i <= n; i++) {
28.         cin >> s;
29.         Insert(s);
30.     }
31.     cin >> m;
32.     for (int i = 1; i <= m; i++) {
33.         cin >> s;
34.         int p = Find(s);
35.         if (p == 0)
36.             cout << "WRONG" << endl;
37.         if (p == 1)
38.             cout << "OK" << endl;
```

```
39.        if ( p > 1)
40.            cout << "REPEAT" << endl;
41.    }
42.    return 0;
43. }
```

【例 4.8】　电话清单（UVA11362）

【问题描述】

给定电话号码表,确定所有号码都是唯一的,即没有号码是另一个号码的前缀。

假设有下面的电话号码:

紧急电话: 911

爱丽丝电话: 97625999

鲍勃电话: 91125426

在这种情况下,无法呼叫 Bob,因为一旦您拨打 Bob 电话号码的前三位数,中心就会将您的呼叫转至紧急电话。

【输入格式】

输入的第 1 行给出 1 个整数 t,表示有 t 组数据。接下来的 1 行,包含 1 个整数 n,表示电话号码的数量。 接下来有 n 行,每行有 1 个唯一的电话号码,每个电话号码不超过十位数字。

【输入样例】

对于每组测试数据,如果所有号码都是唯一的输出"YES",否则输出"NO"。

【输入输出样例】

输入样例	输出样例
2 3 911 97625999 91125426 5 113 12340 123440 12345 98346	NO YES

【数据规模与约定】

对于 100% 的数据, $1 \leqslant t \leqslant 40$, $1 \leqslant n \leqslant 10\,000$。

【问题分析】

把电话号码作为字符串,本题不需要执行操作,只要在建字典树时进行相应的处理就可以。具体操作时分几种情况讨论：说明要插入字典树的字符串的前缀字符串已经在字典树中,插入字典树的字符串是字典树中一个字符串的前缀,当前插入字典树的字符串和前面的字符串没有前缀关系。

【参考程序】

```cpp
1. #include <bits/stdc++.h>
2. using namespace std;
3. #define int long long
4. const int N = 100005;
5. int t, n, tree[N][15], cnt;
6. bool flag[N], vis[N], Yes;
7. string s;
8. void Insert(string s) {
9.     int r = 0;
10.    for (int i = 0; i < s.size(); i++) {
11.        int num = s[i] - '0';
12.        if (! tree[r][num]) {
13.            // 如果没有对应的结点,就新建一个
14.            tree[r][num] = ++cnt;
15.            vis[r] = true;
16.        }
17.        if (flag[r]) {
18.            // 说明要插入字典树的字符串的前缀字符串已经在字典树中
19.            Yes = false;
20.            return;
21.        }
22.        r = tree[r][num];
23.    }
24.    if (vis[r]) // 插入字典树的字符串是字典树中一个字符串的前缀
25.        Yes = false;
26.    flag[r] = true;
27. }
28. signed main() {
29.     cin >> t;
30.     while (t--) {
31.         cin >> n;
32.         cnt = 0;
33.         memset(tree, 0, sizeof(tree));
34.         memset(flag, false, sizeof(flag));
35.         memset(vis, false, sizeof(vis));
36.         Yes = true;
37.         for (int i = 1; i <= n; i++) {
```

```
38.            cin >> s;
39.            if ( Yes )
40.                Insert( s ) ;
41.        }
42.        if ( Yes )
43.            puts( "YES") ;
44.        else
45.            puts( "NO") ;
46.    }
47.    return 0;
48. }
```

请读者完成对应习题 4-6～4-7。

4.5 线 段 树

4.5.1 线段树的定义

线段树(Segment Tree)是一种实现简单、支持多种操作的平衡二叉树。它的每个结点都代表一段区间。一个 $[L, R]$ 区间的左儿子代表的区间是 $[L, (L+R)/2]$，右儿子代表的区间是 $[(L+R)/2+1, R]$。叶子结点的区间只有一个数，即 $L = R$。在一些问题中，左右儿子区间也可以按照 $[L, (L+R)/2]$ 和 $[(L+R)/2, R]$ 划分为叶子结点的长度为 1 的区间，即 $L + 1 = R$。不难发现，一旦线段树叶子结点个数确定了，整棵树的结构就固定不变了。

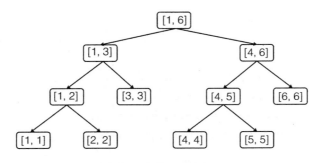

图 4-17 线段树的表示

4.5.2 线段树的存储方式

线段树是一个树形结构，其上的信息都保存在树的结点中。一般采用结构体的方式建立结点，一个结点的基本结构如下：

```
struct tree_node{
    int lft,rgt;//区间端点
    //除了区间信息,还要维护一些此区间的其他信息
    int s,lazy;//s 表示区间[lft,rgt]的和,lazy 是延迟标记
}seg_tree[4 * N];
```

当叶子结点个数为 N 时,表示线段树的数组大小应为 $4 \times N$。 证明如下:

当 N 为 2 的正整数次幂时,设 $N = 2^k$,此时线段树正好是一棵叶子结点数为 N 的满二叉树,设根结点深度为 0,则这棵树的深度为 $\lg N = k$,在同样深度的二叉树中此时结点个数最多。

结点个数和为: $2^0 + 2^1 + \cdots + 2^k = 2^{k+1} - 1 = 2 \times N - 1$。

如 N 不是 2 的正整数次幂时,则线段树的深度最大为 $\text{floor}(\lg N) + 1$,则结点个数最多为: $2^0 + 2^1 + \cdots + 2^{\text{floor}(\lg N)+1} \leqslant 2^{\lg N} \times 4 - 1 = 4 \times N - 1$。

4.5.3 线段树的基本操作

线段树的操作主要包括线段树的建立、区间修改、区间查询等。

(1) 线段树的建立

根据线段树的定义,将区间 $[x,y]$ 作为父结点,将区间 $[x, (x+y)/2]$ 作为左儿子,将区间 $[(x+y)/2+1, y]$ 作为右儿子代表,递归建立线段树,时间复杂度为 $O(n)$。

```
1.  #define lson (r << 1)
2.  #define rson ((r << 1) + 1)
3.  void build(int r, int x, int y) {
4.      // 建树
5.      seg_tree[r].lft = x, seg_tree[r].rgt = y, seg_tree[r].lazy = 0;
6.      if (x == y) {
7.          seg_tree[r].s = num[x];
8.          return;
9.      }
10.     int mid = (x + y) / 2; // 没有到叶子结点,找出 mid
11.     build(lson, x, mid), build(rson, mid + 1, y);
12.     seg_tree[r].s = seg_tree[lson].s + seg_tree[rson].s;
13.     // 更新父结点相应的值,也就是下面讲的 push_up 操作
14. }
```

区间修改时,最简单的做法就是拆分区间为叶子单点,然后修改,然后向上逐层更新结点值,但是很明显这样做时间复杂度会很高,修改一个叶子结点的时间复杂度最高为 $O(\lg n)$,修改整个区间时间复杂度最大为 $O(n)$,如果执行 m 次修改得到的时间复杂度最大为 $O(mn)$。

为了提高程序效率,我们在每个结点上维护一个延迟标记 lazy,表示每个结点要变化的值。用到哪一个结点,lazy 值下传一层,避免浪费时间更新那些不必要的结点。

（2）线段树区间修改

以给区间 $[x,y]$ 每个元都加上 v 为例，若区间 $[x,y]$ 与当前结点表示的区间没有交集，则返回；若区间 $[x,y]$ 与当前结点表示的区间存在交集，则拆分区间处理；若区间 $[x,y]$ 完全包含了当前结点表示的区间，则修改该结点的 s、$lazy$ 值。

```
1. void change( int r, int x, int y, int v) {
2.     if ( seg_tree[ r].lft > y || seg_tree[ r].rgt < x)
3.         return;
4.     // 不在区间内,就退出
5.     if ( seg_tree[ r].lft >= x && seg_tree[ r].rgt < = y) {
6.         // 完全在区间内,直接加
7.         seg_tree[ r].s += ( seg_tree[ r].rgt − seg_tree[ r].lft + 1) * v;
8.         seg_tree[ r].lazy += v;
9.         return;
10.    }
11.    if ( seg_tree[ r].lazy)
12.        pushdown( r);                              // 延迟标记下移
13.    change( lson, x, y, v), change( rson, x, y, v); // 分别判断
14.    seg_tree[ r].s = seg_tree[ lson].s + seg_tree[ rson].s;
15.    // 更新父结点的区间和
16. }
```

除了区间修改,线段树也可以实现单点修改操作。

（3）线段树查询

以查询区间和为例,若要查询的区间与当前结点表示的区间没有交集,则返回 0;若要查询的区间与当前结点表示的区间存在交集,则拆分查询区间查询;若要查询的区间完全包含了当前结点表示的区间,则直接返回该结点表示的区间和。

```
1. long long query( int r, int x, int y) {
2.     if ( seg_tree[ r].lft > y || seg_tree[ r].rgt < x)
3.         return 0; // 不在查询区间内,就退出
4.     if ( seg_tree[ r].lft >= x && seg_tree[ r].rgt < = y)
5.         return seg_tree[ r].s; // 完全在查询区间内,直接输出
6.     if ( seg_tree[ r].lazy)
7.         pushdown( r);//标记下传
8.     return query( lson, x, y) + query( rson, x, y);
9.     // 拆分查询区间,输出要查询区间的和
10. }
```

（4）向下传递值（push_down）

一般在修改、查询线段树时,需要向下传递值。

```
1. void push_down( int r) {
2.     seg_tree[ lson].lazy += seg_tree[ r].lazy;
```

```
3.    // 传给左孩子
4.    seg_tree[lson].s += (seg_tree[lson].rgt - seg_tree[lson].lft + 1) * seg_tree[r].lazy;
5.    // 更新左孩子的区间和
6.    seg_tree[rson].lazy += seg_tree[r].lazy;
7.    // 传给右孩子
8.    seg_tree[rson].s += (seg_tree[rson].rgt - seg_tree[rson].lft + 1) * seg_tree[r].lazy;
9.    // 更新右孩子的区间和
10.   seg_tree[r].lazy = 0;
11.   // 父结点的 lazy 值变为 0
12. }
```

（5）向上传递值（push_up）

push_up 操作的目的是维护父亲结点与孩子结点之间的逻辑关系，也就是合并两个孩子结点的信息给父结点。我们访问线段时通过递归实现，当孩子结点的值发生变化时，要层层回溯更新对应的父亲结点的值，一直更新到父结点，这才能确保线段树的正确。

```
1. void push_down(int r) {
2.    seg_tree[r].s = seg_tree[lson].s + seg_tree[rson].s;
3. }
```

（6）标记永久化

我们在执行区间操作时用 lazy 标记，但是在标记下放（push_down）时会耗费大量的时间，所以我们可以尝试标记永久化，这样我们就不用下放标记，同时代码也更加简洁，也可以大大降低出错率。

永久化的标记是不会变的，这个不变是不会变小（非永久化的标记在执行 push_down 时会清 0）。

实现过程：update[L, R] 时，把所有包含 [L, R] 的区间更新（显然修改 [L, R] 能影响到的就是这些区间），然后在 [L, R] 上打上标记；query[L, R] 时，自顶向下找区间 [L, R]，统计从根到目标结点的路上标记的和，结果就是目标区间的值加上路径上所有标记的影响。

① 线段树区间修改，标记永久化

将区间 [x, y] 内的每个数加上 d，把涉及的区间打上标记。

```
1. void update(int r, int x int y, int d) {
2.    if (x <= tree[r].lft && tree[r].rgt <= y) {
3.        seg_tree[r].lazy += d; //增加延迟标记
4.        return;
5.    }
6.    tree[r].sum += (min(tree[r].rgt, y) - max(tree[r].lft, x) + 1) * d;
7.    int mid = (tree[r].lft + tree[r].rgt) / 2;
8.    if (x <= mid)
9.        update(lson, x, y, d);
10.   if (y > mid)
```

```
11.          update(rson, x, y, d);
12. }
```

② 线段树区间查询,标记永久化

从根结点开始找区间 $[x,y]$,统计从根到目标结点的路上标记的和,结果就是目标区间的值加上路径上所有标记的影响。

```
1. long long query(int r, int x, int y) {
2.     if (x < = tree[r].lft && tree[r].rgt < = y)
3.         return tree[r].sum + (tree[r].rgt - tree[r].lft + 1) * tree[r].lazy;
4.     int mid = (tree[r].lft + tree[r].rgt) / 2;
5.     int res = (min(tree[r].rgt, y) - max(tree[r].lft, x) + 1) * tree[r].lazy;
6.     if (x < = mid)
7.         res += query(lson, x, y);
8.     if (y > mid)
9.         res += query(rson, x, y);
10.    return res;
11. }
```

【例 4.9】　线段树（洛谷 P3372）

【问题描述】

已知一个数列,你需要进行下面两种操作:

（1）将某区间每一个数加上 k。

（2）求出某区间每一个数的和。

【输入格式】

第 1 行:2 个整数 n、m,分别表示该数列数字的个数和操作的总个数。

第 2 行:n 个用空格分隔的整数,其中第 i 个数字表示数列第 i 项的初始值。

接下来 m 行:每行包含 3 或 4 个整数,表示一个操作,具体如下:

（1）1 x y k:将区间 $[x,y]$ 内每个数加上 k。

（2）2 x y:输出区间 $[x,y]$ 内每个数的和。

【输出格式】

输出包含若干行整数,即所有操作的结果。

【输入输出样例】

输入样例	输出样例
5 5 1 5 4 2 3 2 2 4 1 2 3 2 2 3 4 1 1 5 1 2 1 4	11 8 20

【数据规模与约定】

对于 30% 的数据：$n \leq 8$，$m \leq 10$；

对于 70% 的数据：$n \leq 10^3$，$m \leq 10^4$；

对于 100% 的数据：$1 \leq n$，$m \leq 10^5$。

保证任意时刻数列中所有元素的绝对值之和 $\leq 10^{18}$。

【问题分析】

本题主要执行两个操作，分别是区间修改、区间求和，是经典的线段树模板题。下面的参考程序中标记永久化。

【参考程序】

```
1.  #include<bits/stdc++.h>
2.  using namespace std;
3.  #define int long long
4.  #define lson (r<<1)
5.  #define rson ((r<<1)+1)
6.  const int N = 1e5+5;
7.  struct node {
8.      int lft,rgt,sum,lazy;
9.  } tree[N * 4];
10. int n,m,op,x,y,k,num[N];
11. void push_up(int r) {
12.     tree[r].sum = tree[lson].sum + tree[rson].sum;
13. }
14. void build(int r,int Lft,int Rgt) {//建线段树
15.     tree[r].lft = Lft;
16.     tree[r].rgt = Rgt;
17.     if (Lft == Rgt) {
18.         tree[r].sum = num[Lft];
19.         return;
20.     }
21.     int mid = (Lft + Rgt) / 2;
22.     build(lson,Lft,mid);
23.     build(rson,mid+1,Rgt);
24.     push_up(r);
25. }
26. int query(int r, int x, int y) {//区间查询,标记永久化
27.     if (x <= tree[r].lft && tree[r].rgt <= y)
28.         return tree[r].sum + (tree[r].rgt - tree[r].lft + 1) * tree[r].lazy;
29.     int res = (min(tree[r].rgt, y) - max(tree[r].lft, x) + 1) * tree[r].lazy;
30.     int mid = (tree[r].lft + tree[r].rgt) / 2;
```

```
31.    if ( x < = mid )
32.        res += query( lson, x, y ) ;
33.    if ( y > mid )
34.        res += query( rson, x, y ) ;
35.    return res ;
36. }
37. void update( int r, int x, int y ) {//区间修改,标记永久化
38.    if ( x < = tree[ r ].lft && tree[ r ].rgt < = y ) {
39.        tree[ r ].lazy += k; // 增加延迟标记
40.        return ;
41.    }
42.    tree[ r ].sum += ( min( tree[ r ].rgt, y ) - max( tree[ r ].lft, x ) + 1 ) *  k;
43.    int mid = ( tree[ r ].lft + tree[ r ].rgt ) / 2;
44.    if ( x < = mid )
45.        update( lson, x, y ) ;
46.    if ( y > mid )
47.        update( rson, x, y ) ;
48. }
49. signed main( ) {
50.    cin >> n >> m;
51.    for( int i = 1; i < = n; i++ )
52.        cin >> num[ i ] ;
53.    build( 1,1,n ) ;
54.    while( m-- ) {
55.        cin >> op >> x >> y;
56.        if ( op == 2 )
57.            cout << query( 1,x,y ) << endl;
58.        else {
59.            cin >> k;
60.            update( 1,x,y ) ;
61.        }
62.    }
63.    return 0;
64. }
```

【例 4.10】 排队(USACO)

【问题描述】

每天,农夫 John 的 N 头牛总是按序号排成一排。有一天,John 决定让一些牛玩一场飞盘比赛。他准备找一群在队伍中位置连续的牛来进行比赛。但是为了避免身高造成的水平

悬殊,牛的身高不应该相差太大。

John 准备了 Q 个可能的牛的选择和所有牛的身高。他想知道每一组里面最高和最矮的牛的身高差别。

【输入格式】

第 1 行:2 两个用空格隔开的整数 N 和 Q。

第 $2 \sim N+1$ 行:每行包含 1 个整数,第 $i+1$ 行的整数表示的是第 i 头牛的身高。

第 $N+2 \sim N+Q+1$ 行,每行包含两个整数 A 和 B,表示序号从 A 到 B 的所有牛。

【输出格式】

有 Q 行,每行 1 个整数,表示最高和最矮的牛的身高差。

【输入输出样例】

输入样例	输出样例
6 3 1 7 3 4 2 5 1 5 4 6 2 2	6 3 0

【数据规模与约定】

对于 100% 的数据,有 $1 \leqslant N \leqslant 50\,000$,$1 \leqslant Q \leqslant 180\,000$,$1 \leqslant$ 牛的身高 $\leqslant 1\,000\,000$,$1 \leqslant A \leqslant B \leqslant N$。

【问题分析】

本题需要多次查询区间内最大值、最小值,可以用线段树维护区间最值。

【核心代码】

```
1. int queryMax( int r, int x, int y) {
2.      // 查询区间最大值
3.      if ( x < = tree[ r ].lft && tree[ r ].rgt < = y)
4.          return tree[ r ].maxnum;
5.      int mid = ( tree[ r ].lft + tree[ r ].rgt) >> 1;
6.      int lmax = 0, rmax = 0;
7.      if ( x < = mid && y >= tree[ r ].lft)
8.          lmax = queryMax( lson, x, y);
9.      if ( y > mid && x < = tree[ r ].rgt)
10.         rmax = queryMax( rson, x, y);
11.     return max( lmax, rmax);
```

```
12. }
13. int queryMin( int r, int x, int y) {
14.     // 查询区间最小值
15.     if ( x < = tree[ r ].lft && tree[ r ].rgt < = y)
16.         return tree[ r ].minnum;
17.     int mid = ( tree[ r ].lft + tree[ r ].rgt) >> 1;
18.     int lmin = inf, rmin = inf;
19.     if ( x < = mid && y >= tree[ r ].lft)
20.         lmin = queryMin( lson, x, y);
21.     if ( y > mid && x < = tree[ r ].rgt)
22.         rmin = queryMin( rson, x, y);
23.     return min( lmin, rmin);
24. }
```

【例 4.11】　住宾馆（USACO）

【问题描述】

奶牛们最近的旅游计划，是到苏必利尔湖畔，享受那里的湖光山色，以及明媚的阳光。作为整个旅游的策划者和负责人，贝茜选择在湖边的一家著名的旅馆住宿。这个巨大的旅馆一共有 $N(1 \le N \le 50\,000)$ 间客房，它们在同一层楼中顺次一字排开，在任何一个房间里，只需要拉开窗帘，就能见到波光粼粼的湖面。

贝茜一行，以及其他慕名而来的旅游者，都是一批批地来到旅馆的服务台，希望能订到 $D_i(1 \le D_i \le N)$ 间连续的房间。服务台的接待工作也很简单：如果存在 r 满足编号为 $r \sim r + D_i - 1$ 的房间均空着，服务员就将这一批顾客安排到这些房间入住；如果没有满足条件的 r，他会道歉说没有足够的空房间，请顾客们另找一家宾馆。如果有多个满足条件的 r，服务员会选择值最小的一个。

旅馆中的退房服务也是批量进行的。每一个退房请求由 2 个数字 X_i、D_i 描述，表示编号为 $X_i \sim X_i + D_i - 1$（$1 \le X_i \le N - D_i + 1$）房间中的客人全部离开。退房前，请求退掉的房间中的一些，甚至是所有，可能本来就无人入住。

而你的工作，就是写一个程序，帮服务员为旅客安排房间。你的程序一共需要处理 $M(1 \le M < 50\,000)$ 个按输入次序到来的住店或退房的请求。第一个请求到来前，旅店中所有房间都是空闲的。

【输入格式】

输入共 $M + 1$ 行。

第 1 行：2 个用空格隔开的整数 N 和 M。

第 $2 \sim M + 1$ 行：第 $i + 1$ 行描述了第 i 个请求，如果它是一个订房请求，则用 2 个用空格隔开的整数 1 和 D_i 描述；如果它是一个退房请求，用 3 个以空格隔开的数字 2、X_i、D_i 描述。

【输出格式】

对于每个订房请求，输出 1 个独占 1 行的数字：如果请求能被满足，输出满足条件的最小的 r；如果请求无法被满足，输出 0。

【输入输出样例】

输入样例	输出样例
10 6	1
1 3	4
1 3	7
1 3	0
1 3	5
2 5 5	
1 6	

【问题分析】

试题中订房操作涉及区间查询、区间修改,退房操作涉及区间修改,那自然容易想到用线段树维护。线段树需要维护每一段区间的最大连续空房的数量 sum,但是只维护这一个值不能解决问题,因为这时当我们更新孩子结点信息时没法直接让父亲结点的 sum 等于两个孩子结点的 sum 和,比如左孩子在 1~4 中有三个连续空房 1、2、3,右孩子在 5~8 中有三个连续空房 6、7、8,这时父亲结点的 sum 值只能是 3,而不可能为 6。因此,我们还要维护值表示从左开始的最大连续空房数的值 l_{max},维护值从右开始的最大连续空房数的值 r_{max},维护表示区间长度的值 l_{en}。

【参考程序】

```
1. #include <bits/stdc++.h>
2. using namespace std;
3. const int N = 50005;
4. int n, m;
5. #define mid (lft + rgt >> 1)
6. #define lson (r << 1)
7. #define rson (r << 1 | 1)
8. struct node {
9.     int sum, lmax, rmax, lazy, len;
10.     // sum 表示区间最大连续空房间数
11.     // lmax 表示从左开始的最大连续空房数
12.     // rmax 表示从右开始的最大连续空房数
13.     // len 表示区间长度
14. } seg[N * 4];
15. void build(int r, int lft, int rgt) {
16.     seg[r].lazy = 0; // 懒标记清零
17.     seg[r].sum = seg[r].len = seg[r].lmax = seg[r].rmax = rgt - lft + 1;
18.     if (lft == rgt)
```

```
19.          return;
20.      build(lson, lft, mid);
21.      build(rson, mid + 1, rgt);
22. }
23. void push_down(int r) {
24.      if (r > N * 2 - 1)
25.          return;
26.      if (seg[r].lazy == 0)
27.          return;
28.      // 没有标记直接返回
29.      if (seg[r].lazy == 1) {
30.          // 这个区间住人
31.          seg[lson].lazy = seg[rson].lazy = 1; // 下传懒标记
32.          seg[lson].sum = seg[lson].lmax = seg[lson].rmax = 0;
33.          seg[rson].sum = seg[rson].lmax = seg[rson].rmax = 0;
34.          // 这一段区间没有剩余房间
35.      }
36.      if (seg[r].lazy == 2) {
37.          // 退房
38.          seg[lson].lazy = seg[rson].lazy = 2;
39.          seg[lson].sum = seg[lson].lmax = seg[lson].rmax = seg[lson].len;
40.          seg[rson].sum = seg[rson].lmax = seg[rson].rmax = seg[rson].len;
41.          // 这一段区间房间全部是空的
42.      }
43.      seg[r].lazy = 0; // 懒标记清零
44. }
45. void push_up(int r) {
46.      if (seg[lson].lmax == seg[lson].len) // 左区间全为空房
47.          seg[r].lmax = seg[lson].len + seg[rson].lmax;
48.      // 那么左区间全部可住,再加上右区间从左开始的最长区间
49.      else
50.          seg[r].lmax = seg[lson].lmax;
51.      // 否则父结点的 lmax 等于左区间的 lmax
52.      if (seg[rson].rmax == seg[rson].len) // 右区间全为空房
53.          seg[r].rmax = seg[rson].len + seg[lson].rmax;
54.      else
55.          seg[r].rmax = seg[rson].rmax;
56.      seg[r].sum = max(max(seg[lson].sum, seg[rson].sum), seg[lson].rmax + seg[rson].
                        lmax);
57.      // 全在左边的,全在右边的,跨越左右区间的
58. }
```

```
59. void change( int r, int tag, int lft, int rgt, int L, int R) {
60.      // tag = 1 代表没人住,tag = 2 代表有人住,[L,R]是要修改的区间
61.      push_down(r); // 下放懒标记
62.      if ( L <= lft && rgt <= R) {
63.          // 如果要修改的区间完全覆盖了当前结点所代表的区间
64.          if ( tag == 1)
65.              seg[r].sum = seg[r].lmax = seg[r].rmax = 0;
66.          // 开房,这一段房间全部不可用
67.          else
68.              seg[r].sum = seg[r].lmax = seg[r].rmax = seg[r].len;
69.          // 退房,这一段区间全部可用
70.          seg[r].lazy = tag; // 更新懒标记
71.          return;
72.      }
73.      if ( L <= mid)
74.          change( lson, tag, lft, mid, L, R);
75.      if ( R > mid)
76.          change( rson, tag, mid +1, rgt, L, R);
77.      // 修改左右子树
78.      push_up(r);
79. }

80. int que( int r, int lft, int rgt, int Len) {
81.      if ( lft == rgt)
82.          return lft; // 如果找到对应区间,返回左端点
83.      push_down(r);    // 下放懒标记
84.      if ( seg[lson].sum >= Len)
85.          return que( lson, lft, mid, Len);
86.      // 如果左区间即可找到足够多的房间,就在左区间找
87.      if ( seg[lson].rmax + seg[rson].lmax >= Len)
88.          return mid - seg[lson].rmax +1;
89.      // 如果在中间能找到足够多的房间,答案就是左区间从右开始的最长连续区间的左端点
90.      return que( rson, mid +1, rgt, Len);
91.      // 否则就在右边找
92. }

93. int main() {
94.      cin >> n >> m;
95.      build(1, 1, n); // 建树
96.      for ( int i = 1; i <= m; i++) {
97.          int op, x, d;
98.          cin >> op;
99.          if ( op == 1) {
```

```
100.            cin >> d;
101.            if ( seg[ 1 ].sum >= d ) {
102.                // 如果存在这么长的区间才找
103.                int left = que(1, 1, n, d);
104.                printf("% d\n", left);
105.                change(1, 1, 1, n, left, left + d − 1);
106.                // 找到之后记得修改
107.            }
108.             else
109.                cout << 0 << "\n"; // 否则找不到
110.        }
111.        else {
112.            cin >> x >> d;
113.            change(1, 2, 1, n, x, x + d − 1); // 退房
114.        }
115.    }
116.    return 0;
117. }
```

【例 4.12】 苹果树（POJ3321）

【题目描述】

给定一棵有 n 个结点的苹果树,每个结点开始有一个苹果,对这个树执行 m 次操作:

（1）修改:修改时,如果这一结点有苹果则改为无苹果,否则将这结点改为有苹果。

（2）查询:查询某一个结点为根的子树上有多少个苹果。

注意:苹果只能长在结点上,并且不会有两个苹果长在同一个结点上。1 号结点为根结点。

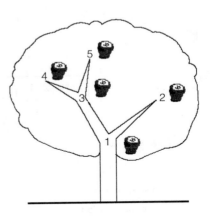

图 4-18 苹果树

【输入格式】

第 1 行:1 个整数 n,表示这棵苹果树有 n 个结点。

以下 $n − 1$ 行:每行包含 2 个用空格隔开的整数 u 和 v,表示 u、v 两结点间有树枝相连。

第 $n + 1$ 行:1 个整数 m,表示有 m 个修改或查询操作。

以下 m 行:每行包含 1 个字符（'C' 或 'Q'）和 1 个整数 x。'C' 表示将 x 结点处的苹果有无情况取反。'Q' 表示询问以 x 为根结点的子树中苹果的个数。

注意:苹果树开始时是长满苹果的。

【输出格式】

对于每 1 个询问输出 1 行,每行包含 1 个整数,表示苹果数。

【输入输出样例】

输入样例	输出样例
3 1 2 1 3 3 Q 1 C 2 Q 1	3 2

【数据规模与约定】

$n \leqslant 100\,000$，$m \leqslant 100\,000$。

【问题分析】

我们可以先序遍历这棵树,对每个结点根据 DFS 顺序重新编号生成的序列叫 DFS 序。

图 4-18 中的 DFS 序如图 4-19 所示

根据上面的树,观察上面的表格可以发现,每棵子树在 DFS 序中都对应着一段连续的区间,修改操作变成了修改区间内一个点的值,查询一段区间的和,用线段树维护 DFS 序即可。

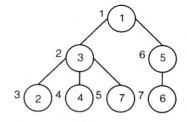

图 4-19　DFS 序

表 4-8　DFS 序的存储

结点编号	1	3	2	4	7	5	6
DFS 序号	1	2	3	4	5	6	7

【参考程序】

```
1. #include <bits/stdc++.h>
2. using namespace std;
3. #define int long long
4. #define lson (r << 1)
5. #define rson (r << 1 | 1)
6. const int N = 1e5 + 5;
7. vector<int> e[N];
8. struct node {
9.     int lft, rgt, sum;
10. } seg_tree[N << 2];
11. int n, in[N], out[N], Time, q, x;
12. char ch;
13. void push_up(int r) {
14.     seg_tree[r].sum = seg_tree[lson].sum + seg_tree[rson].sum;
```

```
15. }
16. void build( int r, int L, int R) {
17.     // 建树
18.     seg_tree[ r].lft = L;
19.     seg_tree[ r].rgt = R;
20.     if ( L == R) {
21.         seg_tree[ r].sum = 1;
22.         return;
23.     }
24.     int mid = ( L + R) >> 1;
25.     build( lson, L, mid);
26.     build( rson, mid + 1, R);
27.     push_up( r);
28. }
29. void change( int r, int x) {
30.     // 点修改
31.     int L = seg_tree[ r].lft;
32.     int R = seg_tree[ r].rgt;
33.     if ( L == R) {
34.         seg_tree[ r].sum ^ = 1;
35.         return;
36.     }
37.     int mid = ( L + R) >> 1;
38.     if ( x < = mid)
39.         change( lson, x);
40.     else
41.         change( rson, x);
42.     push_up( r);
43. }
44. int query( int r, int st, int ed) {
45.     // 将查询转换为区间查询
46.     int L = seg_tree[ r].lft;
47.     int R = seg_tree[ r].rgt;
48.     if ( st < = L && R < = ed)
49.         return seg_tree[ r].sum;
50.     int mid = ( L + R) >> 1;
51.     if ( ed < = mid) // 在左子树
52.         return query( lson, st, ed);
53.     else if ( st > mid) // 在右子树
54.         return query( rson, st, ed);
55.     else // 查询区间分布在左右区间
56.         return query( lson, st, ed) + query( rson, st, ed);
57. }
```

```
58.  void dfs( int r, int father) {
59.      // DFS 序
60.      in[ r] = ++Time; // 以 r 为根的子树在 DFS 序中的起始位置
61.      for ( int i = 0; i < e[ r].size( ); i++) {
62.          int son = e[ r][ i];
63.          if ( father == son)
64.              continue;
65.          dfs( son, r);
66.      }
67.      out[ r] = Time; // 以 r 为根的子树在 DFS 序中的结束位置
68.  }
69.  signed main( ) {
70.      cin >> n;
71.      for ( int i = 1; i < n; i++) {
72.          int u, v;
73.          cin >> u >> v;
74.          e[ u].push_back( v);
75.          e[ v].push_back( u);
76.      }
77.      dfs( 1, 0);          // DFS 序
78.      build( 1, 1, n); // 建线段树
79.      cin >> q;
80.      while ( q--) {
81.          cin >> ch >> x;
82.          if ( ch == 'C')
83.              change( 1, in[ x]);
84.          else
85.              cout << query( 1, in[ x], out[ x]) << endl;
86.          // 查询以 x 为根的子树的苹果树转换的查询区间[ in[ x], out[ x]]
87.      }
88.      return 0;
89.  }
```

【例 4.13】 遗产（CF786B）

【题目描述】

瑞克和他的同事发明了一种新的放射性婴儿食品。很多坏人都在追杀他们。所以瑞克想在坏人抓到他们之前把他的遗产交给莫蒂。

宇宙中有 n 个行星，编号为从 1 到 n。瑞克在编号为 s（地球）的行星，他不知道莫蒂在哪里。众所周知，瑞克有一把传送枪。有了这把枪，他可以打开从他所在的星球到任何其他星球（包括自己所在的星球）的单向传送门，但这把枪的使用是要付费的。

在网上有 Q 个使用传送枪的方案出售，每购买一个计划可以使用一次传送枪。如果你

想继续使用它,你可以再次购买。每个方案的购买次数都是无限的。

网络上一共有三种方案可供选择:

(1)开启一扇从星球 v 到星球 u 的传送门;

(2)开启一扇从星球 v 到编号在 $[l,r]$ 范围内任何一个星球的传送门。(即通过这扇传送门可以从一个星球通往多个星球。)

(3)开启一扇从编号在 $[l,r]$ 范围内任何一个星球到星球 v 的传送门。(即通过这扇传送门可以从多个星球出发到达同一个星球。)

瑞克不知道莫蒂在哪里,但尤妮蒂会通知他,他想为找到莫蒂做好准备,并立即开始他的旅程。所以对于每个行星(包括地球本身),他想知道他从地球到相应行星所需的最少花费。

【输入格式】

第 1 行:3 个用空格隔开的整数 n、q 和 $s(1 \leqslant n, q \leqslant 10^5, 1 \leqslant s \leqslant n)$,分别表示星球的数目,可供购买的方案数目以及地球的标号。

接下来的 q 行:网站上的 q 种方案,每行输入一种方案。

输入如果是 1 开始,格式为 $1\ v\ u\ w(1 \leqslant v, u \leqslant n, 1 \leqslant w \leqslant 10^9)$,则为第一种方案,表示星球 v 和星球 u 之间开启传送门的花费为 w。

输入如果是 2 开始,格式为 $2\ v\ l\ r\ w(1 \leqslant v \leqslant n, 1 \leqslant l \leqslant r \leqslant n, 1 \leqslant w \leqslant 10^9)$,则为第二种方案,表示从星球 v 到编号在 $[l,r]$ 范围内任何一个星球的传送门的花费为 w。

输入如果是 3 开始,格式为 $3\ v\ l\ r\ w(1 \leqslant v \leqslant n, 1 \leqslant l \leqslant r \leqslant n, 1 \leqslant w \leqslant 10^9)$,则为第三种方案,表示从编号在 $[l,r]$ 范围内任何一个星球到星球 v 的传送门的花费为 w。

【输出格式】

输出 1 行:n 个隔开的整数,分别表示从地球到第 i 个星球所需的最小钱数。如果不能到达那个星球,输出 -1。

【输入输出样例 1】

输入样例	输出样例
3 5 1 2 3 2 3 17 2 3 2 2 16 2 2 2 3 3 3 3 1 1 12 1 3 3 17	0 28 12

【输入输出样例 2】

输入样例	输出样例
4 3 1 3 4 1 3 12 2 2 3 4 10 1 2 4 16	0 -1 -1 12

【样例说明】

在样例 1 中,瑞克可以先购买第 4 个方案再购买第 2 个方案从而到达标号为 2 的星球。

【问题分析】

本题主要考察用线段树优化建图。我们已经建了一棵线段树,现在我们要执行一个操作 2,即从 8 号点向区间 $[3,7]$ 的所有点连一条权值为 w 的有向边。

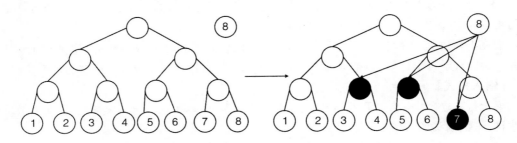

图 4-20　执行一个操作 2

操作 3 用和操作 2 类似的方法连边。从区间 $[3,7]$ 的所有点向 8 号点连一条权值为 w 有向边。

以上是操作 2 与操作 3 分开来考虑的情形,那么操作 2 与操作 3 相结合该怎么办?

考虑建两棵线段树,第一棵只连自上而下的边,第二棵只连自下而上的边。方便起见,我们把第一棵树称作"出树",第二棵树称作"入树"。

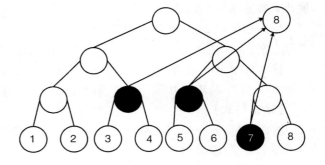

图 4-21　执行一个操作 3

初始时自上而下或自下而上地在每个结点与它父亲结点之间连边。由于两棵线段树的叶子结点实际上是同一个点,因此要在它们互相之间连一条边权为 0 的边。

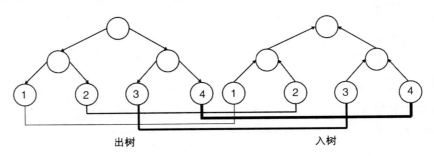

图 4-22　建图

【参考程序】

```
1. #include <bits/stdc++.h>
2. #define int long long
```

```
 3.  #define lson (fa << 1)
 4.  #define rson (fa << 1 | 1)
 5.  using namespace std;
 6.  const int N = 3e6 + 5, K = 5e5;
 7.  int n, m, s, opt, x, y, z, l, r, w, a[N], cnt, hd[N], to[N], nxt[N], val[N], d[N];
 8.  bool v[N];
 9.  priority_queue< pair< int, int> > q;
10.  void add(int x, int y, int z) {
11.      to[++cnt] = y, nxt[cnt] = hd[x], hd[x] = cnt, val[cnt] = z;
12.  }
13.  void build(int fa, int l, int r) {
14.      if (l == r) {
15.          a[l] = fa;
16.          return;
17.      }
18.      int mid = (l + r) / 2;
19.      add(fa, lson, 0), add(fa, rson, 0);
20.      add(lson + K, fa + K, 0), add(rson + K, fa + K, 0);
21.      build(lson, l, mid);
22.      build(rson, mid + 1, r);
23.  }
24.  void modify(int fa, int l, int r, int lx, int rx, int v, int w) {
25.      if (l >= lx && r <= rx) {
26.          if (opt == 2)
27.              add(v + K, fa, w);
28.          else
29.              add(fa + K, v, w);
30.          return;
31.      }
32.      int mid = (l + r) / 2;
33.      if (lx <= mid)
34.          modify(lson, l, mid, lx, rx, v, w);
35.      if (rx > mid)
36.          modify(rson, mid + 1, r, lx, rx, v, w);
37.  }
38.  void dij(int s) {
39.      memset(d, 0x3f, sizeof(d)), d[s] = 0;
40.      q.push(make_pair(0, s));
41.      while (q.size()) {
42.          int x = q.top().second;
```

```
43.          q.pop( );
44.          if ( v[ x ] )
45.               continue;
46.          v[ x ] = 1;
47.          for ( int i = hd[ x ]; i; i = nxt[ i ] ) {
48.               int y = to[ i ], z = val[ i ];
49.               if ( d[ y ] > d[ x ] + z )
50.                    d[ y ] = d[ x ] + z, q.push( make_pair( -d[ y ], y ) );
51.          }
52.     }
53. }
54. signed main( ) {
55.     scanf( "% lld% lld% lld", &n, &m, &s ), build( 1, 1, n );
56.     for ( int i = 1; i < = n; i++ )
57.          add( a[ i ], a[ i ] + K, 0 ), add( a[ i ] + K, a[ i ], 0 );
58.     for ( int i = 1; i < = m; i++ ) {
59.          scanf( "% lld", &opt );
60.          if ( opt == 1 )
61.               scanf( "% lld% lld% lld", &x, &y, &z ), add( a[ x ] + K, a[ y ], z );
62.          else {
63.               scanf( "% lld% lld% lld% lld", &x, &l, &r, &w );
64.               modify( 1, 1, n, l, r, a[ x ], w );
65.          }
66.     }
67.     dij( a[ s ] + K );
68.     for ( int i = 1; i < = n; i++ )
69.          printf( "% lld% c", d[ a[ i ] ] ! = 0x3f3f3f3f3f3f3fll ? d[ a[ i ] ] : -1, i == n ? '\n' : ' ' );
70.     return 0;
71. }
```

  线段树是一种非常高效的数据结构,特别适用于处理区间查询问题。在很多算法竞赛和实际应用中,我们需要对一个区间内的数据进行查询和修改操作。例如,求区间最值、区间和、区间乘积等等。使用线段树可以将原问题转化为若干个子区间的问题,可以递归地进行处理。这样,我们就可以在复杂度为 $O(\lg n)$ 的时间内完成一次查询或修改操作,而不需要暴力枚举区间中的所有元素,从而大大提高效率。

  此外,线段树易于理解,其实现也比较简单。因此,它是一种非常常用的数据结构,被广泛应用于算法竞赛、计算机科学和工程领域。

  请读者完成对应习题 4-8~4-9。

4.6　树 状 数 组

  对于区间求和问题,除了我们前面学过的线段树,我们还可以用树状数组来解决。树状数组(Binary Indexed Tree，BIT)，是 1994 年由 Peter M. Fenwick 首先提出的。其初衷是解决数据压缩里的累积频率(Cumulative Frequency)的计算问题，一般多用于高效计算数列的前缀和、区间和。

从树状数组的英文名可看出 BIT 本质是树结构，但是树状数组是用数组实现的，我们加一个结点 0 为根，元素对应的覆盖区域若相邻便连边，很容易建立出这么一颗有根树。

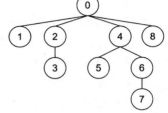

图 4-23　询问树

对于区间和 $a[1] + a[2] + a[3] + \cdots + a[i]\,(1 \leq i \leq N)$，只要将 0 到 i 这条路径上所有结点的值相加，就是要求的答案。这种方法具有的优点：利用树结构减少搜索范围，将信息集中起来，让更新数组和求和运算牵连尽量少的变量。

对于序列 $a[1], a[2], \cdots, a[n]$，增加数组 c，其中 $c[i] = a[i - 2^k + 1] + \cdots + a[i]$($k$ 为 i 在二进制形式下末尾 0 的个数)。由 c 数组的定义可以得出：

$$c[1] = a[1]$$
$$c[2] = a[1] + a[2] = c[1] + a[2]$$
$$c[3] = a[3]$$
$$c[4] = a[1] + a[2] + a[3] + a[4] = c[2] + c[3] + a[4]$$
$$c[5] = a[5]$$
$$c[6] = a[5] + a[6] = c[5] + a[6]$$
$$c[7] = a[7]$$
$$c[8] = a[1] + a[2] + a[3] + a[4] + a[5] + a[6] + a[7] + a[8]$$
$$= c[4] + c[6] + c[7] + a[8]$$

如图 4-24 所示，c 数组的结构对应一棵树，实质为一棵去除了所有右子树的线段树，我们称之为树状数组。

4.6.1　lowbit 技术

如果我们更新了 $c[1]$ 的值，相应的要更新 $c[2]$、$c[4]$、$c[8]$ 的值，将这几个变化的下标用对应的二进制表示，就是 $1(1) \to 2(1 + 1 = 10) \to 4(10 + 10 = 100) \to 8(100 + 100)$。

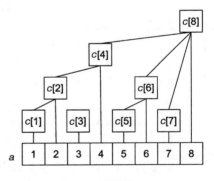

图 4-24　树状数组

如果我们要查询区间 $[1, 7]$ 的和，根据查询树，需要将 $c[7] + c[6] + c[4]$ 相加，这几个变化的下标用对应的二进制表示，就是 $7(111) \to 6(111 - 1 = 110) \to 4(110 - 10 = 100)$。

从上面我们可以看出，每次下标变化的值都是对应于下标二进制数表示中最后一个 1 所在数位的权。如下标 7 的二进制表示为 111，则变化的值为二进制 1；如下标 6 的二进制表示为 110，则变化的值为二进制 10。

我们将下标 i 变化的值定义为 lowbit(i)，树状数组更新时，是加上 lowbit(i)，查询时是减去 lowbit(i)，lowbit(i) 其实就是 $c[i]$ 能直接表示的以 i 为终点的区间和的长度。

我们可以用下面的方法求 lowbit (i)。

① lowbit $(i) = i\&(i\textasciicircum(i-1))$

当 i 为 6 时，6 ^$(6-1) = 6$^5，即 $(00001010)_2$^$(00001001)_2 = (00000010)_2 = (2)_{10}$，再执行 6&2，也就是 $(00001010)_2\&(00000010)_2 = (00000010)_2 = (2)_{10}$。

这个方法通过 3 次计算求到答案。

② lowbit $(i) = i\&-i$

在计算机系统中，数值一律用补码来表示和存储。lowbit (i) 中的 i 为正数，对于负数来说，对应原码时，符号位不变，其他各位按位取反，补码是在反码的基础上加 1，那么补码最末尾的 1 和原码最右边的 1 一定是在同一个位置，$i\&-i$ 自然是我们所求的结果。

当 i 为 6 时，6&-6，即 $(00000110)_2\&(11111010)_2 = (00000010)_2 = (10)_2$。

4.6.2　树状数组的基本操作

（1）单点更新（update）

```
1. void update(int i, int x) {
2.     while (i <= N) {
3.         c[i] += x;
4.         i += lowbit(i);
5.     }
6. }
```

（2）查询区间和（getsum）

```
1. long long getsum(int i) { //求区间[1,i]的和
2.     long long s = 0;
3.     while(i > 0) {
4.         s += c[i];
5.         x -= lowbit(i);
6.     }
7.     return s;
8. }
```

上面两个操作的时间复杂度是 $O(\lg N)$。

【例 4.14】　求逆序对的个数（count.cpp/.in/.out）

【问题描述】

给定 n 个正整数，用 $a_1, a_2, \cdots, a_n$ 表示，如果 $a_i > a_j$ 且 $i < j$，则 a_i 和 a_j 构成一对逆序对，求共有几对逆序对。

【输入格式】

第 1 行：1 个整数 n，表示有 n 个正整数。

第 2 行：n 个整数，每两个整数之间用一个空格隔开。

【输出格式】

输出共 1 行,为 1 个整数,表示共有几对逆序对。

【输入输出样例】

输入样例	输出样例
4 4 3 2 1	6

【输入输出样例说明】

共有 6 对逆序对,分别是 $(4,3)$、$(4,2)$、$(4,1)$、$(3,2)$、$(3,1)$、$(2,1)$。

【数据规模与约定】

对于 10% 的数据,$1 \leqslant n \leqslant 10$;

对于 30% 的数据,$1 \leqslant n \leqslant 100$;

对于 60% 的数据,$1 \leqslant n \leqslant 10^3$;

对于 100% 的数据,$1 \leqslant n \leqslant 10^5$,$1 \leqslant a_i \leqslant 10^5$。

【问题分析】

当 n 比较小时,可以用枚举算法解决问题。当 $n = 10^5$、$a_i = 10^5$ 时,我们可以用归并排序来解决,当然也可以用树状数组来解决。我们设一个树状数组 $c[10^5 + 5]$,初始化为 0,当第 i 次读入的整数是 num 时,就执行操作 update(num, 1),然后执行 getsum(num) 求得区间 $[1, num]$ 的数出现了几次,那么 i-getsum(num) 就是逆序对中 num 为小数的逆序对的个数。

【参考程序】

```
7.  #include <bits/stdc++.h>
8.  using namespace std;
9.  const int N = 100005;
10. int n, num, c[N];
11. long long ans;
12. int lowbit(int i) {
13.     return i & -i;
14. }
15. void update(int i, int x) {
16.     while (i <= N) {
17.         c[i] += x;
18.         i += lowbit(i);
19.     }
20. }
21. long long getsum(int i) {
22.     long long s = 0;
23.     while (i > 0) {
```

```
24.        s += c[i];
25.        i -= lowbit(i);
26.      }
27.      return s;
28. }
29. int main() {
30.      cin >> n;
31.      for(int i = 1; i <= n; i++) {
32.          cin >> num;
33.          update(num, 1);
34.          ans += i - getsum(num);  // 统计逆序对的个数
35.      }
36.      cout << ans << endl;
37.      return 0;
38. }
```

【例 4.15】 火柴排队（NOIP2013 提高组）

【问题描述】

涵涵有两盒火柴,每盒装有 n 根火柴,每根火柴都有一个高度。现在将每盒中的火柴各自排成一列,同一列火柴的高度互不相同,两列火柴之间的距离定义为: $\sum_{i=1}^{n}(a_i - b_i)^2$,其中 a_i 表示第一列火柴中第 i 个火柴的高度, b_i 表示第二列火柴中第 i 个火柴的高度。每列火柴中相邻两根火柴的位置都可以交换,请你通过交换使得两列火柴之间的距离最小。请问要得到这个最小的距离,最少需要交换多少次? 如果这个数字太大,请输出这个最小交换次数对 99 999 997 取模的结果。

【输入格式】

第 1 行:一个整数 n ,表示每盒中火柴的数目。

第 2 行: n 个整数,每两个整数之间用一个空格隔开,表示第一列火柴的高度。

第 3 行: n 个整数,每两个整数之间用一个空格隔开,表示第二列火柴的高度。

【输出格式】

输出共一行,包含一个整数,表示最少交换次数对 99 999 997 取模的结果。

【输入输出样例 1】

输入样例	输出样例
4 2 3 1 4 3 2 1 4	1

【输入输出样例说明】

最小距离是 0,最少需要交换 1 次,比如:交换第 1 列的前 2 根火柴或者交换第 2 列的前

2 根火柴。

【输入输出样例 2】

输入样例	输出样例
4 1 3 4 2 1 7 2 4	2

【输入输出样例说明】

最小距离是 10,最少需要交换 2 次,比如:交换第 1 列的中间 2 根火柴的位置,再交换第 2 列中后 2 根火柴的位置。

【数据规模与约定】

对于 10% 的数据,$1 \leq n \leq 10$;

对于 30% 的数据,$1 \leq n \leq 100$;

对于 60% 的数据,$1 \leq n \leq 10^3$;

对于 100% 的数据,$1 \leq n \leq 10^5$,$0 \leq$ 火柴高度 $\leq 2^{31} - 1$。

【问题分析】

我们发现,当 $a_1 < a_2 < \cdots < a_i < \cdots < a_j < \cdots < a_n$ 且 $b_1 < b_2 < \cdots < b_i < \cdots < b_j < \cdots < b_n$ 时,两列火柴的距离为 $d_1 = (a_1 - b_1)^2 + (a_2 - b_2)^2 + \cdots + (a_i - b_i)^2 + \cdots + (a_j - b_j)^2 + \cdots + (a_n - b_n)^2$ 最小。

我们用反证法证明:

我们假设将上面的 a_i 和 a_j 交换后距离最小,则交换后的距离 $d_2 = (a_1 - b_1)^2 + (a_2 - b_2)^2 + \cdots + (a_j - b_i)^2 + \cdots + (a_i - b_j)^2 + \cdots + (a_n - b_n)^2$。

$d_2 - d_1 = (a_j - b_i)^2 - (a_i - b_i)^2 + (a_i - b_j)^2 - (a_j - b_j)^2 = a_j^2 - 2a_j b_i + b_i^2 - (a_i^2 - 2a_i b_i + b_i^2) + (a_i^2 - 2a_i b_j + b_j^2) - (a_j^2 - 2a_j b_j + b_j^2) = -2a_j b_i + 2a_i b_i - 2a_i b_j + 2a_j b_j = 2a_j b_j - 2a_j b_i + 2a_i b_i - 2a_i b_j = 2a_j(b_j - b_i) - 2a_i(b_j - b_i) = 2(a_j - a_i)(b_j - b_i)$

因为 $a_j > a_i$ 且 $b_j > b_i$,所以 $d_2 - d_1 > 0$,$d_2 > d_1$,得证。

如果第一列火柴的高度序列 $a_1, a_2, \cdots, a_n$ 不满足上面的单调关系,我们只需将第二列火柴的高度序列 $a_1, a_2, \cdots, a_n$ 中相应大小的数据和它对应,这时距离可取得最小值。因此本题就转化为求将第二列火柴的高度序列中相对应大小的数交换到和第一列火柴的高度序列对应位置的次数。

例如:对于样例 2,第一列的火柴高度我们可以用表 4.9 表示。

表 4.9　第一列火柴高度

下标 i	1	2	3	4
$a[i]$	1	3	4	2

第二列的火柴高度我们可以用表 4.10 表示。

表 4.10　第二列火柴高度

下标 i	1	2	3	4
$b[i]$	1	7	2	4

我们只要得到最小的距离，所以我们只需要保存 $a[i]$ 和 $b[i]$ 的大小关系，可以将 $a[i]$ 和 $b[i]$ 的值表示为表 4.11。

表 4.11　$a[i]$ 和 $b[i]$ 的值

下标 i	1	2	3	4
$a[i]$	1	3	4	2
$b[i]$	1	4	2	3

我们只要交换相邻 $b[i]$ 的值，使 b 数组和 a 数组完全一致，这其实就是求 b 数组中有几对逆序对，而用树状数组求逆序对我们在例 4.14 中讲过。

【参考程序】

```
1. #include <bits/stdc++.h>
2. using namespace std;
3. #define Maxn 100005
4. struct node {
5.     int v, id;
6. } a[Maxn], b[Maxn];
7. int num[Maxn], c[Maxn], n, ans;
8. bool cmp(node X, node Y) {
9.     return X.v < Y.v;
10. }
11. int lowbit(int x) {
12.     return x & -x;
13. }
14. void update(int i) {
15.     while (i <= n) {
16.         c[i]++;
17.         i += lowbit(i);
18.     }
19. }
20. int getsum(int i) {
21.     int s = 0;
22.     while (i > 0) {
23.         s += c[i];
```

```
24.            i - = lowbit(i);
25.        }
26.    return s;
27. }
28. int main( ) {
29.    cin >> n;
30.    for ( int i = 1; i < = n; i++) {
31.        cin >> a[i].v;
32.        a[i].id = i;
33.    }
34.    for ( int i = 1; i < = n; i++) {
35.        cin >> b[i].v;
36.        b[i].id = i;
37.    }
38.    sort( a + 1, a + 1 + n, cmp);
39.    sort( b + 1, b + 1 + n, cmp);
40.    for ( int i = 1; i < = n; i++)
41.        num[a[i].id] = b[i].id; // 离散化处理
42.    for ( int i = 1; i < = n; i++) {
43.        update( num[i]);
44.        ans = ( ans + (i - getsum(num[i]))) % 99999997;
45.    }
46.    cout << ans << endl;
47.    return 0;
48. }
```

【例 4.16】 奶牛抗议（USACO）

【问题描述】

农场主 John 的 N 头奶牛（$1 \leqslant N \leqslant 10^5$）排成一排在进行抗议活动。第 i 头奶牛的理智度为 a_i（$-10^4 \leqslant a_i \leqslant 10^4$）。

John 希望奶牛在抗议时保持理性，因此他打算将所有的奶牛隔离成若干个小组，每个小组内的奶牛的理智度总和都要不小于零。

由于奶牛是排成一条直线，所以一个小组内的奶牛位置必须是连续的。请帮助 John 计算满足条件的分组方案有多少种。

【输入格式】

第 1 行：1 个整数 N。

接下来 N 行：每行一个整数，第 i 行的整数表示第 i 头奶牛的理智度 a_i。

【输出格式】

输出满足条件的分组方案对 10^9+9 取模的结果。

【输入输出样例】

输入样例	输出样例
4 2 3 −3 1	4

【输入输出样例说明】

所有合法分组方案如下：

$(2,3,-3,1)$；$(2,3,-3)$、(1)；(2)、$(3,-3,1)$；(2)、$(3,-3)$、(1)

【问题分析】

设 $dp[i]$（$1 \leq i \leq N$）表示将 $a_1, a_2, \cdots, a_i$ 分组的方案数，如果 $a_{j+1} + a_{j+2} + \cdots + a_i \geq 0$，则 $dp[i]$ 的值取决于 $dp[j]$（$0 \leq j \leq i$）。考虑到 $a_1 + a_2 + \cdots + a_i \geq 0$ 时，$dp[i]$ 的值取决于 $dp[0]$，所以 $dp[0] = 1$。

则得到动态规划方程：$dp[i] = \sum dp[j]$（$0 \leq j \leq i$，$\sum_{j+1}^{i} a_k \geq 0$），这样的方程时间复杂度为 $O(N^2)$，显然不能承受。

令 $s[i] = a_1 + a_2 + \cdots + a_i$，则 $dp[i] = \sum dp[j]$，由于 $0 \leq j \leq i$，$s[i] \geq 0$，$s[j] \geq 0$，则 $s[i] \geq s[j]$，如果我们将数组 s 的值进行离散化，则可以很方便地用树状数组来解决此问题。

【参考程序】

```
1. #include <bits/stdc++.h>
2. using namespace std;
3. #define int long long
4. const int MOD = 1e9 +9, N = 1e5 +5;
5. int n, ans;
6. int c[N], a[N], s[N];
7. int lowbit(int x) {
8.     return x & -x;
9. }
10. void add(int x, int v) {
11.     // 树状数组用来维护方案数
12.     for (int i = x; i <= n +1; i += lowbit(i))
13.         c[i] = (c[i] +v) % MOD;
14. }
15. int query(int x) {
16.     int sum = 0;
17.     for (int i = x; i >0; i -= lowbit(i))
```

```
18.          sum = (sum + c[i]) % MOD;
19.     return sum;
20. }
21. signed main() {
22.     cin >> n;
23.     for (int i = 1; i <= n; i++) {
24.         cin >> s[i];
25.         s[i] += s[i - 1]; // 记录前缀和
26.         a[i] = s[i];
27.     }
28.     sort(a + 1, a + 1 + n); // 排序
29.     int cnt = unique(a + 1, a + 1 + n) - a - 1;
30.     for (int i = 0; i <= n; i++) // 离散化
31.         s[i] = lower_bound(a + 1, a + 1 + cnt, s[i]) - a;
32.     add(s[0], 1); // 理智度刚好为 0 时,方案数为 1
33.     for (int i = 1; i <= n; i++) {
34.         ans = query(s[i]); // 查询前面比 s[i]小的前缀和
35.         ad
36. add(s[i], ans);      // 累加上方案数
37.     }      cout << ans << endl;
38.     return 0;
39. }
```

树状数组可以高效地对单个元素进行修改,可以高效地求部分和。由于使用了位运算,因此树状数组的效率要高于线段树。树状数组的空间也比线段树小,也更容易编程实现,但是树状数组的应用范围没有线段树广。能够使用树状数组的情况下尽量使用树状数组,树状数组可以更方便地扩展到多维。

习　　题

【题 4-1】　FBI 树(NOIP2004)

【问题描述】

我们可以把由"0"和"1"组成的字符串分为三类:全"0"串称为 B 串,全"1"串称为 I 串,既含"0"又含"1"的串则称为 F 串。

FBI 树是一种二叉树,它的结点类型也包括 F 结点,B 结点和 I 结点三种。由一个长度为 2^N 的"01"串 S 可以构造出一棵 FBI 树 T,递归的构造方法如下:

(1) T 的根结点为 R,其类型与串 S 的类型相同;

(2) 若串 S 的长度大于1,将串 S 从中间分开,分为等长的左右子串 S_1 和 S_2;由左子串 S_1 构造 R 的左子树 T_1,由右子串 S_2 构造 R 的右子树 T_2。

现在给定一个长度为 2^N 的"01"串,请用上述构造方法构造出一棵 FBI 树,并输出它的

后序遍历序列。

【输入格式】

第 1 行是 1 个整数 $N(0 \leqslant N \leqslant 10)$，第 2 行是 1 个长度为 2^N 的"01"串。

【输出格式】

输出 1 行，为 1 个字符串，即 FBI 树的后序遍历序列。

【输入输出样例】

输入样例	输出样例
3 10001011	IBFBBBFIBFIIIFF

【数据规模与约定】

对于 40% 的数据，$N \leqslant 2$；

对于全部的数据，$N \leqslant 10$。

【题 4-2】 逻辑表达式（CSP-J 2022）

【问题描述】

逻辑表达式是计算机科学中的重要概念和工具，包含逻辑值、逻辑运算、逻辑运算优先级等内容。

在一个逻辑表达式中，元素的值只有两种可能：0（表示假）和 1（表示真）。元素之间有多种可能的逻辑运算，本题中只需考虑如下两种："与"（符号为 &）和"或"（符号为 |）。其运算规则如下：

$0 \& 0 = 0 \& 1 = 1 \& 0 = 0, 1 \& 1 = 1$；

$0 | 0 = 0, 0 | 1 = 1 | 0 = 1 | 1 = 1$。

在一个逻辑表达式中还可能有括号。规定在运算时，括号内的部分先运算；两种运算并列时，& 运算优先于 | 运算；同种运算并列时，从左向右运算。

比如，表达式 0|1&0 的运算顺序等同于 0|(1&0)；表达式 0&1&0|1 的运算顺序等同于 ((0&1)&0)|1。

此外，在 C++ 等语言的有些编译器中，对逻辑表达式的计算会采用一种"短路"的策略：在形如 $a\&b$ 的逻辑表达式中，会先计算 a 部分的值，如果 $a = 0$，那么整个逻辑表达式的值就一定为 0，故无需再计算 b 部分的值；同理，在形如 $a | b$ 的逻辑表达式中，会先计算 a 部分的值，如果 $a = 1$，那么整个逻辑表达式的值就一定为 1，无需再计算 b 部分的值。

现在给你一个逻辑表达式，你需要计算出它的值，并且统计出在计算过程中，两种类型的"短路"各出现了多少次。需要注意的是，如果某处"短路"包含在更外层被"短路"的部分内则不被统计，如表达式 1|(0&1) 中，尽管 0&1 是一处"短路"，但由于外层的 1|(0&1) 本身就是一处"短路"，无需再计算 0&1 部分的值，因此不应当把这里的 0&1 计为一处"短路"。

【输入格式】

输入共 1 行，为 1 个非空字符串 s，表示待计算的逻辑表达式。

【输出格式】

输出共 2 行,第 1 行输出 1 个字符 0 或 1,表示这个逻辑表达式的值;第 2 行输出两个非负整数,分别表示计算上述逻辑表达式的过程中,$a\&b$ 和 $a\mid b$ 类型的"短路"各出现了多少次。

【输入输出样例 1】

输入样例	输出样例
0&(1|0)|(1|1|1&0)	1 1 2

【输入输出样例 2】

输入样例	输出样例
(0|1&0|1|1|(1|1))&(0&1& (1|0)|0|1|0)&0	0 2 3

【样例说明】

该逻辑表达式的计算过程如下(每一行的注释表示上一行计算的过程):

$$0\&(1\mid0)\mid(1\mid1\mid1\&0)$$
$$=(0\&(1\mid0))\mid((1\mid1)\mid(1\&0)) \quad //用括号标明计算顺序$$
$$=0\mid((1\mid1)\mid(1\&0)) \quad //先计算最左侧的 \&,是一次 a\&b 类型的"短路"$$
$$=0\mid(1\mid(1\&0)) \quad //再计算中间的 \mid,是一次 a\mid b 类型的"短路"$$
$$=0\mid1 \quad //再计算中间的 \mid,是一次 a\mid b 类型的"短路"$$
$$=1$$

【数据规模与约定】

设 $|s|$ 为字符串 s 的长度。

对于所有数据,$1 \leqslant |s| \leqslant 10^6$。保证 s 中仅含有字符 0、1、&、|、(、),且 s 是一个符合规范的逻辑表达式。保证输入字符串的开头、中间和结尾均无额外的空格。保证 s 中没有重复的括号嵌套(即没有形如 $((a))$ 形式的子串,其中 a 是符合规范的逻辑表达式)。

【题 4-3】 对称二叉树(**NOIP 普及组**)

【问题描述】

一棵有点权的有根树如果满足以下条件,则被称为对称二叉树:

(1)这棵树为二叉树;

(2)将这棵树所有结点的左右子树交换,新树和原树对应位置的结构相同且点权相等。

表 4-12 中结点内的数字为权值,结点外的 id 表示结点编号。

现在给出一棵二叉树,希望你找出它的一棵子树,该子树为对称二叉树,且结点数最多。请输出这棵子树的结点数。

表 4-12　对称和非对称二叉树

	对称二叉树	非对称二叉树 （权值不对称）	非对称二叉树 （结构不对称）
原树	id=1 ③ id=2 ④ id=3 ④ id=4 ⑤ id=5 ① id=6 ① id=7 ⑤	id=1 ③ id=2 ④ id=3 ④ id=4 ⑤ id=5 ① id=6 ② id=7 ⑤	id=1 ③ id=2 ④ id=3 ④ id=4 ① id=5 ① id=6 ①
所有结点的 子树交换后	id=1 ③ id=2 ④ id=3 ④ id=4 ⑤ id=5 ① id=6 ① id=7 ⑤	id=1 ③ id=3 ④ id=2 ④ id=7 ⑤ id=6 ② id=5 ① id=4 ⑤	id=1 ③ id=3 ④ id=2 ④ id=6 ① id=5 ① id=4 ①

注意：只有树根的树也是对称二叉树。本题中约定，以结点 T 为子树根的一棵"子树"指的是结点 T 和它的全部后代结点构成的二叉树。

【输入格式】

第 1 行：1 个正整数 n，表示给定的树的结点的数目，规定结点编号为 $1 \sim n$，其中结点 1 是树根。

第 2 行：n 个正整数，数与数之间用空格分隔，第 i 个正整数 v_i 代表结点 i 的权值。

接下来 n 行：每行两个正整数 l_i 和 r_i，分别表示结点 i 的左右孩子的编号。如果不存在左/右孩子，则以 -1 表示。两个数之间用一个空格隔开。

【输出格式】

输出共 1 行，为 1 个整数，表示给定的树的最大对称二叉子树的结点数。

【输入输出样例 1】

输入样例	输出样例
2 1 3 2 -1 -1 -1	1

【输入输出样例 2】

输入样例	输出样例
10 2 2 5 5 5 5 4 4 2 3 9 10 -1 -1 -1 -1 -1 -1 -1 -1 -1 2 3 4 5 6 -1 -1 7 8	3

【样例说明】

【输入输出样例 1 说明】

最大的对称二叉子树为以结点 2 为树根的子树,结点数为 1。

【数据规模与约定】

数据规模:

共 25 个测试点。

$v_i \leq 1000$。

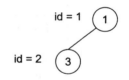

图 4-25 样例 1 示意图

测试点 1 ~ 3:$n \leq 10$,保证根结点的左子树的所有结点都没有右孩子,根结点的右子树的所有结点都没有左孩子。

测试点 4~8:$n \leq 10$。

测试点 9~12:$n \leq 10^5$,保证输入是一棵"满二叉树"。

测试点 13~16:$n \leq 10^5$,保证输入是一棵"完全二叉树"。

测试点 17~20:$n \leq 10^5$,保证输入的树的点权均为 1。

测试点 21~25:$n \leq 10^6$。

本题约定:

层次:结点的层次从根开始定义,根为第一层,根的孩子为第二层。树中任一结点的层次等于其父亲结点的层次加 1。

树的深度:树中结点的最大层次称为树的深度。

满二叉树:设二叉树的深度为 h,且二叉树有 $2^h - 1$ 个结点,则该二叉树为满二叉树。

完全二叉树:设二叉树的深度为 h,除第 h 层外,该二叉树其他各层的结点数都达到最大个数,第 h 层所有的结点都连续集中在最左边,这样的二叉树就是完全二叉树。

【题 4-4】 防晒霜(USACO)

【问题描述】

有 C 头奶牛去进行日光浴($1 \leq C \leq 2\,500$),每头奶牛能够忍受的阳光强度有一个最小值和一个最大值,阳光强度太大奶牛就会晒伤,太小奶牛没感觉。

由于阳光的强度非常大,奶牛都承受不住,就得给它们涂抹防晒霜,防晒霜的作用是让照在奶牛身上的阳光强度固定为某个值。

为了不让奶牛晒伤,又能让奶牛们享受到日光浴的快乐。农夫给奶牛们准备了 L 种防晒霜,并给出了每种防晒霜的数量和能固定的阳光强度。

每头奶牛只能抹一瓶防晒霜,问能够享受日光浴的奶牛有几头。

【输入格式】

第 1 行:2 个用空格隔开的整数 C 和 L,表示有 C 头奶牛和 L 种防晒霜。

接下来的 C 行:每行包含 2 个用空格隔开的整数,分别表示一头奶牛的能够承受的最小阳光强度和最大阳光强度。

接下来的 L 行:每行包含 2 个用空格隔开的整数,分别表示一种防晒霜能固定的阳光强度和数量。

【输出格式】

输出 1 行,为 1 个整数,表示能够享受日光浴的奶牛有几头。

【输入输出样例】

输入样例	输出样例
3 2 3 10 2 5 1 5 6 2 4 1	2

【样例说明】

第 1 头奶牛用第 1 种防晒霜 1 瓶;第 2 种防晒霜只有 1 瓶,可以给第 2 头奶牛或第 3 头奶牛使用。

【数据规模与约定】

对于 100% 的数据,有 $1 \leqslant L$, $C \leqslant 2\,500$, $1 \leqslant$ 阳光强度 $\leqslant 1\,000$。

【题 4-5】 工作安排(USACO)

【问题描述】

农夫约翰有很多工作要做。为了更好的生活,他必须努力工作赚钱,他完成每一项工作只需要一个单位时间。他的工作日从时间 0 开始,有 10^9 个单位时间。目前约翰有 N 个工作要做,为了方便,将这些工作编号为 $1, 2, \cdots, N$,每项工作有个截止时间,他必须在截止时间前完成这项工作。

他可以选择完成任何一项工作。他可能没有时间做完所有 N 份工作。第 i 项工作的截止时间为 D_i,如果他在截止时间前完成第 i 项工作,他能获得第 i 项工作的利润 P_i。

求约翰能获得的最大总利润是多少?

【输入格式】

输入共 $N + 1$ 行。

第 1 行:1 个整数 N,表示有 N 项工作。

第 $2 \sim N + 1$ 行:第 $i + 1$ 行包含两个以空格分隔的整数 D_i 和 $P_i (i = 1, 2, \cdots, N)$。

【输出格式】

输出 1 行:为 1 个整数,表示约翰能获得的最大总利润。

【输入输出样例】

输入样例	输出样例
3 2 10 1 5 1 7	17

【样例说明】

约翰在第 1 个单位时间完成了第 3 项工作(1，7)，在第 2 个单位时间完成了第 1 项工作(2，10)，能获得的总利润为 17。

【数据规模与约定】

对于 100% 的数据，有 $1 \leqslant N \leqslant 10^5$，$1 \leqslant D_i$，$P_i \leqslant 10^9$。

【题 4-6】 秘密消息(USACO)

【问题描述】

贝茜正在领导奶牛们逃跑。为了联络，奶牛们互相发送秘密信息。

信息是二进制的，共有 M 条。反间谍能力很强的约翰已经拦截了部分信息，他知道了第 i 条二进制信息的前 b_i 位。他同时知道奶牛们使用 N 条密码。但是，他仅仅了解第 j 条密码的前 c_j 位。

对于每条密码 J，他想知道有多少截得的信息能够和它匹配。也就是说，有多少信息和这条密码有着相同的前缀。当然，这个前缀长度必须等于密码长度或对应的信息长度(取较小者)。

保证所有信息位的总数(即 $\sum b_i + \sum c_i$)不会超过 500 000。

【输入格式】

第 1 行：两个用空格隔开的整数 M 和 N。

接下来的 M 行：每行第一个整数 len b 表示 b_i 的长度，后面是由 0 和 1 组成的序列(元素个数为 len b)，数字间用空格隔开。

接下来的 N 行：每行第一个整数 len c 表示 c_i 的长度，后面是由 0 和 1 组成的序列(元素个数为 len c)，数字间用空格隔开。

【输出格式】

输出包括 N 行。

每行输出一个整数，第 i 行的整数表示对于第 i 条密码有多少截得的信息能够和它匹配。

【输入输出样例】

输入样例	输出样例
4 5 3 0 1 0 1 1 3 1 0 0 3 1 1 0 1 0 1 1 2 0 1 5 0 1 0 0 1 2 1 1	1 3 1 1 2

【数据规模与约定】

对于 100% 的数据,有 $1 \leqslant M \leqslant 50\,000$,$l \leqslant b_i \leqslant 10\,000$,$1 \leqslant c_j \leqslant 10\,000$。

【题 4-7】 字典树(洛谷,P8306)

【问题描述】

给定 n 个模式串 $s_1, s_2, \cdots, s_n$ 和 q 次询问,每次询问给定一个文本串 t_i,请回答 $s_1 \sim s_n$ 中有多少个字符串 s_j 满足 t_i 是 s_j 的前缀。

一个字符串 t 是 s 的前缀的条件是:从 s 的末尾删去若干个(可以为 0 个)连续的字符后得到的字符串与 t 相同。

要区分输入的字符串中的大小写字母。例如,字符串 Fusu 和字符串 fusu 不同。

【输入格式】

输入的第 1 行是 1 个整数,表示数据组数 T。

对于每组数据,输入格式如下:

第 1 行:2 个整数,分别表示模式串的个数 n 和询问的个数 q。

接下来 n 行:每行 1 个字符串,表示 1 个模式串。

接下来 q 行:每行 1 个字符串,表示 1 次询问。

【输出格式】

按照输入的顺序依次输出各测试数据的答案。

对于每次询问,输出一行为一个整数,表示答案。

【输入输出样例】

输入样例	输出样例
3	2
3 3	1
fusufusu	0
fusu	1
anguei	2
fusu	1
anguei	
kkksc	
5 2	
fusu	
Fusu	
AFakeFusu	
afakefusu	
fusuisnotfake	
Fusu	
fusu	
1 1	
998244353	
9	

【数据规模与约定】

对于 30% 的数据，$1 \leqslant n \leqslant 10^3$。

对于全部的测试点，保证 $1 \leqslant T, n, q \leqslant 10^5$，且输入字符串的总长度不超过 3×10^6。输入的字符串只含大小写字母和数字，且不含空串。

【题 4-8】　校门外的树（NOIP2005 普及组，数据加强版）

【问题描述】

某校大门外长度为 L 的马路上有一排树，每两棵相邻的树之间的间隔都是 1 m。我们可以把马路看成一个数轴，马路的一端在数轴 0 的位置，另一端在 L 的位置；数轴上的每个整数点，即 $0, 1, 2, \cdots, L$，都种有一棵树。

由于马路上有一些区域要用来建地铁。这些区域用它们在数轴上的起始点和终止点表示。已知任一区域的起始点和终止点的坐标都是整数，区域之间可能有重合的部分。现在要把这些区域中的树（包括区域端点处的两棵树）移走。你的任务是计算将这些树都移走后，马路上还有多少棵树。

【输入格式】

第 1 行输入 2 个整数 $L(1 \leqslant L \leqslant 30\,000)$ 和 $M(1 \leqslant M \leqslant 30\,000)$，$L$ 代表马路的长度，M 代表区域的数目，L 和 M 之间用一个空格隔开。接下来的 M 行每行包含两个不同的整数，用一个空格隔开，表示一个区域的起始点和终止点的坐标。

【输出格式】

输出 1 行，这一行只包含一个整数，表示马路上剩余的树的数目。

【输入输出样例】

输入样例	输出样例
500 3 150 300 100 200 470 471	298

【题 4-9】　推销员（NOIP2015 普及组）

【问题描述】

阿明是一名推销员，他奉命到螺丝街推销他们公司的产品。螺丝街是一条死胡同，出口与入口是同一个，街道的一侧是围墙，另一侧是住户。螺丝街一共有 N 家住户，第 i 家住户到入口的距离为 S_i 米。由于同一栋房子里可以有多家住户，所以可能有多家住户到入口的距离相等。阿明会从入口进入，依次向螺丝街的 X 家住户推销产品，然后再沿原路走出去。

阿明每走 1 m 就会积累 1 点疲劳值，向第 i 家住户推销产品会积累 A_i 点疲劳值。阿明是工作狂，他想知道，对于不同的 X，在不走多余路的前提下，他最多可以积累多少点疲劳值。

【输入格式】

第 1 行：1 个正整数 N，表示螺丝街住户的数量。

第 2 行：N 个正整数，其中第 i 个整数 S_i 表示第 i 家住户到入口的距离。数据保证 $S_1 \leqslant S_2 \leqslant \cdots \leqslant S_n < 10^8$。

第 3 行：N 个正整数，其中第 i 个整数 A_i 表示向第 i 户住户推销产品会积累的疲劳值。数据保证 $A_i < 10^3$。

【输出格式】

输出 N 行，每行 1 个正整数，第 i 行整数表示当 $X = i$ 时，阿明最多积累的疲劳值。

【输入输出样例】

输入样例	输出样例
5 1 2 2 4 5 5 4 3 4 1	12 17 21 24 27

【输入输出样例说明】

$X = 1$：向住户 4 推销，往返走路的疲劳值为 4 + 4，推销的疲劳值为 4，总疲劳值 4 + 4 + 4 = 12。

$X = 2$：向住户 1、4 推销，往返走路的疲劳值为 4 + 4，推销的疲劳值为 5 + 4，总疲劳值 4 + 4 + 5 + 4 = 17。

$X = 3$：向住户 1、2、4 推销，往返走路的疲劳值为 4 + 4，推销的疲劳值为 5 + 4 + 4，总疲劳值 4 + 4 + 5 + 4 + 4 = 21。

$X = 4$：向住户 1、2、3、4 推销，往返走路的疲劳值为 4 + 4，推销的疲劳值为 5 + 4 + 3 + 4，总疲劳值 4 + 4 + 5 + 4 + 3 + 4 = 24。或者向住户 1、2、4、5 推销，往返走路的疲劳值为 5 + 5，推销的疲劳值为 5 + 4 + 4 + 1，总疲劳值 5 + 5 + 5 + 4 + 4 + 1 = 24。

$X = 5$：向住户 1、2、3、4、5 推销，往返走路的疲劳值为 5 + 5，推销的疲劳值为 5 + 4 + 3 + 4 + 1，总疲劳值 5 + 5 + 5 + 4 + 3 + 4 + 1 = 27。

【数据规模与约定】

对于 20% 的数据，$1 \leqslant N \leqslant 20$；

对于 40% 的数据，$1 \leqslant N \leqslant 100$；

对于 60% 的数据，$1 \leqslant N \leqslant 1\,000$；

对于 100% 的数据，$1 \leqslant N \leqslant 100\,000$。

【题 4-10】 照相（USACO）

【问题描述】

FJ 将他的 $N(1 \leqslant N \leqslant 100\,000)$ 头奶牛依次排成一排来拍照。排在第 i 个位置的牛的高

度是 H_i，队伍中所有的奶牛的身高都不同。

FJ 希望这张照片看上去尽可能好看。他认为，如果 L_i 和 R_i 的数目相差 1 倍以上，第 i 头奶牛就是不平衡的（L_i 和 R_i 分别代表第 i 头奶牛左右两边比她高的奶牛的数量）。也就是说，如果 L_i 和 R_i 中的较大数大于较小数的两倍，第 i 头奶牛就是不平衡的。FJ 不希望他有太多的奶牛不平衡。

请帮助 FJ 计算不平衡的奶牛数量。

【输入格式】

第 1 行：1 个整数 N。

接下来的 N 行：每行包括 1 个整数，第 i + 1 行的整数为一个非负整数 H_i（不大于 1 000 000 000）。

【输出格式】

输出 1 行，为 1 个整数，表示不平衡的奶牛数量。

【输入输出样例】

输入样例	输出样例
7 34 6 23 0 5 99 2	3

【题 4-11】　计数问题（POJ3321）

【题目描述】

给定一棵有 n 个结点的苹果树，每个结点开始有一个苹果，对这棵树执行 m 次操作：

1. 修改：如果这一结点有苹果则改为无苹果，否则将这结点改为有苹果。

2. 查询：查询某一个结点为根的子树上有多少个苹果。

注意：苹果只能长在结点上，并且不会有两个苹果长在同一个结点上。1 号结点为根结点。

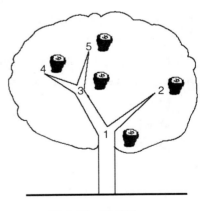

图 4-26　苹果树

【输入格式】

第 1 行：1 个整数 n，表示这棵苹果树有 n 个结点。

以下 n - 1 行：每行包含两个用空格隔开的整数 u 和 v，表示 u、v 两结点间有树枝相连。

第 $n + 1$ 行：一个整数 m，表示有 m 个修改或查询操作。

以下 m 行：每行包含一个字符（'C'或'Q'）和一个整数 x。'C'表示将 x 结点处的苹果有无情况取反。'Q'表示询问以 x 为根结点的子树中苹果的个数。

注意：苹果树开始时是长满苹果的。

【输出格式】

对于每 1 个询问输出 1 行，每行包含 1 个整数，表示苹果数。

【输入输出样例】

输入样例	输出样例
3 1 2 1 3 3 Q 1 C 2 Q 1	3 2

【数据规模与约定】

$n \leqslant 100\,000$，$m \leqslant 100\,000$。

【题 4-12】 晋升（USACO）

【题目描述】

N 头奶牛创建了一家公司，奶牛按 $1 \sim n$ 编号，公司的组织架构为一棵树，1 号奶牛作为总裁（这棵树的根结点）。除了总裁以外的每头奶牛都有一个单独的上司（它在树上的"父亲结点"）。

每头奶牛都有一个不同的工作能力指数，第 i 头奶牛的能力指数为 p_i。如果奶牛 i 是奶牛 j 的祖先结点，那么我们把奶牛 i 叫做 i 的下属。

不幸的是，奶牛们发现经常发生一个上司比其一些下属能力低的情况，在这种情况下，上司应当考虑晋升一些下属。你的任务是弄清楚这种情况有多少。简而言之，对于公司的中的每一头奶牛 i，请计算其下属 j 的数量（满足 $p_j > p_i$）。

【输入格式】

第 1 行：一个整数 n。

接下来的 n 行：每行一个整数，表示奶牛们的能力指数 $p_1, p_2, \cdots, p_n$，保证所有数互不相同。

接下来的 $n - 1$ 行：每行一个整数，分别表示奶牛 2 ~ 奶牛 n 的上司编号（1 号奶牛没有上司）

【输出格式】

输出有 n 行。

每行输出一个整数，第 i 行的整数表示有多少奶牛 i 的下属比奶牛 i 工作能力高。

【输入输出样例】

输入样例	输出样例
5	2
804289384	0
846930887	1
681692778	0
714636916	0
957747794	
1	
1	
2	
3	

【数据规模与约定】

对于 100% 的数据，$1 \leqslant n \leqslant 10^{5}$，$1 \leqslant p_{i} \leqslant 10^{9}$。

第5章 树和图的应用

图（graph）是由若干给定的点 V（常称其为顶点 vertex）以及连接两点的线 E（常称其为边 edge）所构成的图形 $G = (V, E)$。这种图形通常用来描述某些事物之间的某种特定关系，用点代表事物，用连接两点的线表示相应两个事物间具有某种关系。

树（tree）是由结点和边组成的不存在任何环的一种数据结构，可以把树看作满足一定约束条件（连通、无环、无向）的图。

在信息学竞赛中，图和树能帮我们描述很多问题中的数据关系，许多优美的算法能帮我们解决大量实际问题。本章我们将从不同的思考角度介绍这些经典算法。

5.1 动态规划和图

在图论中，经常遇到求解最短路径的问题，即求从某顶点出发，沿图的边到另一顶点所经过的路径中，各边权值之和最小的一条路径，其算法大多采用动态规划的思路，例如 Bellman-Ford 算法、SPFA 算法、Floyd-Warshall 算法等。

动态规划（Dynamic Programming，DP）是解决多阶段决策问题的一种方法，即对于某个大问题，如果能根据时间等顺序将其分成若干个前后关联的小问题，那么大问题的最优解就包含若干个小问题的最优解。动态规划通常用于求解具有某种最优性质的问题，其基本思想可以认为是建立起某一状态和之前状态的一种转移表示，从初始阶段开始，每个阶段的数值只会和上一阶段的数值相关，递推直到结束阶段，一般通过状态转移方程来完成这一操作。

5.1.1 Bellman-Ford 算法

（1）基本概念

Bellman-Ford 算法（贝尔曼-福特算法）是一种基于松弛操作的单源最短路径算法，即可用来计算从一个点（单源）到其他所有点的最短路径，可求解边的权值为负数的图。简单来说，对于有 n 个结点的图，给定源点 s，只要通过 $n-1$ 轮松弛操作，就可以得到 s 点到图中任意顶点的最短路径 dis。

松弛操作指的是对于已知从源点 s 到终点 v 的距离 dis$[v]$，如果可以通过 s 到 u 的路径对其进行改善，即当 dis$[v]$ > dis$[u]$ + $w(u,v)$ 时，就可用 dis$[u]$ + $w(u,v)$ 来缩短 s 到 v 的路径 dis$[v]$，即 dis$[v]$ = min (dis$[v]$, dis$[u]$ + $w(u,v)$)。在 Bellman-Ford 算法中，松弛操作最多进行 $n-1$ 遍，因为一条最短路径的长度最多为 $n-1$ 条边。

如图 5-1 所示，假设原 dis$[v]$ = 10, dis$[u]$ = 7, u 点到 v 点的距离 $w(u, v)$ 为 2,那么

就存在最短路径的更新，即 dis $[v]$ = dis $[u]$ + $w(u, v)$ = 7 + 2 = 9，该距离小于原路径距离。

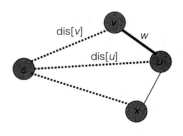

若某图有 n 个点，m 条边，每次循环都对所有边进行一次松弛操作来更新最短路径，则每次循环的时间复杂度是 $O(m)$。一共需要 $n - 1$ 遍松弛操作。在重复的松弛操作下，最短路径的边数不断增加1，直到 n 个点共有了 $n - 1$ 条最短路径，因此该算法的总时间复杂度是 $O(nm)$。

图 5-1　Bellman-Ford 算法示意图

（2）动态规划思路

在 Bellman-Ford 算法的 $n - 1$ 轮松弛操作中，反复利用已有的最短边来更新最短距离，即当前循环会比较上一轮循环的结果和当前方案的结果，并从中选择更优的结果作为本轮循环的结果，这就是动态规划的思路。

例如，在图 5-2 中，A 点作为源点，我们想知道 A 点到 E 点的最短路径，从 A 点到 E 点需要经过 B 点、C 点、D 点，如果先确定了 A 到 B 的最短路径，那么在确定 A 到 C 的最短路径时，就会比较 A 到 B 的最短路径与 B 到 C 的边权之和是否优于原来的 A 到 C 的最短路径，若是，则选择更优的最短路径。

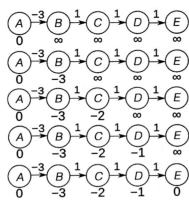

① 确定状态

设 s 为起点，dis $[k][v]$ 定义为从起点 s 出发最多经过 k 条边到达终点 v 的最短路径。

② 转移方程

dis $[k][v]$ = min (dis $[k - 1][v]$, min (dis $[k - 1][j]$ + $w[j][v]$))，j 是所有与 v 点有连线的点。

图 5-2　Bellman-Ford 算法动态规划思路

③ 边界条件

上述动态转移方程的边界（初始）条件是 dis $[0][s]$ = 0，即起点 s 到自身的最短路径为 0。

（3）算法过程

设 s 为起点，dis $[v]$ 即为 s 到 v 的最短路径，$w[u][v]$ 即为连接 u 点和 v 点的边权。

① 初始化起点 s 到所有点的最短路径，dis $[s]$ = 0，其余点 dis $[v]$ = INF，即无穷大；

② 进行 $n - 1$ 次循环，在循环体中遍历所有的边（m 次），进行松弛操作，即 dis $[v]$ = min (dis $[v]$, dis $[u]$ + $w[u][v]$)；

③ 再次遍历图中所有的边，检查是否还有 dis $[v]$ > dis $[u]$ + $w[u][v]$，若仍有则说明图中有负环，返回 False，否则返回 True。虽然 Bellman-Ford 算法可以求出存在负边权情况下的最短路径，但却无法解决存在负权回路的情况，因此需要二次遍历所有边。

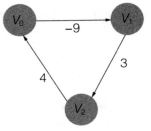

负权回路具体是指边权之和为负数的一条回路，如图 5-3 所示。一旦存在负权回路，求最短路径时就会出现无穷小，因

图 5-3　负权回路示意图

为可以一直绕圈,这样最短路径就会越来越小。因此,Bellman-Ford 算法可以检测负权回路是否存在。

核心代码如下:

```
1. int dis[MAXN], u[MAXE], v[MAXE], w[MAXE], cnt; // u, v, w 数组用来存储边
2. void bellman_ford(){
3.     dis[ts] = 0;
4.     for (int i = 1; i <= n - 1; i++){ // n-1 次松弛操作
5.         int check = 0;
6.         for (int j = 1; j <= cnt; j++){ // cnt 表示图的边数
7.             if (dis[u[j]] + w[j] < dis[v[j]]){
8.                 dis[v[j]] = dis[u[j]] + w[j];
9.                 check = 1;
10.            }
11.        }
12.        if (check == 0)
13.            return;
14.    }
15. }
```

【例 5.1】 最爱的城市

【问题概述】

一天,小明捧着一本世界地图在看,突然他拿起笔,将他最爱的那些城市标记出来,并且随机地将这些城市中的某些城市用线段两两连接起来。

小明量出了每条线段的长度,现在他想知道在这些线段组成的图中任意两个城市之间的最短距离是多少。

【输入格式】

输入包含多组测试数据。每组:

第 1 行:2 个正整数 $n(n \leqslant 10)$ 和 $m(m \leqslant n(n-1)/2)$,n 表示城市个数,m 表示线段个数。

接下来 m 行:每行输入 3 个整数 a,b 和 L,表示 a 市与 b 市之间存在一条线段,线段长度为 L。(a 与 b 不同)

最后 1 行:2 个整数 x 和 y,表示 x 市与 y 市。(x 与 y 不同)

数据保证所有城市标号为 $1, 2, \cdots, n$,$L \leqslant 20$。

【输出格式】

对于每组输入,输出 x 市与 y 市之间的最短距离,如果 x 市与 y 市之间非连通,则输出"No path"。

【输入输出样例】

输入样例	输出样例
4 4 1 2 4 1 3 1 1 4 1 2 3 1 2 4	3

【问题分析】

本题是求某一给定起点到终点的最短路径,该问题属于单源最短路径问题,因此可以用 Bellman-Ford 算法。在下面的参考程序中,用 u、v、w 三个数组来存储边,用 cnt 记录边的数量,采用 Bellman-Ford 算法计算出起点到所有点的最短路径,若到终点的距离仍然是无限大,则表示无法到达,输出"No path",否则输出起点到终点的最短路径值。

【参考程序】

```
1. #include <bits/stdc++.h>
2. using namespace std;
3. int n, m, ts, te;
4. int dis[15], u[100], v[100], w[100], cnt = 1;
5. const int INF = 0x3f3f3f3f;
6. void bellman_ford(){
7.     dis[ts] = 0;
8.     for (int i = 1; i <= n - 1; i++){
9.         int check = 0;
10.         for (int j = 1; j <= cnt; j++){
11.             if (dis[u[j]] + w[j] < dis[v[j]]){
12.                 dis[v[j]] = dis[u[j]] + w[j];
13.                 check = 1;
14.             }
15.         }
16.         if (check == 0)
17.             return;
18.     }
19. }
20. int main(){
21.     while (cin >> n >> m){
22.         memset(dis, INF, sizeof(dis));
23.         cnt = 1;
24.         for (int i = 0; i < m; i++){
25.             int z, b, c;
```

```
26.            cin >> z >> b >> c; // 输入地图信息
27.            u[cnt] = z, v[cnt] = b, w[cnt] = c;
28.            cnt++;
29.            u[cnt] = b, v[cnt] = z, w[cnt] = c;
30.            cnt++;
31.        }
32.        cin >> ts >> te;
33.        bellman_ford();
34.        if (dis[te] >= INF)
35.            cout << "No path" << endl;
36.        else
37.            cout << dis[te] << endl;
38.    }
39.    return 0;
40. }
```

5.1.2 SPFA

（1）基本概念

SPFA(Shortest Path Faster Algorithm)，是队列优化后的 Bellman-Ford 算法。SPFA 认为只要最短路径存在，就必定能求出最小值。SPFA 对 Bellman-Ford 算法优化的关键是减少一些无用的松弛操作，只有那些在前一遍松弛中改变了距离估计值的点，才可能引起它们的邻接点的距离估计值的改变。SPFA 算法在最坏情况下的时间复杂度和 Bellman-Ford 算法一样，为 $O(nm)$。

（2）算法过程

① 初始化所有 dis[s]，源点 dis[s] = 0，其余点 dis[s] = INF，即无穷大，初始化所有 vis[s] = 0；

② 新建一个队列，将起点加入队列；

③ 取出队列的头结点 u，对于从 u 点出发的所有的以 v 点为另一端点的边 (u, v)，如果 dis[v] > dis[u] + $w(u, v)$，则 dis[v] = dis[u] + $w(u, v)$，若 v 点不在队列中，则将 v 点入队；

④ 重复上述操作，直到队列为空。

核心代码如下：

```
1. typedef pair<int, int> pii;
2. const int N = 1e5 + 5;
3. const int M = 1e5 + 5;
4. vector<pii> e[N];
5. int dis[N], vis[N], cnt[N];
6. int n, m;
7. bool SPFA(int src){
```

```
8.        queue<int> q;
9.        q.push(src);
10.       while (! q.empty()){
11.           int u = q.front();
12.           q.pop();          // 从队列中删除顶点
13.           vis[u] = 0; // 标记不在队列中
14.           for (int i = 0; i < e[u].size(); i++){
15.               int v = e[u][i].first, c = e[u][i].second;
16.               if (dis[v] > dis[u] + c){
17.                   dis[v] = dis[u] + c;
18.                   if (! vis[v]){
19.                       vis[v] = 1;
20.                       cnt[v]++; // 入队次数
21.                       if (cnt[v] == n)
22.                           return true; // 有环
23.                       q.push(v);
24.                   }
25.               }
26.           }
27.       }
28.       return false;
29. }
```

【例 5.2】　最短路径问题

【问题概述】

平面上有 n 个点（$n \leqslant 100$），每个点的坐标均在 $-10\,000 \sim 10\,000$ 之间。其中的一些点之间有连线。

若两点间有连线，则表示可从一个点到达另一个点，即两点间有通路，通路的距离为两点间的直线距离。现在的任务是找出从一点到另一点的最短路径。

【输入格式】

输入共 $n + m + 3$ 行，其中：

第 1 行：整数 n。

接下来 n 行：每行输入 2 个整数 x 和 y，描述一个点的坐标。

接下来 1 行：输入整数 m，表示图中连线的个数。

接下来 m 行：每行描述一条连线，由 2 个整数 i 和 j 组成，表示第 i 个点和第 j 个点之间有连线。

最后 1 行：2 个整数 s 和 t，分别表示源点和目标点。

【输出格式】

输出 1 行，为 1 个实数（保留两位小数），表示从 s 到 t 的最短路径长度。

【输入输出样例】

输入样例	输出样例
5 0 0 2 0 2 2 0 2 3 1 5 1 2 1 3 1 4 2 5 3 5 1 5	3.41

【问题分析】

本题是一道典型的求单源最短路径的题目,可以采用 SPFA 算法。在下面的参考程序中,用动态数组 ed 来存边,cnt 记录边的数量,该题区别于大多数求最短路径题目的地方在于其边长的计算,即需要自己根据坐标计算边长。在 SPFA 算法中,采用队列存储可以更新最短路径的点,最终输出到达终点的最短路径。

【参考程序】

```
1. #include <bits/stdc++.h>
2. using namespace std;
3. const long double MAX = 1e30;
4. int n, zb[105][2], m, s, e, x, y, cnt = 1;
5. long double dis[105];
6. int vis[105];
7. vector<pair<int, long double>> ed[100];
8. void spfa(){
9.        queue<int> q;
10.       q.push(s);
11.       while (! q.empty()){
12.           int u = q.front();
13.           q.pop();
14.           vis[u] = 0;
15.           for (int i = 0; i < ed[u].size(); i++){
16.               int v = ed[u][i].first;
17.               if (dis[v] > dis[u] + ed[u][i].second){
18.                   dis[v] = dis[u] + ed[u][i].second;
19.                   if (vis[v] == 0){
```

```
20.                    vis[v] = 1;
21.                    q.push(v);
22.                }
23.            }
24.        }
25.    }
26. }
27. int  main(){
28.    cin >> n;
29.    for (int i = 1; i <= n; i++)
30.        cin >> zb[i][0] >> zb[i][1];
31.    for (int i = 1; i <= n; i++)
32.        dis[i] = MAX;
33.    cin >> m;
34.    for (int i = 1; i <= m; i++){
35.        cin >> x >> y;
36.        long double z;
37.        z = sqrt(pow (double(zb[x][0] - zb[y][0]), 2) +
                        pow (double(zb[x][1] - zb[y][1]), 2));
38.        ed[x].push_back(make_pair(y, z));
39.        ed[y].push_back(make_pair(x, z));
40.    }
41.    cin >> s >> e;
42.    vis[s] = 1;
43.    dis[s] = 0;
44.    spfa();
45.    cout << fixed << setprecision(2) << dis[e];
46.    return 0;
47. }
```

5.1.3 Floyd-Warshall 算法

（1）基本概念

Floyd-Warshall 算法（弗洛伊德算法）是求解任意两点间最短路径的一种算法。简单来说，如果要让任意两点之间的路程变短，只能引入第三个点，即中转点，而图中的任意一个点都可能作为中转点，都可能使得另外两个顶点之间的路程变短。

（2）动态规划思路

最开始只经过 1 号顶点进行中转，再经过 1 号和 2 号顶点进行中转……最后经过 $1 \sim n$ 号所有顶点进行中转，采用动态规划的思路来不断更新任意两点之间的最短路径。

① 确定状态

dis$[i][j][k]$ 表示只允许 $1 \sim k$ 点作为中转点时，顶点 i 到顶点 j 的最短路径。例如，

dis $[i][j][1]$ 表示只使用 1 号点作为中间媒介时,点 i 到点 j 之间的最短路径长度。

② 转移方程

dis $[i][j][k]$ = min (dis $[i][j][k-1]$, dis $[i][k][k-1]$ + dis $[k][j][k-1]$), i、j、k 表示图中的 $1 \sim n$ 个点。

dis $[i][j][k]$ 可以分为两种情况:一是 i 到 j 的最短路径不经过 k,则 dis $[i][j][k]$ = dis $[i][j][k-1]$;二是 i 到 j 的最短路径经过 k,则 dis $[i][j][k]$ = dis $[i][k][k-1]$ + dis $[[k][j][k-1]$。

综合上述两种情况,便可以得到状态转移方程。

而在大部分应用情况下,dis 数组会去掉第三维,即阶段索引,因而状态转移方程会变成 dis $[i][j]$ = min (dis $[i][j]$, dis $[i][k]$ + dis $[k][j]$)(i, j, k 表示图中的 $1 \sim n$ 个点)。

这是因为将 dis 数组作为滚动组,其在各个阶段的计算中被重复使用,即第 k 阶段 i 和 j 之间的最短路径长度就可以表示为 dis $[i][j]$。在新的 dis $[i][j]$ 还未被计算出来时,dis $[i][j]$ 中的值其实就对应之前没有用滚动数组时 dis $[i][j][k-1]$ 的值。所以说,在上述状态转移方程中,赋值号右侧的 dis $[i][j]$、dis $[i][k]$ 和 dis $[k][j]$ 的值都是上一阶段($k-1$ 阶段)的值。

③ 边界条件

上述动态转移方程的边界(初始)条件是 dis $[i][j][0]$ = $w(i,j)$,即不经过任何点,i 和 j 两点间最短路径的长度就是两点之间边的权值(若两点之间没有边,则权值为 INF)。最后,dis $[i][j][n]$ 就是所求的图中所有的两点之间的最短路径的长度。

算法的时间复杂度为 $O(n^3)$。

(3) 算法过程

① 假设现在只允许经过 1 号顶点进行中转,求任意两点间 (i 和 j) 的最短路径,很显然我们需要比较的就是 dis $[i][j]$ 与 dis $[i][1]$ + dis $[1][j]$ 的大小,若 i 点到 j 点的距离大于 i 点到 1 点加上 1 点到 j 点的距离之和,那么更新 i 到 j 的最短路径。核心代码如下:

```
1. for ( int i = 1; i < = n; i++) {
2.      for ( int j = 1; j < = n; j++) {
3.          if ( dis[i][j] > dis[i][1] + dis[1][j])
4.              dis[i][j] = dis[i][1] + dis[1][j];
5.      }
6. }
```

② 接下来继续求在只允许经过 1 号和 2 号两个顶点进行中转时,任意两点间 (i 和 j) 的最短路径,即在已经实现了从 i 号顶点到 j 号顶点只经过 1 号顶点中转的最短路径的前提下,再引入 2 号结点,来看能不能更新更短路径。核心代码如下:

```
1. for ( int i = 1; i < = n; i++) {
2.      for ( int j = 1; j < = n; j++) {
3.          if ( dis[i][j] > dis[i][2] + dis[2][j])
4.              dis[i][j] = dis[i][2] + dis[2][j];
5.      }
```

```
6. }
```

③ 很显然,需要进行 n 次最短路径的更新,依次引入了 1 号,2 号,…,n 号结点作为中转点。因此,需要再增加 1 个循环,将 k 作为循环变量,代表所有 1 ~ n 号中转点。核心代码如下:

```
1. for ( int k = 1; k < = n; k++) {
2.     for ( int i = 1; i < = n; i++) {
3.         for ( int j = 1; j < = n; j++) {
4.             if ( dis[i][j] > dis[i][k] + dis[k][j])
5.                 dis[i][j] = dis[i][k] + dis[k][j];
6.         }
7.     }
8. }
```

【例 5.3】 信使

【问题概述】

战争时期,前线有 n 个哨所,每个哨所可能会与其他若干个哨所之间有通信联系。信使负责在哨所之间传递信息,当然,这是要花费一定时间的(以天为单位)。指挥部设在第一个哨所。指挥部下达一个命令后,就会派出若干个信使向与指挥部相连的哨所送信以传达命令。

当一个哨所接到信后,这个哨所内的信使们也以同样的方式向其他哨所送信。直至所有 n 个哨所全部接到命令后,送信才算成功。因为准备充足,每个哨所内都安排了足够的信使(如果一个哨所与其他 k 个哨所有通信联系的话,这个哨所内至少会配备 k 个信使)。

现在总指挥请你编一个程序,计算出完成整个送信过程最短需要多少时间。

【输入格式】

第 1 行:2 个整数 n 和 m,中间用 1 个空格隔开,分别表示有 n 个哨所和 m 条通信线路,且 $1 \leqslant n \leqslant 100$。

接下来 m 行:每行 3 个整数 i,j,k,中间用 1 个空格隔开,表示第 i 个和第 j 个哨所之间存在通信线路,且走完这条线路要花费 k 天。

【输出格式】

输出 1 个整数,表示完成整个送信过程的最短时间。如果不是所有的哨所都能收到信,就输出 -1。

【输入输出样例】

输入样例	输出样例
4 4 1 2 4 2 3 7 2 4 1 3 4 6	11

【问题分析】

本题中"指挥部设在第一个哨所"这条信息告诉我们这题属于求单源最短路径问题，目的是求第一个哨所到其他哨所的最短路径，又由于本题中 n 值较小，因此可以采用 Floyd-Warshall 算法。在下面的参考程序中，用一个二维数组 a 来存储边，用 Floyd-Warshall 算法的三重循环更新最短路。最后，找出第一个哨所到其余哨所最短路径中的最大值，即为完成整个送信过程的最短时间。

【参考程序】

```
1.  #include <bits/stdc++.h>
2.  using namespace std;
3.  int main() {
4.      int a[110][110];
5.      for (int i = 0; i < 110; i++) {
6.          for (int j = 0; j < 110; j++) {
7.              if (i == j)
8.                  a[i][j] = 0;
9.              else
10.                 a[i][j] = 1e9;
11.         }
12.     }
13.     int n, m;
14.     cin >> n >> m;
15.     for (int i = 0; i < m; i++) {
16.         int z, b, c;
17.         cin >> z >> b >> c;
18.         a[z][b] = c;
19.         a[b][z] = c;
20.     }
21.     for (int k = 1; k <= n; k++) {
22.         for (int i = 1; i <= n; i++) {
23.             for (int j = 1; j <= n; j++) {
24.                 a[i][j] = min(a[i][j], a[i][k] + a[k][j]);
25.             }
26.         }
27.     }
28.     int max = 0;
29.     for (int i = 1; i <= n; i++) {
30.         if (a[1][i] > max)
31.             max = a[1][i];
32.     }
```

```
33.      cout << max;
34.      return 0;
35. }
```

请读者完成对应习题 5-1~5-2。

5.2　贪心和图

在图论中,经典的最小生成树算法 Prim 算法(普里姆算法)和 Kruskal 算法(克鲁斯卡尔算法)都要用到贪心策略,而最短路径算法除了常见的用动态规划思路的 Bellman-Ford、SPFA、Floyd-Warshall 算法之外,也会用到采用贪心策略的 Dijkstra 算法。

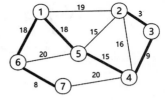

图的最小生成树(Minimum Spanning Tree, MST)的概念:对于一张有 n 个点的带权图,用其中的 $n-1$ 条边来连接这 n 个点,就是生成树,$n-1$ 条边的边权之和最小的一种方案对应的就是最小生成树。图 5-4 中,加粗的边集即为最小生成树。最小生成树能保证最小权值是固定的,但是最小生成树可能有多个。

图 5-4　最小生成树示意图

求最小生成树的过程,我们可以理解为建一棵树,要使边权总和最小,可以用贪心的思路让最小生成树里的每一条边权都尽可能小,不同的操作步骤分别对应着 Prim 和 Kruskal 两种经典算法。

5.2.1　Prim 算法

(1) 基本概念

Prim 算法(普里姆算法)是从一个结点的子图开始构造最小生成树,相对适用于稠密图。该算法每轮选择连接当前子图和子图外结点的最小权边,将对应的结点和边加入子图,直至将所有结点加入子图。

简单来说,该算法的基本思想就是从一个结点开始,不断加点,因此该算法可被称为"加点法"。Prim 算法从图的顶点出发,朴素 Prim 算法的时间复杂度是 $O(n^2)$,因为在寻找离生成树最近的未加入顶点时浪费了很多时间。若利用堆进行优化,Prim 算法的时间复杂度则会降为 $O(m\lg n)$。

(2) 算法过程

① 构建两个集合 S 集合和 V 集合,S 集合中存放的是已经加入最小生成树的点,V 集合中存放的是还没有加入最小生成树的点。刚开始时所有的点都在 V 集合中。

② 若以结点 1 为起点生成最小生成树,则将结点 1 加入集合 S,并初始化其余所有点到集合 S 的距离为无穷大,即 $dis[S] = INF$, $dis[1] = 0$, $sum = 0$, sum 表示最小生成树的权值之和。

③ 根据贪心策略,选择离集合 S 最近的 u 点加入,并把这一条边的权值加到 sum 中;

④ 用新加入集合 S 的 u 点去更新 dis 数组;

⑤ 重复上面的步骤,直到将全部的点加入到最小生成树中。最终 sum 即为最小生成树的权值之和。

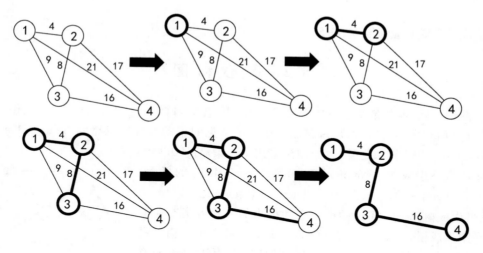

图 5-5　Prim 算法示意图

核心代码如下:

```
1.  const int MAXN = 1000, INF = 0x3f3f3f3f;
2.  int g[MAXN][MAXN], dis[MAXN], n, m, sum;
3.  // g 数组用来存储图, dis 数组储存到集合 S 的距离
4.  // sum 保存最小生成树的权值总和。
5.  bool vis[MAXN]; // 用 vis 数组记录某个点是否加入集合 S 中
6.  void prim(){
7.      dis[1] = 0;      // 结点 1 加入集合 S, 它到集合的距离初始化为 0
8.      vis[1] = true; // 表示结点 1 已经加入了集合 S 中
9.      // 用结点 1 去更新 dis[]
10.     for(int i = 2; i <= n; i++)
11.         dis[i] = min(dis[i], g[1][i]);
12.     for(int i = 2; i <= n; i++){
13.         int temp = INF; // 初始化距离
14.         int t = -1;
15.         for(int j = 2; j <= n; j++){
16.             if(! vis[j] && dis[j] < temp){
17.                 temp = dis[j]; // 更新集合 V 到集合 S 的最小值
18.                 t = j;
19.             }
20.         }
21.         if(t == -1){
22.             sum = INF;
```

```
23.              return;
24.          }
25.          vis[t] = true;
26.          sum += dis[t]; // 加上这个点到集合 S 的距离
27.          // 用新加入的点更新 dist[]
28.          for (int j = 2; j <= n; j++)
29.              dis[j] = min(dis[j], g[t][j]);
30.      }
31. }
```

【例 5.4】　最短网络（USACO Train）

【问题概述】

农民约翰被选为镇长。他的一个竞选承诺就是在镇上建立起互联网,并将网络连接到所有的农场。当然,他需要你的帮助。

约翰已经给他的农场安排了一条高速的网络线路,他想把这条线路共享给其他农场。为了使费用最少,他想铺设最短的光纤去连接所有的农场。

你将得到一份各农场之间连接费用的列表,你必须找出采用最短光纤连接所有农场的方案。每两个农场间的距离不会超过 100 000。

【输入格式】

第 1 行:农场的个数 $N(3 \leqslant N \leqslant 100)$。

接下来 N 行:包含了 1 个 $N \times N$ 的矩阵,表示每个农场之间的距离。

【输出格式】

输出 1 个数,即连接到每个农场的光纤的最小长度。

【输入输出样例】

输入样例	输出样例
4 0 4 9 21 4 0 8 17 9 8 0 16 21 17 16 0	28

【问题分析】

本题中我们可以将小镇看作点,开始时没有任何路径,现在想要从连接所有点的 $N(N-1)/2$ 条路径中选出一些路径,把所有点连通并且使边长总和代价最小,这就是最小生成树问题,可以采用 Prim 算法解决该问题。

【参考代码】

```
1. #include <bits/stdc++.h>
2. using namespace std;
```

```
3.  #define mem(a, b) memset(a, b, sizeof(a))
4.  typedef long long ll;
5.  typedef pair<int, int> pir;
6.  const int N = 5000 + 10;
7.  const int M = 200000 + 10;
8.  int first[N], tot;
9.  int vis[N], dis[N], n, m;
10. priority_queue<pir, vector<pir>, greater<pir>> q;
11. struct edge{
12.     int v, w, next;
13. } e[M * 2];
14.
15. void add_edge(int u, int v, int w){
16.     e[tot].v = v; e[tot].w = w; [tot].next = first[u];
17.     first[u] = tot++;
18. }
19. void prim(){
20.     int cnt = 0, sum = 0;
21.     dis[1] = 0;
22.     q.push(make_pair(0, 1));
23.     while (! q.empty() && cnt < n){
24.         int d = q.top().first, u = q.top().second;
25.         q.pop();
26.         if (! vis[u]){
27.             cnt++;
28.             sum += d;
29.             vis[u] = 1;
30.             for (int i = first[u]; ~i; i = e[i].next)
31.                 if (e[i].w < dis[e[i].v]){
32.                     dis[e[i].v] = e[i].w;
33.                     q.push(make_pair(dis[e[i].v], e[i].v));
34.                 }
35.         }
36.     }
37.     if (cnt == n) printf("%d\n", sum);
38.     Else puts("orz");
39. }
40. int main(){
41.     mem(first, -1);
42.     tot = 0;
43.     mem(dis, 127);
44.     int u, v, w, i, j;
```

```
45.        scanf("% d", &n);
46.        for (i = 1; i <= n; i++)
47.            for (j = 1; j <= n; j++){
48.                scanf("% d", &w);
49.                u = i; v = j;
50.                add_edge(u, v, w);
51.                add_edge(v, u, w);
52.            }
53.        prim();
54.        return 0;
55. }
```

5.2.2　Kruskal 算法

（1）基本概念

Kruskal 算法（克鲁斯卡尔算法）也是贪心算法，其策略是将所有边按照权值的大小进行升序排序，然后按从小到大的顺序依次尝试加入生成树，直到具有 n 个顶点的连通图筛选出来 $n-1$ 条边为止，筛选出来的边和所有的顶点构成此连通图的最小生成树。是否可以使用当前边的判定条件为：如果这条边不会与之前选择的所有边组成回路，就可以作为最小生成树的一部分，反之将这条边舍去。

简单来说，该算法的基本思想就是不断加边，从边的角度设计算法，算法的时间复杂度为 $O(n\log n)$，和 Prim 算法相比，该算法更适合于求稀疏图的最小生成树。

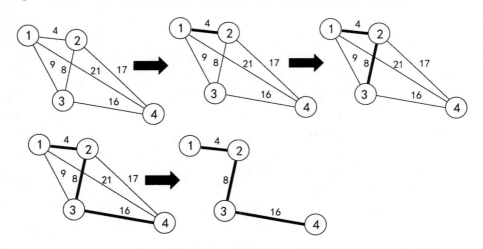

图 5-6　Kruskal 算法示意图

（2）算法过程

① 对边集合进行排序。

② 选择最小权值边，若不构成环，则将其添加到最小生成树边集合 E 中。

算法加边时判断是否会产生回路一般会使用并查集：在初始状态下给每个顶点赋予不

同的标记,对于遍历过程的每条边的两个顶点,判断这两个顶点的标记是否一致,如果一致,说明它们已经连通,如果继续连接就会产生回路;如果不一致,说明它们之间还未连通,可以连接。

并查集也叫"不相交集合",即将 n 个顶点划分为不相交集合,常见的两种操作就是合并两个集合和查找某元素属于哪个集合。

其中,查询某个结点 x 所在集合的根结点操作如下:

```
1. int find(x){
2.      while (fa[x] ! = x)
3.          x = fa[x];
4.      return x;
5. }
```

合并 x, y 集合的操作如下:

```
1. void union(int x, int y){
2.      int a = find(x);
3.      int b = find(y);
4.      father[a] = b;
5. }
```

③ 重复上一步骤直到所有点属于同一棵树,边集 E 就是一棵最小生成树。

完整核心代码如下:

```
1. struct edge{
2.      int u, v;
3.      int weight;
4. };
5. vector<int> father; // 记录每个结点的父亲
6. vector<int> result; // 存储最后获得的各条边
7. bool compare(edge a, edge b){ // 按照权值给各边排序
8.      return a.weight < b.weight;
9. }
10. int findfather(int a){ // 查找某一结点的父结点
11.     while (a ! = father[a]){
12.         a = father[a];
13.     }
14.     return a;
15. }
16. void kruskal(int n, vector<edge> Edge){
17.     father.resize(n);
18.     sort(Edge.begin(), Edge.end(), compare);
19.     for (int i = 0; i < n; i++){
20.         father[i] = i;
```

```
21.        }
22.        for（int i = 0;i<Edge.size（) && result.size（）< n-1; i++){
23.            int u = Edge[i].u;
24.            int v = Edge[i].v;
25.            int ufa = findfather（u）;
26.            int vfa = findfather（v）;
27.            if（ufa！= vfa){ // 判断父结点是否相同
28.                result.push_back（Edge[i].weight）;
29.                father[ufa] = father[vfa];
30.                // 将两点并入一个集合中
31.            }
32.        }
33.        if（result.size（)！= n - 1){
34.            cout << result.size（）<< "该图不连通" << endl;
35.            return;
36.        }
37.        else{
38.            cout << "最小生成树的各边如下:" << endl;
39.            for（int i = 0; i < result.size（); i++){
40.                cout << result[i] << endl;
41.            }
42.        }
43. }
```

【**例 5.5**】 **北极通信网络**（**Waterloo University 2002**）

【**问题概述**】

北极的某区域共有 n 座村庄（$1 \leqslant n \leqslant 500$），每座村庄的坐标用一对整数（$x, y$）表示，其中 $0 \leqslant x, y \leqslant 10\,000$。为了加强联系，村主任决定在村庄之间建立通信网络。通信工具可以是无线电收发机，也可以是卫星设备。所有的村庄都可以拥有一部无线电收发机，且所有的无线电收发机型号相同。但卫星设备数量有限，只能给一部分村庄配备卫星设备。

不同型号的无线电收发机有一个不同的参数 d，两座村庄之间的距离如果不超过 d 就可以用该型号的无线电收发机直接通信，d 值越大的无线电收发机价格越贵。拥有卫星设备的两座村庄无论相距多远都可以直接通信。

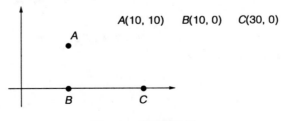

图 5-7 北极通讯网

现在有 k 台 $(1 \leqslant k \leqslant 100)$ 卫星设备,请你编写一个程序,计算出应该如何分配这 k 台卫星设备,才能使所有的无线电收发机的 d 值最小,并保证每两座村庄之间都可以直接或间接地通信。

【输入格式】

第 1 行:由空格隔开的 2 个整数 n, k;

接下来 n 行:每行 2 个整数,第 i 行的 x_i, y_i 表示第 i 座村庄的坐标 (x_i, y_i)。

【输出格式】

输出 1 个实数,表示最小的 d 值,结果保留 2 位小数。

【数据规模与约定】

对于全部数据,$1 \leqslant n \leqslant 500, 0 \leqslant x, y \leqslant 10\,000, 1 \leqslant k \leqslant 100$。

【输入输出样例】

输入样例	输出样例
3 2 10 10 10 0 30 0	10.00

【问题分析】

本题中由于提供 k 台卫星电话,那么只需要用 $n - k$ 台无线电收发机组网保证距离代价最小的 $n - k$ 个村庄相连接,剩下的 k 个村任意分配卫星电话就可以保持通信,可以用 Kruskal 算法来实现连接。

【参考程序】

```
1. #include <bits/stdc++.h>
2. using namespace std;
3. int n, k, m, fa[505], x[505], y[505];
4. double d;
5. struct node{ // 存储每条边的两个端点和距离
6.     int a, b;
7.     double distance;
8. } v[250000];
9. double dis(int ax, int ay, int bx, int by){ // 求两点之间距离
10.     return sqrt((ax - bx) * (ax - bx) + (ay - by) * (ay - by));
11. }
12. int cmp(node n1, node n2){ // 按边的权值从小到大排序
13.     return n1.distance < n2.distance;
14. }
15. int getfather(int x){ // 求父亲结点
16.     if (fa[x] == x)
17.         return x;
```

```
18.     return  fa[x] = getfather(fa[x]);
19.  }
20.  void kruskal(){
21.     int f1, f2, num1 = 0;
22.     for (int i = 1; i <= n; i++)
23.         fa[i] = i; // 初始化每个点为一个集合
24.     for (int i = 1; i <= m; i++){
25.         f1 = getfather(v[i].a);
26.         f2 = getfather(v[i].b);
27.         if (f1 != f2){
28.             fa[f1] = f2; // 合并两个不同的集合
29.             num1++;
30.             if (num1 == n - k){ // 放到第 n-k 条边
31.                 d = v[i].distance; // 记录边的权值
32.                 break;                // 退出
33.             }
34.         }
35.     }
36.  }
37.  int main(){
38.     cin >> n >> k;
39.     if (k >= n){ // 每个村庄都可以分配卫星电话,d 为 0
40.         cout << "0.00" << endl;
41.         return 0;
42.     }
43.     if (k == 0)
44.         k = 1;
45.     m = 0;
46.     for (int i = 1; i <= n; i++) // 输入每个村庄的坐标
47.         cin >> x[i] >> y[i];
48.     for (int i = 1; i <= n; i++) // 求出每条边边权和端点,用 m 记录边数
49.         for (int j = i + 1; j <= n; j++){
50.             v[++m].a = i;
51.             v[m].b = j;
52.             v[m].distance = dis(x[i], y[i], x[j], y[j]);
53.         }
54.     sort(v + 1, v + 1 + m, cmp);
55.     kruskal();
56.     printf("% .2f\n", d);
57.     return 0;
58.  }
```

5.2.3 Dijkstra 算法

（1）基本概念

Dijkstra 算法（迪杰斯特拉算法）也是一种单源最短路径算法，它只适用于所有边的权都非负的图。它与 Bellman-Ford 算法的结果是一样的，区别就在于 Dijkstra 算法针对的图中不能存在负边权。Dijkstra 算法的主要思路是每次循环时选择的顶点是没有标记点中距离源点最近的顶点，然后以该顶点为中心进行扩展，最终得到源点到其余所有点的最短路径。其算法核心采用的是贪心思路。

（2）算法过程

① 先初始化源点 s 到每一个 v 点的最短路径 dis[v] = INF（即正无穷大），源点 s 到自己本身的最短路径 dis[s] = 0。再初始化每个点的最短路径确定情况（标记情况）vis[] = False。

② 遍历找出一个未被标记（即 vis[] 为 False，并且 dis[] 最小）的结点，称作结点 u，并调整标记为 True。第 1 个被称作结点 u 的一定是源点，因为刚开始时只有源点的 dis[] 为 0，其余点的 dis[] 都为无穷大，都未确定最短路径（标记）。

③ 对于从 u 点出发的所有的以 v 点为另一端点的边 (u, v)，如果 dis[v] > dis[u] + w(u, v)，则 dis[v] = dis[u] + w(u, v)，表示如果源点 s 到 v 点的距离大于源点 s 到 u 点的距离加上 u 点到 v 点的边的权值，那么就更新 dis[v]。

④ 重复步骤②、③，直到所有结点都被确定最短路径（标记）。

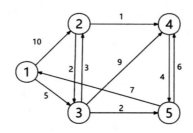
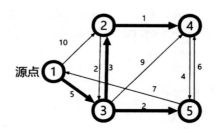

1 作为源点	dis[1]	dis[2]	dis[3]	dis[4]	dis[5]
初始化	0(确定)	∞	∞	∞	∞
第 1 次更新	0	10	5(确定)	∞	∞
第 2 次更新	0	8	5(确定)	14	7(确定)
第 3 次更新	0	8(确定)	5(确定)	13	7(确定)
第 4 次更新	0	8(确定)	5(确定)	9(确定)	7(确定)

图 5-8　Dijkstra 算法示意图

核心代码如下：

暴力实现：

```
1. int dis[maxn], vis[maxn];
2. void dijkstra(int s){
```

```
3.       memset(dis, INF, sizeof(dis));
4.       dis[s] = 0;
5.       for (int i = 1; i <= n; i++){
6.           int u = 0, mind = INF;
7.           for (int j = 1; j <= n; j++)
8.               if (!vis[j] && dis[j] < mind)
9.                   u = j, mind = dis[j];
10.          if (u == 0)
11.              break;
12.          vis[u] = true;
13.          for (int j = 1; j <= n; j++){
14.              if (dis[j] > dis[u] + w[u][j])
15.                  dis[j] = dis[u] + w[u][j];
16.          }
17.      }
18. }
```

上述的 Dijkstra 算法过程是暴力枚举的过程,因每次都要找一个最近点,算法时间复杂度为 $O(n^2)$,n 为点数。如果用优先队列进行优化,则能将寻找 dis[ ] 最小值点的过程复杂度降为 $O(1)$,每次调整的时间复杂度降为 $O(m\log n)$,m 为边数。总的时间复杂度降为 $O((m+n)\log n)$。

优化算法的实现过程:

① 将与源点相连的点加入优先队列;

② 取出堆顶元素 u 点(即边权最小的元素);

③ 对于与 u 点相邻的、未被访问过的 v 点,如果 dis[v] > dis[u] + $w(u,v)$,则 dis[v] = dis[u] + $w(u,v)$,若该点不在优先队列中,则将其加入优先队列,否则更新距离;

④ 重复步骤②、③,若优先队列中无点,则结束算法。

优先队列实现:

```
1. vector<pair<int, int>> e[MAXN];
2. void dijkstra(int s){
3. priority_queue<pair<int, int>, vector<pair<int, int>>,
                             greater<pair<int, int>>> q;
4.     q.push(make_pair(dis[s], s));
5.     while (!q.empty()){
6.         int now = q.top().second;
7.         q.pop();
8.         for (int i = 0; i < e[now].size(); i++){
9.             int v = e[now][i].first;
10.            if (dis[v] > dis[now] + e[now][i].second){
11.                dis[v] = dis[now] + e[now][i].second;
12.                q.push(make_pair(dis[v], v));
```

```
13.          }
14.        }
15.      }
16. }
```

【例 5.6】 热浪

【问题描述】

这个夏天得克萨斯纯朴的民众们正在遭受巨大的热浪,得克萨斯长角牛的牛肉吃起来不错,可是这里的民众并不是很擅长生产富含奶油的乳制品。农场主 John 此时以"先天下之忧而忧,后天下之乐而乐"的精神,承担起向得克萨斯运送大量冰牛奶的重任,以减轻得克萨斯州民众们忍受酷暑的痛苦。

John 已经研究过可以把冰牛奶从威斯康星州运送到得克萨斯州的路线。这些路线包括起点和终点,一共经过 $T(1 \leq T \leq 2\,500)$ 个城镇,标号为 1 到 T。除了起点和终点外的每个城镇由两条双向道路连向至少两个其他的城镇。通过每条道路会产生一个通过费用(包括油费、过路费等)。

给定一个地图,地图上包含 $C(1 \leq C \leq 6\,200)$ 条直接连接两个城镇的道路。每条道路由道路的起点 R_s,终点 $R_e(1 \leq R_s \leq T; 1 \leq R_e \leq T)$ 以及花费 $(1 \leq C_i \leq 1\,000)$ 组成。求从起点的城镇 $T_s(1 \leq T_s \leq T)$ 到终点的城镇 $T_e(1 \leq T_e \leq T)$ 所花费的最小总费用。

【输入格式】

第 1 行: 4 个由空格隔开的整数 T, C, T_s, T_e;

接下来 C 行: 第 $i+1$ 行描述第 i 条道路。每行有 3 个由空格隔开的整数 R_s, R_e 和 C_i。

【输出格式】

1 个单独的整数,表示从 T_s 到 T_e 的最小总费用。数据保证至少存在一条道路。

【数据规模与约定】

$1 \leq T \leq 2\,500, 1 \leq C \leq 6\,200, 1 \leq R_s \leq T, 1 \leq R_e \leq T, 1 \leq C_i \leq 1\,000$。

【输入输出样例】

输入样例	输出样例
7 11 5 4 2 4 2 1 4 3 7 2 2 3 4 3 5 7 5 7 3 3 6 1 1 6 3 4 2 4 3 5 6 3 7 2 1	7

【问题分析】

本题实质是求一个固定起点到终点的最短路径,属于单源最短路径问题,可以采用 Dijkstra 算法。在下面的参考程序中,用一个邻接矩阵来存储边,一维数组 dis [ ] 用于存放起点到其余点的最短路长度。

【参考程序】

```cpp
1. #include <bits/stdc++.h>
2. using namespace std;
3. const int INF = 0x3f3f3f3f;
4. int n, m, ts, te;
5. int a[2510][2510];
6. int dis[2510], vis[2510], tmp;
7. void dijkstra(int ts){
8.     dis[ts] = 0;
9.     for  (int i = 1; i <= n; i++){
10.         int minn = INF, tmp = 0;
11.         for (int j = 1; j <= n; j++){
12.             if (vis[j] == 0 && dis[j] < minn){
13.                 minn = dis[j];
14.                 tmp = j;
15.             }
16.         }
17.         vis[tmp] = 1;
18.         if (tmp == te || tmp == 0)    return;
19.         for (int j = 1; j <= n; j++){
20.             if (vis[j] == 0 && dis[j] > dis[tmp] + a[tmp][j]){
21.                 dis[j] = dis[tmp] + a[tmp][j];
22.             }
23.         }
24.     }
25. }
26. int main(){
27.     memset(a, INF, sizeof(a));
28.     memset(dis, INF, sizeof(dis));
29.     cin >> n >> m >> ts >> te;
30.     for (int i = 1; i <= m; i++){
31.         int z, b, c;
32.         cin >> z >> b >> c;
33.         a[z][b] = min(c, a[z][b]);
```

```
34.          a[b][z] = min(c, a[b][z]);
35.      }
36.      dijkstra(ts);
37.      cout << dis[te];
38.      return 0;
39. }
```

【例 5.7】 最短路计数

【问题概述】

给出一个 N 个顶点 M 条边的无向无权图,顶点编号为 $1 \sim N$。问从顶点 1 开始,到其他每个点的最短路有几条。

【输入格式】

第 1 行:包含 2 个正整数 N, M,表示图的顶点数与边数。

接下来 M 行:每行 2 个正整数 x, y,表示有一条由顶点 x 连向顶点 y 的边,请注意可能有自环与重边。

【输出格式】

输出 N 行,每行 1 个非负整数,第 i 行输出从顶点 1 到顶点 i 有多少条不同的最短路,由于这个数有可能会很大,你只需要输出 mod 100003 后的结果即可。如果无法到达顶点 i 则输出 0。

【数据规模与约定】

对于 20% 的数据, $N \leqslant 100$;

对于 60% 的数据, $N \leqslant 1\,000$;

对于 100% 的数据, $1 \leqslant N \leqslant 100\,000$, $0 \leqslant M \leqslant 200\,000$。

【输入输出样例】

输入样例	输出样例
5 7 1 2 1 3 2 4 3 4 2 3 4 5 4 5	1 1 1 2 4

【问题分析】

本题对应的是无向无权图,可以设所有边长为 1,采用 Dijkstra 算法,用 dis 数组存储每个顶点离开源点的最短路径长度,每次松弛操作的时候,如果 $dis[u] > dis[v] + 1$,那么到

达 u 的最短路条数应该和到达 v 的是一样的。如果 $dis[u]=dis[v]+1$,那么到达 v 的最短路条数应该加上到达 u 的最短路条数。因为所有边的边权都是 1,所以如果 $dis[u]=dis[v]+1$,那么肯定从 u 经过的最短路,从 v 经过的时候也是最短路。

【参考程序】

```
1.  #include <bits/stdc++.h>
2.  using namespace std;
3.  typedef long long ll;
4.  const int mod = 1e5 +3;
5.  const int N = 1e5 +5;
6.  struct edge{
7.      int t, v;
8.      friend bool operator<(edge a, edge b){
9.          return a.v >b.v;
10.     }
11. };
12. vector<int> g[N];
13. priority_queue<edge> pq;
14. bool vis[N];
15. int d[N], cnt[N];
16. void dijkstra(int s){
17.     memset(d, 0x3f, sizeof(d));
18.     memset(vis, 0, sizeof(vis));
19.     d[s] = 0;
20.     cnt[s] = 1;
21.     pq.push(edge{s, 0});
22.     while (! pq.empty()){
23.         int u = pq.top().t;
24.         pq.pop();
25.         if (vis[u])
26.             continue;
27.         vis[u] = 1;
28.         for (int i = 0; i <g[u].size(); ++i){
29.             int v = g[u][i];
30.             if (! vis[v]){
31.                 if (d[u] +1 <d[v]){
32.                     d[v] = d[u] +1,
33.                     cnt[v] = cnt[u],
34.                     pq.push(edge{v, d[v]});
35.                 }
36.                 else if (d[u] +1 == d[v]){
37.                     cnt[v] = (cnt[v] +cnt[u]) % mod;
```

```
38.            }
39.          }
40.        }
41.      }
42. }
43. int main( ){
44.     int n, m;
45.     scanf("% d% d", &n, &m);
46.     for ( int i = 1; i < = m; ++i){
47.         int x, y;
48.         scanf("% d% d", &x, &y);
49.         g[ x].push_back( y);
50.         g[ y].push_back( x);
51.     }
52.     dijkstra( 1);
53.     for ( int i = 1; i < = n; ++i)
54.         printf("% d\n", cnt[ i]);
55.     return 0;
56. }
```

请读者对应练习章后习题 5-3~5-4。

5.3 树上基础算法

树是图的一种特殊形式,是连通且无环的无向图,有 $n-1$ 条边连接 n 个顶点,每两个顶点间恰有一条路径。如果一棵树中每个结点的地位是相同的,则可以将其当做普通的无向图来处理,这种树叫无根树。而我们大多数情况下所说的树都是有根树,即每棵树指定一个结点作为根。有根树组织结构更加清晰,可以更多地利用树的性质,因此树上的问题一般先转化成有根树再解决。本节将会介绍树结构中的几种经典算法。

5.3.1 最近公共祖先

(1)基本概念

最近公共祖先(Least Common Ancestors,简称 LCA)概念:对于有根树的两个结点 u、v,它们的最近公共祖先 LCA(u, v) 表示为一个结点 x,满足 x 是 u、v 的祖先且 x 的深度尽可能大(深)。

例如图 5-9 中 LCA $(E, F)=B$,即 E 和 F 的最近公共祖先是 B。虽然 E、F 的公共祖先点为 $\{A,B\}$,但 B 点的深度较大,因此 B 点是 E、F 的最近公共祖先。

LCA 最常见的应用是已知树上最近公共祖先可以快速求出两个点在树上的距离。相当于在树上找两点的最短路,因为最近公共祖先

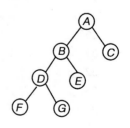

图 5-9 树

肯定处于两点的最短路径上,我们可以预处理出每个点与树根的距离 dis[ ],那么树上两点 A, B 的距离就为 $dis[A] + dis[B] - 2 \times dis[LCA(A, B)]$。

求解最近公共祖先的算法比较多,有暴力枚举、倍增算法、Tarjan 算法、欧拉序+RMQ(区间最值问题)、树链剖分等,其中比较常用的是倍增算法。

(2)算法过程

枚举算法的基本思路是从 u, v 中较深的点开始,向根方向移动和另外一个点相同深度,然后两个点一起一步一步地向根方向移动,直到两者重合,这样就能找到 u, v 的最近公共祖先。简单来说,就是从下往上找,直到找到为止。核心代码如下:

```
1. int LCA(int u, int v){ // 该函数返回 u,v 的最近公共祖先编号
2.     // depth[ ]数组用于存储结点深度、fa[ ]用于存储当前结点祖先编号
3.     if (depth[u] < depth[v])
4.         swap(u, v); // 让 u 成为较深的那个点
5.     while (depth[u] != depth[v])
6.         u = fa[u]; // 到达同深度
7.     while (u != v)
8.         u = fa[u], v = fa[v]; // 一起往上跳,往根方向移动
9.     return u;                 // 即最近公共祖先编号
10. }
```

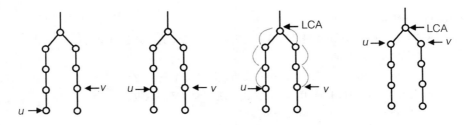

图 5-10 求解 LCA 示意图

然而当树的深度比较大时,查询数量就会很大,上述枚举算法的运行速度就会比较慢,主要时间消耗在往上移动的操作上,这个过程可以用倍增来加速。我们可以预处理出每个结点的倍增祖先表,再往上移动的过程就是按二进制倍增方式"跳"上去,时间复杂度下降到 $O(\log(h))$,h 为树高。

倍增算法的基本思路是令 $f[x][i]$($i = 0, 1, \cdots, \log n$)为从 x 向根移动 2^i 步到达的位置,例如 $f[x][0]$ 存储的就是 x 的父亲结点编号,我们从树根向下遍历所有结点,当访问到 u 结点时,肯定已经访问过所有 u 的祖先,这样就可以得到结点的倍增祖先表。简单来说,倍增算法的思路就是从上往下走,遍历所有结点,并做记录。这个预处理过程的时间复杂度为 $O(n\log n)$。

```
1. void dfs(int u, int father){ // 深搜预处理 f[ ][ ]数组
2.     dep[u] = dep[father] + 1;                // 深度 +1
3.     for (int i = 1; (1 << i) <= dep[u]; i++) // 生成倍增祖先表
```

```
4.         f[u][i] = f[f[u][i-1]][i-1];
5.         // u 移动 2^i 次就相当于从 u 移动 2^(i-1) 次后再移动 2^(i-1) 次
6.         for (int i = head[u]; i; i = edge[i].next) {
7.             int v = edge[i].to;
8.             if (v == father)
9.                 continue; // 往下走
10.            f[v][0] = u; // u 是 v 的父亲
11.            dfs(v, u);
12.        }
13.     }
```

倍增算法的实现过程如下：

① 首先将 u，v 移动到同一深度：先让 u 成为较深的那个点，再从大到小枚举步长 2^i，若 v 的深度不比 $f[u][i]$ 的深度深则更新 u。这里 $i = \log n$，$\log n - 1$，$\cdots$，0，时间复杂度为 $O(\log n)$。

② 若此时 $u = v$，则返回结果 u。

③ 从大到小枚举步长 $2i$，若 $f[u][i] != f[v][i]$ 则更新 u、v。这里 $i = \log n$，$\log n - 1$，$\cdots$，0，时间复杂度为 $O(\log n)$。

④ 最后答案即为当前 u 或 v 的父结点，即 $f[x][0]$。

核心代码如下：

```
1. const int logN = 18;
2. int LCA(int u, int v) { // 预处理出倍增祖先表后,对 LCA(u,v) 函数的优化
3.     if (depth[u] < depth[v])
4.         swap(u, v);              // 让 u 成为较深的那个点
5.     for (int i = LogN; i >= 0; i--) // 让 u 跳到和 v 同一深度
6.         if (depth[f[u][i]] >= depth[v])
7.             u = f[u][i];
8.     if (u == v)
9.         return u;
10.    for (int i = LogN; i >= 0; i--) // 一起向上跳
11.        if (f[u][i] != f[v][i])
12.            u = f[u][i], v = f[v][i];
13.    return f[u][0];
14. }
```

往上跳的过程还可以进一步用位运算来优化,高度差可以转为二进制,跳的次数为二进制中 1 的个数：

```
1. int c = depth[u] - depth[v];
2. for (int i = 0; i <= 14; i++) {
3.     if (c & (1 << i))
4.         u = up[u][i];
```

5. }

【例 5.8】　树上距离

【问题概述】

给出具有 n 个点的一棵树,多次询问两点之间的最短距离。

【输入格式】

第 1 行:2 个整数 n 和 m,n 表示点数,m 表示询问次数;

接下来 $n-1$ 行:每行 3 个整数 x,y,k,表示点 x 和点 y 之间存在一条边,边的长度为 k;

接下来 m 行:每行 2 个整数 x,y,表示询问点 x 到点 y 的最短距离。

【输出格式】

输出 m 行。对于每次询问,输出 1 行。

【数据规模与约定】

对于全部数据,$2 \leqslant n \leqslant 10^4$,$1 \leqslant m \leqslant 2 \times 10^4$,$0 < k \leqslant 100$,$1 \leqslant x,y \leqslant n$。

【输入输出样例】

输入样例	输出样例
6 2 1 2 100 1 3 50 2 4 40 2 5 60 3 6 30 2 6 5 6	180 240

【问题分析】

本题求树上两点 x,y 间的最短路径,该最短路径肯定经过两点的最近公共祖先 LCA 结点,求树上两点最短距离可以先用一遍搜索预处理出树上每个点与根结点的距离,将这些距离存入 dis[ ] 数组,然后用公式 dis[x] + dis[y] − 2 × dis[LCA(x,y)] 求出点 x 到点 y 的最短距离,其中,求最近公共祖先可以用树上倍增算法来实现。

【参考程序】

```
1. #include <bits/stdc++.h>
2. using namespace std;
3. #define maxn 10010
4. #define maxm 20010
5. int n,m,ans,cnt =0, f[maxn][20], head[maxn], dep[maxn], dis[maxn];
6. struct edge{
7.     int v, nxt, w;
8. } e[maxn << 1];
```

```
9.  inline int read( ) {
10.     int x = 0, f = 1;
11.     char c = getchar( );
12.     while ( c < '0' || c > '9') {
13.         if ( c == '-')
14.             f = -1;
15.         c = getchar( );
16.     }
17.     while ( c >= '0' && c <= '9') {
18.         x = (x << 3) + (x << 1) + c - '0';
19.         c = getchar( );
20.     }
21.     return x *  f;
22. }
23. inline void add_( int u, int v, int w) {
24.     e[ ++cnt].v = v;
25.     e[ cnt].w = w;
26.     e[ cnt].nxt = head[ u];
27.     head[ u] = cnt;
28. }
29. void dfs( int u, int fa) {
30.     dep[ u] = dep[ fa] + 1;
31.     f[ u][ 0] = fa;
32.     for ( int i = 1; i <= 20; ++i) {
33.         f[ u][ i] = f[ f[ u][ i - 1]][ i - 1];
34.     }
35.     for ( int i = head[ u]; ~i; i = e[ i].nxt) {
36.         int v = e[ i].v, w = e[ i].w;
37.         if ( v == fa)
38.             continue;
39.         dis[ v] = dis[ u] + w;
40.         dfs( v, u);
41.     }
42. }
43. int LCA_( int u, int v) {
44.     if ( dep[ u] < dep[ v])
45.         swap( u, v);
46.     for ( int i = 20; i >= 0; --i) {
47.         if ( dep[ f[ u][ i]] >= dep[ v])
48.             u = f[ u][ i];
49.     }
50.     if ( v == u)
```

```
51.         return v;
52.     for (int i = 20; i >= 0; --i){
53.         if (f[u][i] ! = f[v][i]){
54.             u = f[u][i];
55.             v = f[v][i];
56.         }
57.     }
58.     return f[u][0];
59. }
60. int main(){
61.     memset(head, -1, sizeof(head));
62.     memset(dep, 0, sizeof(dep));
63.     memset(f, 0, sizeof(f));
64.     memset(dis, 0, sizeof(dis));
65.     n = read();
66.     m = read();
67.     int x, y, z;
68.     for (int i = 1; i < n; ++i){
69.         x = read();
70.         y = read();
71.         z = read();
72.         add_(x, y, z);
73.         add_(y, x, z);
74.     }
75.     dfs(1, 0);
76.     for (int i = 1; i <= m; ++i){
77.         x = read();
78.         y = read();
79.         int mid = LCA_(x, y);
80.         ans = dis[x] - dis[mid] + dis[y] - dis[mid];
81.         printf("% d\n", ans);
82.     }
83.     return 0;
84. }
```

【例 5.9】 祖孙询问

【问题概述】

已知一棵有 n 个结点的有根树。有 m 个询问,每个询问给出了一对结点的编号 x 和 y,询问 x 与 y 的祖孙关系。

【输入格式】

第 1 行:1 个整数 n,表示结点个数;

接下来 n 行：每行 1 对整数对 a 和 b，表示 a 和 b 之间有连边，如果 b 是 -1，那么 a 就是树的根；

接下来 1 行：1 个整数 m，表示询问个数；

接下来 m 行：每行两个正整数 x 和 y，表示一个询问。

【输出格式】

对于每一个询问，若 x 是 y 的祖先则输出 1，若 y 是 x 的祖先则输出 2，否则输出 0。

【输入输出样例】

输入样例	输出样例
10	1
234 −1	0
12 234	0
13 234	0
14 234	2
15 234	
16 234	
17 234	
18 234	
19 234	
233 19	
5	
234 233	
233 12	
233 13	
233 15	
233 19	

【数据规模与约定】

对于 30% 的数据，$1 \leqslant n, m \leqslant 10^3$；

对于 100% 的数据，$1 \leqslant n, m \leqslant 4 \times 10^4$，每个结点的编号都不超过 4×10^4。

【问题分析】

本题可以采用最近公共祖先的算法思路，通过将所询问的两点间的距离与任意一点到 LCA 的距离作比较来判断，若前者大于后者，则无关，若两者相等，则有关，两个距离相等时深度小的结点就是祖先。

【参考程序】

```
1. #include <bits/stdc++.h>
2. using namespace std;
3. const int N = 100005;
4. int n, q, u, v, dep[N], dp[N][21], rt;
5. vector<int> edge[N];
6. void DFS(int T, int f, int d){
```

```
7.        dp[T][0] = f;
8.        dep[T] = d;
9.        for (int i = 1; i <= 20; i++)
10.           dp[T][i] = dp[dp[T][i - 1]][i - 1];
11.       for (int i = 0; i < edge[T].size(); i++){
12.           if (edge[T][i] == f)
13.               continue;
14.           DFS(edge[T][i], T, d + 1);
15.       }
16.       return;
17. }
18. int LCA(int u, int v){
19.     if (dep[u] < dep[v])
20.         swap(u, v);
21.     for (int i = 20; i >= 0; i--){
22.         if (dep[dp[u][i]] >= dep[v])
23.             u = dp[u][i];
24.     }
25.     if (u == v)
26.         return u;
27.     for (int i = 20; i >= 0; i--){
28.         if (dp[u][i] != dp[v][i])
29.             u = dp[u][i], v = dp[v][i];
30.     }
31.     return dp[u][0];
32. }
33. int main(){
34.     scanf("%d", &n);
35.     for (int i = 1; i <= n; i++){
36.         scanf("%d%d", &u, &v);
37.         if (v == -1){
38.             rt = u;
39.             continue;
40.         }
41.         edge[u].push_back(v);
42.         edge[v].push_back(u);
43.     }
44.     DFS(rt, -1, 1);
45.     scanf("%d", &q);
46.     while (q--){
47.         scanf("%d%d", &u, &v);
48.         int lca = LCA(u, v);
```

```
49.        if ( lca == u )
50.            puts( "1" );
51.        else if ( lca == v )
52.            puts( "2" );
53.        else
54.            puts( "0" );
55.    }
56.    return 0;
57. }
```

5.3.2　树上差分

（1）基本概念

一维差分算法：对于区间 $[l, r]$ 来说，在 l 处加上 x，在 $r + 1$ 处减去 x，再求前缀和即可。

表 5-1　差分数组举例

原数列	9	4	7	5	9
前缀和	9	13	20	25	34
差分数组	9	-5	3	-2	4
前缀和的差分数组	9	4	7	5	9
差分数组的前缀和	9	4	7	5	9

原数列的前缀和的差分数组还是原数列，原数列的差分数组的前缀和也是原数列，因此差分也被称为前缀和的逆运算。

树上差分算法，是一个适用于树上区间操作的算法，它是差分数组、前缀和求解的树上拓展。树上差分算法利用差分的性质，对路径上的重要结点进行修改（而不是暴力逐个全改），作为其差分数组的值，最后在求值时，利用 DFS 遍历求出差分数组的前缀和，就可以达到降低复杂度的目的，此算法通常需要最近公共祖先 LCA 的配合。

（2）算法过程

对点和边的树上差分原理相同，但实现略有不同，主要有两种操作：

① 找每条边被所有路径覆盖的次数。

② 找每个点被所有路径覆盖的次数。

点差分是将 u, v 两点之间路径上的所有点权增加 x，lca = LCA(u, v)，lca 的父亲结点为 p，则操作如下：

1. diff[u] += x, diff[v] += x;

2. diff[lca] -= x, diff[p] -= x;

边差分是将 u, v 两点之间路径上的所有边权增加 x，lca = LCA(u, v)，用每条边两

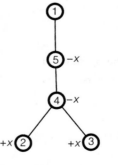
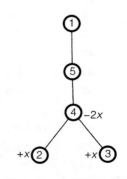

图 5-11　点差分示意图　　图 5-12　边差分示意图

端深度较大的结点存储该边的差分数组,则操作如下:

1. diff[u] += x, diff[v] += x;
2. diff[lca] -= 2 * x;

【例 5.10】　最大流(USACO2015 DEC Plat)

【问题概述】

FJ 在他的牛棚的 N 个隔间之间安装了 $N-1$ 根管道,隔间编号为从 1 到 N。所有隔间都被管道连通了。

FJ 有 K 条运输牛奶的路线,第 i 条路线从隔间 s_i 运输到隔间 t_i。一条运输路线会给它的两个端点处的隔间以及中间途径的所有隔间带来一个单位的运输压力,你需要计算压力最大的隔间的压力是多少。

【输入格式】

第 1 行:输入 2 个整数 N 和 K。

接下来 $N-1$ 行:每行输入 2 个整数 x 和 y,其中 $x \neq y$。表示一根在牛棚 x 和 y 之间的管道。

接下来 K 行:每行 2 个整数 s 和 t,描述一条从 s 到 t 的运输牛奶的路线。

【输出格式】

输出 1 个整数,表示压力最大的隔间的压力大小。

【数据规模与约定】

$2 \leqslant N \leqslant 5 \times 10^4$, $1 \leqslant K \leqslant 10^5$。

【输入输出样例】

输入样例	输出样例
5 10 3 4 1 5 4 2 5 4 5 4 5 4 3 5 4 3 4 3 1 3 3 5 5 4 1 5 3 4	9

【问题分析】

本题给定一棵含有 N 个结点的树,并给出树上 K 条路径,求结点被经过的最大次数,可以采用树上点差分来解决。本题中需要将 x 到 y 路径中每个结点权值加 1,我们可以先将 x、y 结点每一点权值加 1,以及将 x、y 的 LCA 结点和 LCA 的父亲结点每个点减 1,处理完所有路径后再用一遍 DFS 统计出树上前缀和就可以得到每个结点的最终访问次数,同时通过比较求出结点最高访问次数。

【参考程序】

```cpp
1.  #include <bits/stdc++.h>
2.  using namespace std;
3.  #define N 50005
4.  #define sz 16
5.  int n, k, x, y, s, t, r, ans;
6.  int tot, head[N], nxt[N * 2], v[N * 2];
7.  int h[N], father[N], sum[N], size[N], f[N][sz +5];
8.  inline void addedge(int x, int y){
9.      v[++tot] = y;
10.     nxt[tot] = head[x];
11.     head[x] = tot;
12. }
13. inline void dfs1(int x, int fa, int dep){
14.     h[x] = dep;
15.     father[x] = fa;
16.     for (int i = 1; i < sz; ++i)
17.         f[x][i] = f[f[x][i - 1]][i - 1];
18.     for (int i = head[x]; i; i = nxt[i])
19.         if (v[i] != fa){
20.             f[v[i]][0] = x;
21.             dfs1(v[i], x, dep + 1);
22.         }
23. }
24. inline int lca(int x, int y){
25.     if (h[x] < h[y])
26.         swap(x, y);
27.     for (int i = sz - 1; i >= 0; --i)
28.         while (h[f[x][i]] >= h[y])
29.             x = f[x][i];
30.     if (x == y)
31.         return x;
32.     for (int i = sz - 1; i >= 0; --i)
33.         if (f[x][i] != f[y][i])
34.             x = f[x][i], y = f[y][i];
35.     return f[x][0];
36. }
```

```
37. inline void dfs( int x, int fa) {
38.     size[ x] = sum[ x] ;
39.     for ( int i = head[ x] ; i; i = nxt[ i] ) {
40.         int son = v[ i] ;
41.         if ( son ! = fa) {
42.             dfs( son, x) ;
43.             size[ x] += size[ son] ;
44.         }
45.     }
46.     ans = max( ans, size[ x] ) ;
47. }
48. int main( ) {
49.     scanf( "% d% d", &n, &k) ;
50.     for ( int i = 1; i < n; ++i) {
51.         scanf( "% d% d", &x, &y) ;
52.         addedge( x, y) ;
53.         addedge( y, x) ;
54.     }
55.     dfs1( 1, 0, 1) ;
56.     for ( int i = 1; i < = k; ++i) {
57.         scanf( "% d% d", &s, &t) ;
58.         r = lca( s, t) ;
59.         sum[ s] ++, sum[ t] ++, sum[ r] --;
60.         if ( r ! = 1)
61.             sum[ father[ r] ] --;
62.     }
63.     dfs( 1, 0) ;
64.     printf( "% d\n", ans) ;
65. }
```

5.3.3　树的 DFS 序和欧拉序

（1）基本概念

DFS 序就是按照深度优先搜索的顺序对一棵树上的结点进行编号,把树形结构映射成线性结构,然后通过例如树状数组、线段树这样的数据结构维护区间信息。例如,图 5-13 的 DFS 序就是 $A—B—D—E—G—C—F—H$。

DFS 序的优点在于每一棵树/子树的编号是连续的,这样可以方便地进行任意子树的修改。DFS 序主要用于处理对于整棵子树的修改,比如将子树每个结点权值加或者减 v,或查询树上某个点的值。

欧拉序是在 DFS 序的基础上的拓展。欧拉序从根结点出发,按照 DFS 的顺序经过所有结点再返回原结点进行遍历,每次到达一个结点时都将编号记录下来。这个编号顺序就是欧拉序。欧拉序一般有两种形式。

欧拉序 1：在 DFS 时，第一次到达该结点记录一次，随后每访问完该结点的一棵子树就再记录一次，一共有 $2n-1$ 个编号（每有一条边就有两个结点要访问，外加根结点被多访问一次）。例如，图 5-14 的欧拉序为 $A—B—D—B—E—G—E—B—A—C—F—H—F—C—A$。

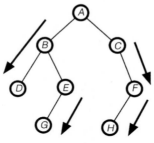

图 5-13　树的 DFS 序　　　　　图 5-14　树的欧拉序

欧拉序 2：每个结点入栈与出栈时分别记录一次，共有 $2n$ 个编号。例如，图 5-14 的欧拉序为 $A—B—D—D—E—G—G—E—B—C—F—H—H—F—C—A$。

DFS 序核心代码：

```
1. void dfs( int u, int fa) {
2.     a[u] = ++id; // 记录访问结点的顺序编号
3.     for (int i = 0; i < g[u].size(); i++) {
4.         if (g[u][i] != fa) {
5.             dfs(g[u][i], u);
6.         }
7.     }
8. }
```

欧拉序 1 核心代码：

```
1. void dfs( int u, int fa) {
2.     a[++len] = u; // 记录数组
3.     for (int i = 0; i < g[u].size(); i++) {
4.         if (g[u][i] != fa) {
5.             dfs(g[u][i], u);
6.             a[++len] = u; // 返回时也要记录
7.         }
8.     }
9. }
```

欧拉序 2 核心代码：

```
1. void dfs( int u, int fa) {
2.     a[++len] = u; // 入栈时记录
3.     for (int i = 0; i < g[u].size(); i++) {
```

```
4.        if (g[u][i] ! = fa)
5.            dfs(g[u][i], u);
6.    }
7.    a[ ++len ] = u; // 出栈时记录
8. }
```

【例 5.11】　苹果树（POJ 2007）

【问题概述】

有一棵苹果树,上面一开始长满了苹果,需要进行两种操作:

1:Cx,表明编号为 x 的结点上的苹果存在状态发生了改变,如果原来苹果是存在的则摘下,如果原来苹果不存在则长出新的苹果。

2:Qx,统计并输出以 x 为根的子树中的苹果的个数。

【输入格式】

第 1 行:1 个整数 $n(1 \leqslant n \leqslant 100\ 000)$

接下来 $n-1$ 行:每行 2 个整数 u,v,表示结点 u 和 v 之间存在一条边,1 号结点总是为整棵树的根。

接下来 1 行:1 个整数 $m(1 \leqslant m \leqslant 100\ 000)$,表示接下来 m 行,每行一个操作,如题所述。

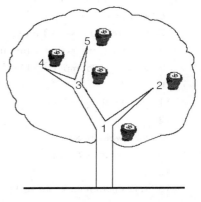

图 5-15　苹果树

【输出格式】

每行输出一次询问的结果。

【数据规模与约定】

对于全部数据,$2 \leqslant n \leqslant 10^4$,$1 \leqslant m \leqslant 2 \times 10^4$,$0 < k \leqslant 100$,$1 \leqslant x,y \leqslant n$。

【输入输出样例】

输入样例	输出样例
3 1 2 1 3 3 Q 1 C 2 Q 1	3 2

【问题分析】

本题是求苹果树某个分叉点以及该分叉点以上的苹果数量,该问题可以理解为在某个结点为根的某棵子树中,求这棵树所有中间结点以及叶子结点的权重和。做一次 DFS,记录每个结点 i 的开始访问时间和结束访问时间,对于 i 结点的所有子孙的开始访问时间和结束访问时间都应该位于 start $[i]$ 和 End $[i]$ 之间,因此树状数组统计区间可以用 getsum(End $[i]$) – getsum(start $[i]$ – 1) 来计算。

【参考程序】

```
1. #include <bits/stdc++.h>
2. using namespace std;
3. const int Max = 1e5 + 1;
4. vector<int> mp[Max];
5. int End[Max], start[Max], Time, c[Max], apple[Max], n, m;
6. void dfs(int u){
7.     start[u] = ++Time;
8.     for (int i = 0; i < mp[u].size(); i++){
9.         dfs(mp[u][i]);
10.     }
11.     End[u] = Time;
12. }
13. int lowbit(int x){
14.     return x & -x;
15. }
16. void update(int x, int val){
17.     while (x <= n){
18.         c[x] += val;
19.         x += lowbit(x);
20.     }
21. }
22. int getsum(int x){
23.     int sum = 0;
24.     while (x > 0){
25.         sum += c[x];
26.         x -= lowbit(x);
27.     }
28.     return sum;
29. }
30. int main(){
31.     while (~scanf("%d", &n)){
32.         Time = 0;
33.         for (int i = 1; i <= n - 1; i++){
34.             int a, b;
35.             scanf("%d%d", &a, &b);
36.             mp[a].push_back(b);
37.         }
38.         dfs(1);
39.         for (int i = 1; i <= n; i++){
40.             update(i, 1);
41.             apple[i] = 1;
42.         }
43.         scanf("%d", &m);
```

```
44.        while（m--）{
45.            char ch［5］；
46.            int t；
47.            scanf("% s% d", ch, &t)；// s 可以跳过空格 换行
48.            if （ch［0］ == 'Q'）{
49.        printf("% d\n", getsum（End［t］）- getsum（start［t］- 1））；
50.            }
51.            else{
52.                if（apple［t］）{
53.                    update（start［t］, -1）；
54.                    apple［t］ = 0；
55.                }
56.                else{
57.                    update（start［t］, 1）；
58.                    apple［t］ = 1；
59.                }
60.            }
61.        }
62.    }
63.    return 0；
64. }
```

请读者完成对应习题 5-5～5-9。

5.4　树形动态规划

树形动态规划,就是在"树形"数据结构上进行动态规划。一般的动态规划都是线性的或者是建立在图上的,线性的动态规划有两种方向,即向前和向后,相应的线性动态规划就有两种方法(顺推、逆推),而树形动态规划是建立在树上的,所以也相应有两个方向:

① 叶→根:即根的子结点传递有用的信息给根,之后由根得出最优解。

② 根→叶:通常我们可以先任选某顶点 DFS 遍历一棵树,再用换根的方式将信息传递到所有结点,过程中利用每条边进行父子交换从而转移信息。

树形 DP 有三个特点:

① 一般按照后序遍历的顺序,即处理完儿子再处理当前结点,这符合树的子结构的性质。

② 实现方式:树形 DP 是通过记忆化搜索实现的,因此采用的是递归方式。

③ 时间复杂度:树形 DP 的时间复杂度基本上是 $O(n)$;若有附加维 m,则是 $O(nm)$。

常见的求解树的性质(直径、重心)的题都会用到树形动态规划。

5.4.1　树的直径

(1) 基本概念

给定一棵树,树中每条边都有一个权值,树中两点之间的距离定义为连接两点的路径边权。树中最远的两个结点之间的距离被称为树的直径,连接这两点的路径被称为树的最长

链,需要注意的是树的直径可能不唯一。

（2）算法过程

常用的求树直径的算法有两种：两遍搜索[DFS或者BFS（宽度优先搜索）]或者树形DP,时间复杂度都为$O(n)$。

两遍搜索法：

① 第一次搜索从任意一个点A出发,经DFS（深度优先搜索）或者BFS（宽度优先搜索）到达最远的一个点B,则点B一定是直径的一个端点。

② 第二次从已找出的直径端点B出发,经DFS（深度优先搜索）或者BFS（宽度优先搜索）到达离B最远的一个点C。根据直径的定义,可知点C即为直径的另外一个端点。

两遍搜索法基的原理：在一棵树中,以任意结点出发所能到达的最远结点,一定是该树直径的端点之一。

树形DP法：

① 考虑一棵树的直径与其根的关系,直径要么经过根,要么完全在根的某棵子树里。如果直径刚好经过树根,根将直径分成的两个部分,就是子树中从根向下的最长的两条路径。

② 如果直径不经过根,递归到子树的树根求解即可。

用状态$dp[u]$表示以结点u为根向下的最长路径长度（即最长链）,最长路径由直径为根的最长链和次长链拼成。在DFS过程中枚举每个结点u,如果存在边$<u,v>$,其边权为$w(u,v)$,以v为根的子树访问完毕后,用$dp[v]$存储v子树的最长链,$dp[u]$存储u结点已经访问过的子树最长链（此时不包括v子树）,那么$dp[u]+dp[v]+w(u,v)$可以成为直径的候选值,打擂台求最大即可,时间复杂度为$O(n)$。树形DP算法的代码量少、实现方便,但不容易记录路径信息。

核心代码如下：

```
1. void dfs(int u, int fa){
2.     int mx = 0; // u 结点的最长链
3.     for (int i = head[u]; i; i = e[i].next){
4.         int v = e[i].to, w = e[i].w;
5.         if (v == fa)
6.             continue;
7.         dfs(v, u); // v 的最长链 +u 之前最长链 +w
8.         ans = max(ans, dp[v] + mx + w);
9.         dp[u] = max(dp[u], dp[v] + w);
10.     }
11. }
```

【例5.12】 奶牛马拉松

【问题概述】

在听说了传染病在奶牛场快速传播后,FJ希望他的奶牛们能得到更多的锻炼,因此他决定创建一个马拉松比赛来让他的奶牛们锻炼身体。

FJ有很多的农场,农场之间由一些道路连接。由于FJ希望他的奶牛们能得到尽可能多的锻炼,所以他希望找到两个相隔最远的农场作为马拉松比赛的起点和终点。现在他希望你能帮助他算出这个最长的路径。(这里要注意的是,FJ 的两个农场间有且只有一条通路。)

【输入格式】

第 1 行:2 个分开的整数 N 和 M。

接下来 M 行:每行包括 F_i, F_j, L, D 由空格隔开,分别描述两个农场的编号,道路的长度,F_i 到 F_j 的方向(由 N, E, S, W 表示)。

【输出格式】

输出 1 个整数,表示最远两个农场间的路径长度。

【数据规模与约定】

N 为农场数, $1 \leqslant N \leqslant 100\,000$。

【输入输出样例】

输入样例	输出样例
7 6 1 6 13 E 6 3 9 E 3 5 7 S 4 1 3 N 2 4 20 W 4 7 2 S	52

【问题分析】

本题是典型的求树的直径的题。由于给出的图中任意两点间有且只有一条通路,可知该图为一棵树,那么最远距离即为树的直径长度,可以采用两遍搜索和树形 DP 做法。

【参考程序】

两遍搜索做法:

```
1. #include <bits/stdc++.h>
2. using namespace std;
3. #define MAXN 100010
4. struct edge{
5.     int to, w, nxt;
6. } e[MAXN << 1];
7. int i, n, m, u, v, w, tot;
8. char t[10];
9. int head[MAXN];
10. inline void addedge(int u, int v, int w){
11.     e[++tot] = (edge){v, w, head[u]};
12.     head[u] = tot;
13. }
14. int st, ed, mxlen; // st 和 ed 表示直径的两个端点,mxlen 是直径的长度
15. inline void dfs(int u, int fa, int len){
16.     if (len > mxlen)
17.         ed = u, mxlen = len;
```

```
18.    // 如果当前的路径长度长于当前的直径长度, 就更新直径的端点和长度
19.    int i, v, w;
20.    for (i = head[u]; i; i = e[i].nxt){
21.        v = e[i].to;
22.        w = e[i].w;
23.        if (v == fa)
24.            continue;
25.        dfs(v, u, w + len);
26.    }
27. }
28. int main(){
29.    scanf("%d%d", &n, &m);
30.    for (i = 1; i <= m; i++){
31.        scanf("%d%d%d%s", &u, &v, &w, t);
32.        addedge(u, v, w);
33.        addedge(v, u, w);
34.    }
35.    st = 1; // 从 1 出发找出直径的一个端点
36.    dfs(st, 0, 0);
37.    st = ed; // 从已经找出的一个端点出发找到另外一个端点
38.    dfs(st, 0, 0);
39.    printf("%d\n", mxlen);
40.    return 0;
41. }
```

树形 DP 做法:

```
1. #include <bits/stdc++.h>
2. using namespace std;
3. #define MAXN 100010
4. struct edge{
5.     int to, w, nxt;
6. } e[MAXN << 1];
7. int i, n, m, u, v, w, ans, tot;
8. char t[10];
9. int headp[MAXN], dp[MAXN];
10. inline void addedge(int u, int v, int w){
11.     e[++tot] = (edge){v, w, headp[u]};
12.     headp[u] = tot;
13. }
14. inline void dfs(int u, int fa){
15.     int i, v, w;
16.     for (i = headp[u]; i; i = e[i].nxt){
17.         v = e[i].to;
```

```
18.          w = e[i].w;
19.          if (v == fa)
20.                  continue;
21.          dfs(v, u); // dp[u]是之前最长链, dp[v]是 v 子树最长链
22.          ans = max(ans, dp[u] + dp[v] + w);
23.          dp[u] = max(dp[u], dp[v] + w); // 更新当前点 u 的最长链
24.      }
25. }
26. int main(){
27.      scanf("% d% d", &n, &m);
28.      for (i = 1; i <= m; i++){
29.          scanf("% d% d% d% s", &u, &v, &w, &t);
30.          addedge(u, v, w);
31.          addedge(v, u, w);
32.      }
33.      dfs(1, 0);
34.      printf("% d\n", ans);
35.      return 0;
36. }
```

5.4.2　树的重心

（1）基本概念

若对于树上的某一个点,其所有的子树中最大的子树结点数最少,那么这个点就是这棵树的重心,其最大子树的大小不大于整棵树大小的一半。

重心有三个重要的性质。性质 1:在树中所有点到某个点的距离和中,到重心的距离和是最小的;如果有两个重心,那么所有点到其中一个重心的距离和与到另一个重心的距离和一样。性质 2:把两棵树通过一条边相连得到一棵新的树,那么新的树的重心在连接原来两棵树的重心的路径上。性质 3:把一棵树添加或删除一个叶子,那么它的重心最多只移动一条边的距离。

（2）算法过程

寻找树的重心可以采取树形动态规划的方法,使用深度优先搜索遍历树上结点。利用重心最大子树的大小不大于整棵树大小的一半的这一性质,进行一趟 DFS 即可,时间复杂度为 $O(n)$。在 DFS 中计算每个子树的大小,记录“向下”的子树的最大大小,通过用总点数减去当前子树(这里的子树指有根树的子树)的大小得到“向上”的子树的大小,然后就可以找到重心。核心代码如下:

```
1. int siz[MAXN];   // size 用于存储结点的大小(所有子树结点数 +该结点)
2. int weig[MAXN]; // weig 用于存储结点的重量,即最大子树的大小
3. int ctr[2];        // 用于记录树的重心结点编号,最多 2 个
4. void dfs(int cur, int fa){ // cur 表示当前结点
5.     siz[cur] = 1;
```

```
6.      weig[cur] = 0;
7.      for (int i = head[cur]; i! = -1; i = e[i].nxt){
8.          if (e[i].to! = fa){ // e[i].to 表示这条有向边所通向的结点
9.              dfs(e[i].to, cur);
10.             siz[cur] += siz[e[i].to];
11.             weig[cur] = max(weig[cur], siz[e[i].to]);
12.         }
13.     }
14.     weig[cur] = max(weig[cur], n - siz[cur]);
15.     if (weig[cur] <= n / 2)
16.         ctr[ctr[0]! = 0] = cur;
17. }
```

【例 5.13】 黑手党

【问题概述】

去年的芝加哥充满了黑帮争斗和奇怪的谋杀。警察局长真的厌倦了所有这些罪行,决定逮捕黑手党领袖。

不幸的是,芝加哥黑手党有着相当复杂的结构。没有人知道黑手党的信息。警方已经追踪了他们一段时间,并且知道他们中的一些人会互相通信。根据收集到的资料,警察局长表明黑手党的层次结构可以表示为一棵树。黑手党首脑是树的根,每个结点表示一个人,一个结点的孩子即为这个结点表示的人的直接下属。

虽然警方知道匪徒之间会互相通信,但他们不知道谁是黑手党首脑。因此他们只有通信关系的无向树。

基于这样的思想,警察局长猜测可能表示黑手党首脑的结点必须满足:在删除它后,包含最多结点的剩余连通块的结点数最小。请帮助警察找到所有可能表示黑手党首脑的结点。

【输入格式】

第 1 行:1 个整数 $n(2 \leqslant n \leqslant 50\,000)$,表示有 n 个人,编号为 $1 \sim n$。

接下来 $n - 1$ 行:每行 2 个数 x, y,表示编号为 x 的人和编号为 y 的人之间有通信。

【输出格式】

输出所有可能是黑手党首脑的人的编号,按升序排列,两个编号之间用空格隔开。

【输入输出样例】

输入样例	输出样例
6 1 2 2 3 2 5 3 4 3 6	2 3

【问题分析】

本题的实质就是给定一棵树,将树上的一个结点删除后会得到多个连通块,求删去哪些点后,所得到的连通块的结点的最大值最小。这个被删除的点通常称为树的重心。

暴力的方法:枚举删去结点 u,对剩余结点,进行一遍 BFS 或 DFS,找到每个连通块,计算其结点数大小,最大值记为 $f[u]$,用 $f[u]$ 去更新答案,求出最小值 ans。将 $f[u] =$ ans 按照 u 升序输出即可,时间复杂度为 $O(n^2)$。

在 DFS 的时候记录以每个点 u 为根的子树中,u 删除后的最大连通块的结点数 $f[u]$,则有:$f[u] = \max(size[v])$,其中 v 为 u 的孩子,$size[v]$ 为以 v 为根的子树的结点数。

那么,我们同样能在 $O(n)$ 的复杂度内得到根的答案 $f[u]$,同时如果将 u 删去,那么 u 的父亲所在的连通块的结点数就是 $n - size[u]$。

所以,我们进行一遍 DFS 就能求出所有点的答案时间复杂度 $O(n)$。

【参考程序】

```
1.  #include <bits/stdc++.h>
2.  using namespace std;
3.  #define maxn 55555
4.  #define maxm 111111
5.  int ecnt,ans,x,y,n;
6.  int f[maxn],head[maxn],nxt[maxm],edg[maxm], cnt[maxn];
7.  bool vis[maxn];
8.  void AddEdge(int x, int y){ // 建边
9.      edg[++ecnt] = y;
10.     nxt[ecnt] = head[x];
11.     head[x] = ecnt;
12. }
13. void dfs(int u, int fa){
14.     cnt[u] = 1; // cnt[x]记录以 x 为根的子树的大小
15.     for (int j = head[u]; j; j = nxt[j]){ // 枚举 x 的每一个孩子 j
16.         int v = edg[j];
17.         if (v ! = fa){
18.             dfs(v, u);                    // 先计算 y 的答案
19.             cnt[u] += cnt[v];             // u 为根子树大小
20.             f[u] = max(f[u],  cnt[v]); // u 的最大子树
21.         }
22.     }
23.     f[u] = max(f[u], n - cnt[u]);
24.     // 删除 u 后,u 的父亲所在的连通块的大小为 n-cnt[u]
25.     ans = min(ans, f[u]); // 要求连通块尽可能小
26. }
```

```
27. int main ( ) {
28.     scanf ( "% d", &n ) ;
29.     for ( int i = 1; i < n; i++ ) {
30.         scanf ( "% d% d", &x, &y ) ;
31.         AddEdge ( x, y ) ;
32.         AddEdge ( y, x ) ;
33.     }
34.     ans = n;        // 找连通块最小的最大值, 打擂台
35.     dfs ( 1, 0 ) ;   // 自底向上
36.     for ( int i = 1; i <= n; i++ )
37.         if ( f [ i ] == ans )
38.             printf ( "% d ", i ) ;
39.     printf ( "\n" ) ;
40.     return 0;
41. }
```

习 题

【习题 5-1】 重分配（USACO2012 FEB Silver）

【问题概述】

农夫约翰要搬家了！他正努力寻找最好的地方建一个新农场, 以尽量减少他每天的行程。

约翰计划迁往的地区有 N 个城镇（$1 \leqslant N \leqslant 10\,000$）。有 M 条双向道路（$1 \leqslant M \leqslant 50\,000$）连接这些城镇。所有城镇都可以通过一些道路的组合相互连接。

约翰需要你的帮助, 他要选择最好的城镇建他的新农场。他每天都要从他的新农场出发去 K 个城镇（$1 \leqslant K \leqslant 5$）的市场, 然后回到他的农场。

约翰希望知道访问市场的顺序。当选择一个城镇来建造他的新农场时, 他只想从没有市场的 $N - K$ 个城镇中选择, 因为这些城镇的房价较低。

如果约翰将农场建在最佳位置, 并尽可能巧妙地选择前往市场的行程, 请帮助他计算他每日所需的最小行程。

【输入格式】

第 1 行: 3 个整数 N, M 和 K。

接下来 K 行: 每行 1 个整数, 表示含市场的城镇编号。

接下来 M 行: 每行 3 个整数 i, j（$1 \leqslant i, j \leqslant N$）, L（$1 \leqslant L \leqslant 1\,000$）, 表示城镇 i 和 j 之间有长度为 L 的道路连接。

【输出格式】

输出 1 行, 为 1 个整数, 表示每天的最小行程。

【输入输出样例】

输入样例	输出样例	样例说明
5 6 3 1 2 3 1 2 1 1 5 2 3 2 3 3 4 5 4 2 7 4 5 10	12	农场建在城镇 5。约翰每天的路线为 5—1—2—3—2—1—5，总行程为 12。

【习题 5-2】　农场派对（**USACO2007 FEB Silver**）

【问题概述】

$N(1 \leqslant N \leqslant 1\,000)$ 头牛要去参加一场编号为 $x(1 \leqslant x \leqslant N)$ 的牛所在的农场举行的派对。农场之间有 $M(1 \leqslant M \leqslant 100\,000)$ 条有向道路，每条路长 $T_i(1 \leqslant T_i \leqslant 100)$。每头牛都必须参加完派对后回到家，每头牛都会选择最短路径。求这 N 头牛的最短路径（一个来回）中最长的一条的长度。

特别提醒：可能有权值不同的重边。

【输入格式】

第 1 行：3 个空格分开的整数 N,M,X。

接下来 M 行：3 个空格分开的整数 A_i，B_i，T_i，表示有一条从 A_i 到 B_i 的路，长度为 T_i。

【输出格式】

输出 1 行，为 1 个数，表示最长的最短路的长度。

【输入输出样例】

输入样例	输出样例
4 8 2 1 2 4 1 3 2 1 4 7 2 1 1 2 3 5 3 1 2 3 4 4 4 2 3	10

【习题5-3】 货车运输（**NOIP2013**）

【问题概述】

A国有 n 座城市，编号从1到 n，城市之间有 m 条双向道路。每一条道路对车辆都有重量限制，简称限重。现在有 q 辆货车在运输货物，司机们想知道每辆车在不超过限重的情况下，最多能运多重的货物。

【输入格式】

第1行：2个用一个空格隔开的整数 n,m，表示 A 国有 n 座城市和 m 条道路。

接下来 m 行：每行3个整数 x、y、z，每两个整数之间用一个空格隔开，表示从 x 号城市到 y 号城市有一条限重为 z 的道路。注意：x 不等于 y，两座城市之间可能有多条道路。

接下来1行：有1个整数 q，表示有 q 辆货车需要运货。

接下来 q 行：每行2个整数 x、y，之间用一个空格隔开，表示一辆货车需要从 x 城市运输货物到 y 城市，注意：x 不等于 y。

【输出格式】

输出共有 q 行，每行1个整数，表示每一辆货车的最大载重。如果货车不能到达目的地，输出 -1。

【输入输出样例】

输入样例	输出样例
4 3	3
1 2 4	−1
2 3 3	3
3 1 1	
3	
1 3	
1 4	
1 3	

【数据规模与约定】

对于30%的数据，$0 < n < 1\,000$，$0 < m < 10\,000$，$0 < q < 1\,000$；

对于60%的数据，$0 < n < 1\,000$，$0 < m < 50\,000$，$0 < q < 1\,000$；

对于100%的数据，$0 < n < 10\,000$，$0 < m < 0\,000$，$0 < q < 30\,000$，$0 \leqslant z \leqslant 100\,000$。

【习题5-4】 火车

【问题概述】

A国有 n 个城市，城市之间由一些双向道路相连，并且两两城市之间有唯一路径。现在有火车在城市 a，小 A 需要乘火车经过 m 个城市。

火车按照以下规则行驶：每次到达的城市是 m 个城市中还未被经过的城市中位置最靠前的。现在小 A 想知道火车经过这 m 个城市所经过的道路数量。

【输入格式】

第 1 行：3 个整数 n，m，a，分别表示城市数量、需要经过的城市数量和火车开始时所在位置。

接下来 $n-1$ 行：每行 2 个整数 x 和 y，表示 x 和 y 之间有一条双向道路。

接下来 1 行：m 个整数，表示需要经过的城市。

【输出格式】

输出 1 行，为 1 个整数，表示火车经过的道路数量。

【输入输出样例】

输入样例	输出样例
5 4 2	9
1 2	
2 3	
3 4	
4 5	
4 3 1 5	

【数据规模与约定】

$N \leqslant 500\,000$，$M \leqslant 400\,000$。

【习题 5-5】　计算子树

【问题概述】

一棵有根树有 N 个顶点，编号为 1 到 N。顶点 1 为根，顶点 i 的父亲结点为 P_i。有 Q 个查询，对于第 i 个查询，涉及两个数字 U_i 和 D_i，需要算出符合要求的顶点 u 的数量，必须满足的条件如下：

1. 顶点 U_i 在顶点 u 到树根的最短路径上（包括路径端点）。

2. 顶点 u 到树根的路径刚好有 D_i 条边。

【输入格式】

第 1 行：N，表示有 N 个顶点。

第 2 行：$N-1$ 个整数，表示编号为 2，3，…，N 的顶点的父亲结点。

第 3 行：Q，表示有 Q 个查询。

接下来 Q 行：每行 2 个整数 U_i、D_i。

【输出格式】

输出 Q 行，第 i 行对应第 i 个查询。

【输入输出样例】

输入样例	输出样例	样例说明
7 1 1 2 2 4 2 4 1 2 7 2 4 1 5 5	3 1 0 0	第 1 个查询,顶点 4, 5, 7 满足要求。 第 2 个查询,顶点 7 满足要求。 第 3 个查询,没有顶点符合要求。

【数据规模与约定】

$2 \leqslant N \leqslant 2 \times 10^5, 1 \leqslant P_i < i, 1 \leqslant Q \leqslant 2 \times 10^5, 1 \leqslant U_i \leqslant N, 0 \leqslant D_i \leqslant N - 1$。

【习题 5-6】 点的距离

【问题概述】

给定一棵 n 个点的树,Q 个询问,每次询问点 x 到点 y 两点之间的距离。

【输入格式】

第 1 行:1 个正整数 n,表示这棵树有 n 个结点;

接下来 $n - 1$ 行:每行 2 个整数 x, y,表示 x, y 之间有一条连边;

接下来 1 行:一个整数 Q,表示有 Q 个询问;

接下来 Q 行:每行 2 个整数 x, y,表示询问 x 到 y 的距离。

【输出格式】

输出 Q 行,每行表示每个询问的答案。

【输入输出样例】

输入样例	输出样例
6 1 2 1 3 2 4 2 5 3 6 2 2 6 5 6	3 4

【数据规模与约定】

对于全部数据,$1 \leqslant q, n \leqslant 10^5, 1 \leqslant x, y \leqslant n$。

【习题 5-7】　聚会（AHOI）

【问题概述】

Y 岛风景美丽宜人,气候温和,物产丰富。Y 岛上有 N 个城市,有 $N-1$ 条城市间的道路连接着不同城市。每一条道路都连接某两个城市。小可可通过这些道路可以走遍 Y 岛的所有城市。神奇的是,乘车经过每条道路所需要的费用都是一样的。

小可可、小卡卡和小 YY 经常会聚会,每次聚会,他们都会选择一个城市,使得三个人到达这个城市的总费用最少。

由于他们计划中还会有很多次聚会,每次都选择一个地点是很烦人的事情,所以他们决定把这件事情交给你来完成。他们会提供给你地图以及若干次聚会前他们所处的位置,希望你为他们的每一次聚会选择一个合适的地点。

【输入格式】

第 1 行:2 个正整数 N 和 M,分别表示城市个数和聚会次数。

接下来 $N-1$ 行:每行 2 个正整数 A 和 B,表示编号为 A 和编号为 B 的城市之间有一条路。城市的编号为 1 到 N。

接下来 M 行:每行用 3 个正整数表示一次聚会的情况,分别为小可可所在的城市编号、小卡卡所在的城市编号以及小 YY 所在的城市编号。

【输出格式】

一共有 M 行,每行两个数 P 和 C,用一个空格隔开。表示第 i 次聚会的地点选择在编号为 P 的城市,总共的费用是经过 C 条道路所花费的费用。

【输入输出样例】

输入样例	输出样例
6 4 1 2 2 3 2 4 4 5 5 6 4 5 6 6 3 1 2 4 4 6 6 6	5 2 2 5 4 1 6 0

【数据规模与约定】

40% 的数据中, $1 \leqslant N, M \leqslant 2 \times 10^{3}$;

100% 的数据中, $1 \leqslant N, M \leqslant 5 \times 10^{5}$。

【习题 5-8】　运输计划（NOIP2015）

【问题概述】

在一篇科幻小说中提到,公元 2044 年,人类进入了宇宙纪元。

L 国有 n 个星球,还有 $n-1$ 条双向航道,每条航道建立在两个星球之间,这 $n-1$ 条航道连通了 L 国的所有星球。

小 P 掌管一家物流公司,该公司有很多个运输计划,每个运输计划大致为:有一艘物流飞船需要从 u_i 号星球沿最快的宇航路径飞行到 v_i 号星球去。显然,飞船驶过一条航道是需要时间的,对于航道 j,任意飞船驶过它所花费的时间为 t_j,并且任意两艘飞船之间不会产生任何干扰。

为了鼓励科技创新,L 国国王同意小 P 的物流公司参与 L 国的航道建设,即允许小 P 把某一条航道改造成虫洞,飞船驶过虫洞不消耗时间。

在虫洞的建设完成前小 P 的物流公司就预接了 m 个运输计划。在虫洞建设完成后,这 m 个运输计划会同时开始,所有飞船一起出发。当这 m 个运输计划都完成时,小 P 的物流公司的阶段性工作就完成了。

如果小 P 可以自由选择将哪一条航道改造成虫洞,试求出小 P 的物流公司完成阶段性工作所需要的最短时间是多少?

【输入格式】

第 1 行:包括两个正整数 n、m,表示 L 国中星球的数量及小 P 公司预接的运输计划的数量,星球从 1 到 n 编号。

接下来 $n-1$ 行:描述航道的建设情况,其中第 i 行包含三个整数 a_i、b_i 和 t_i,表示第 i 条双向航道修建在 a_i 与 b_i 两个星球之间,任意飞船驶过它所花费的时间为 t_i。接下来 m 行描述运输计划的情况,其中第 j 行包含 2 个正整数 u_j 和 v_j,表示第 j 个运输计划是从 u_j 号星球飞往 v_j 号星球。

【输出格式】

共 1 行,包含 1 个整数,表示小 P 的物流公司完成阶段性工作所需要的最短时间。

【输入输出样例】

输入样例	输出样例
6 3	11
1 2 3	
1 6 4	
3 1 7	
4 3 6	
3 5 5	
3 6	
2 5	
4 5	

【数据规模与约定】

对于 100% 的数据,$100 \leq n \leq 300\,000$,$1 \leq m \leq 300\,000$。

【习题 5-9】　暗的连锁（POJ）

【问题概述】

Dark 是一张无向图,图中有 N 个结点和两类边,一类边被称为主要边,而另一类被称为附加边。Dark 有 $N-1$ 条主要边,并且 Dark 的任意两个结点之间都存在一条只由主要边构成的路径。另外,Dark 还有 M 条附加边。

你的任务是把 Dark 斩为不连通的两部分。一开始 Dark 的附加边都处于无敌状态,你只能选择一条主要边切断。一旦你切断了一条主要边,Dark 就会进入防御模式,主要边会变为无敌状态而附加边可以被切断。但是你的能力只能再切断 Dark 的一条附加边。

现在你想要知道,一共有多少种方案可以击败 Dark。注意,就算你第一步切断主要边之后就已经把 Dark 斩为两截,你也需要切断一条附加边才算击败了 Dark。

【输入格式】

第 1 行: 包含 2 个整数 N 和 M;

接下来 $N-1$ 行: 每行包括 2 个整数 A 和 B,表示 A 和 B 之间有一条主要边;

接下来 M 行: 以同样的格式给出附加边。

【输出格式】

输出 1 个整数,表示答案。

【输入输出样例】

输入样例	输出样例
4 1 1 2 2 3 1 4 3 4	3

【数据规模与约定】

对于 20% 的数据, $1 \leqslant N, M \leqslant 100$;

对于 100% 的数据, $1 \leqslant N \leqslant 10^5$, $1 \leqslant M \leqslant 2 \times 10^5$。数据保证答案不超过 $2^{31}-1$。

【习题 5-10】　周年纪念晚会

【问题概述】

Ural 州立大学的校长正在筹备学校的 80 周年纪念聚会。学校的职员有不同的职务级别,可以构成一棵以校长为根的人事关系树。对每个职员从 1 到 N 编号,使每个职员都有一个唯一的整数编号,且每个编号对应一个参加聚会所获得的欢乐度。为使每个职员都感到快乐,校长设法使每个职员和其直接上司不同时参加聚会。

你的任务是设计一份参加聚会者的名单,使总欢乐度最高。

【输入格式】

第 1 行: 1 个整数 N;

接下来 N 行: 对应 N 个职员的欢乐度,第 i 行的 1 个整数为第 i 个职员的欢乐度 p_i;

接下来若干行：表示学校的人事关系树,每1行格式为 L K,表示第 K 个职员是第 L 个职员的直接上司,输入以００结束。

【输出格式】

输出参加聚会者获得的最大欢乐度。

【输入输出样例】

输入样例	输出样例
7 1 1 1 1 1 1 1 1 3 2 3 6 4 7 4 4 5 3 5 0 0	5

【数据规模与约定】

对于 100% 的数据, $1 \leqslant N \leqslant 6\,000$, $-128 \leqslant p_i \leqslant 127$。

【习题 5-11】 骑士(ZJOI)

【问题概述】

Z 国的骑士团是一个很有势力的组织,骑士团中聚集了来自各地的精英。他们劫富济贫,惩恶扬善,受到了社会各界的赞扬。

可是,最近发生了一件很可怕的事情:邪恶的 Y 国发起了一场针对 Z 国的侵略战争。在和平环境中安逸了数百年的 Z 国抵挡不住 Y 国的军队。于是人们把所有希望都寄托在了骑士团身上,就像期待有一个真龙天子降生,带领正义打败邪恶。

骑士团是肯定具备打败邪恶势力的能力的,但是骑士们互相之间往往有一些矛盾。每个骑士有且仅有一个他自己最厌恶的骑士(当然不是他自己),他是绝对不会与最厌恶的人一同出征的。

战火绵延,生灵涂炭,组织起一个骑士军团加入战斗刻不容缓!国王交给你一个艰巨的任务:从所有骑士中选出一个骑士军团,使得军团内没有有矛盾的两人,即不存在一个骑士与他最痛恨的人一同被选入骑士团的情况,并且使这支骑士军团最富有战斗力。

为描述战斗力,我们将骑士按照 1 至 N 编号,给每位骑士估计一个战斗力,一个军团的战斗力为所有骑士的战斗力之和。

【输入格式】

第 1 行：包含 1 个正整数 N，描述骑士团的人数；

接下来 N 行：每行 2 个正整数，按顺序描述每一名骑士的战斗力和他最痛恨的骑士。

【输出格式】

输出 1 行，为 1 个整数，表示你所选出的骑士军团的战斗力。

【输入输出样例】

输入样例	输出样例
3 10 2 20 3 30 1	30

【数据规模与约定】

对于 30% 的数据，满足 $N \leqslant 10$；

对于 60% 的数据，满足 $N \leqslant 100$；

对于 80% 的数据，满足 $N \leqslant 10^4$；

对于 100% 的数据，满足 $N \leqslant 10^6$，且每名骑士的战斗力都是不大于 10^6 的正整数。

【习题 5-12】　赛道修建（NOIP2018）

【问题概述】

C 城将要举办一系列的赛车比赛。在比赛前，需要在城内修建 m 条赛道。

C 城一共有 n 个路口，这些路口编号为 $1, 2, \cdots, n$，有 $n-1$ 条适合于修建赛道的双向通行的道路，每条道路连接着两个路口。其中，第 i 条道路连接的两个路口编号为 a_i 和 b_i，该道路的长度为 l_i。借助这 $n-1$ 条道路，从任何一个路口出发都能到达其他所有的路口。

一条赛道是一组互不相同的道路 $e_1, e_2, \cdots, e_k$，满足可以从某个路口出发，依次经过道路 $e_1, e_2, \cdots, e_k$（每条道路经过一次，不允许调头）到达另一个路口。一条赛道的长度等于经过的各道路的长度之和。为保证安全，要求每条道路至多被一条赛道经过。

目前赛道修建的方案尚未确定。你的任务是设计一个赛道修建的方案，使得修建的 m 条赛道中长度最小的赛道长度最大（即 m 条赛道中最短赛道的长度尽可能大）。

【输入格式】

第 1 行：2 个由空格分隔的正整数 n，m，分别表示路口数及需要修建的赛道数。

接下来 $n-1$ 行：第 i 行包含 3 个正整数 a_i，b_i，l_i，分别表示第 i 条适合于修建赛道的道路连接的两个路口编号及道路长度。保证任意两个路口均可通过这 $n-1$ 条道路相互到达。每行中相邻两数之间均由一个空格分隔。

【输出格式】

输出共 1 行，为 1 个整数，表示长度最小的赛道长度的最大值。

【输入输出样例】

输入样例	输出样例
7 1 1 2 10 1 3 5 2 4 9 2 5 8 3 6 6 3 7 7	31

【习题 5-13】　医院设置

【问题概述】

设有一棵二叉树(如图 5-16 所示),圈中的数字表示结点中居民的人口数量,圈边上数字表示结点编号。现在要求在某个结点上建立一个医院,使所有居民所走的路程之和为最小,同时约定,相邻结点之间的距离为 1。就本图而言,若医院建在 1 处,则距离和为 4+12+2×20+2×40＝136;若医院建在 3 处,则距离和＝4×2+13+20+40＝81。

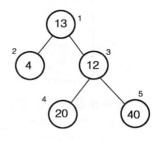

图 5-16　习题 5-13 图

【输入格式】

第 1 行:1 个整数 n,表示树的结点数。

接下来 n 行:每行描述了一个结点的状况,每行有 3 个整数,整数之间用空格(一个或多个)分隔,第一个数为居民人口数;第二个数为左链接,该数为 0 表示无链接;第三个数为右链接,该数为 0 表示无链接。

【输出格式】

输出 1 个整数,表示最小距离和。

【输入输出样例】

输入样例	输出样例
5 13 2 3 4 0 0 12 4 5 20 0 0 40 0 0	81

第6章 数 学 基 础

在各种各样的算法竞赛中,经常需要用到一些数学基础知识,甚至有很多题目要解决的就是一些数学基础问题,因此掌握一些数学基础知识非常重要,也可以为我们以后进一步学习打下比较好的基础。

本章将主要介绍基础的初等数论、组合数学两个部分,这也是在算法竞赛中经常涉及的知识。

6.1 初 等 数 论

数论,是专门研究整数的纯数学的分支,而整数的基本元素是素数(也称质数),所以数论的本质是对素数性质的研究。

数论被高斯誉为"数学中的皇冠"。按研究方法来看,数论大致可分为初等数论和高等数论。而初等数论是用初等方法研究的数论,它的研究从本质上来说利用的是整除性质,主要包括整除理论、同余理论、连分数理论。

信息学竞赛中的数论主要涉及素数、约数、同余和数论函数等初等数论相关知识。

6.1.1 素数

(1)基本概念

整数集合: $\mathbf{Z} = \{\cdots, -2, -1, 0, 1, 2, \cdots\}$

自然数集合: $\mathbf{N} = \{0, 1, 2, \cdots\}$

整除:若 $a = bk$,其中 a、b、k 都是整数,则 b 整除 a,记做 $b \mid a$,否则记做 $b \nmid a$。

约数:如 $b \mid a$ 且 $b \geq 0$,则称 b 是 a 的约数(因数),a 是 b 的倍数。

基本性质:

① 1 整除任何数,任何数都整除 0。

② 若 $a \mid b$,$a \mid c$,则 $a \mid (b+c)$,$a \mid (b-c)$。

③ 若 $a \mid b$,则对任意整数 c,$a \mid (bc)$。

④ 传递性:若 $a \mid b$,$b \mid c$,则 $a \mid c$。

因子:正整数 a 的平凡约数为 1 和 a 本身,a 的非平凡约数称为 a 的因子。如 20 的因子有 2、4、5、10。

(2)素数与合数

素数:a 大于 1 且只能被平凡约数整除的数。

合数:a 大于 1 且不是素数的数称为合数。

其他整数(0,1,负整数)既不是素数也不是合数。

素数有无穷多个,但分布比较稀疏,不大于 n 的素数约有 $n/\ln(n)$ 个。

① 素数判定

若 n 是一个合数,则 n 至少有 1 个素因子,而且其中最小的素因子一定不大于 $\sqrt{n}$。

分析:如果 n 是合数,则一定可以分解为 $a \times b$ 的形式,其中 $a \leq b$,$a \neq 1$,$b \neq n$。如 $18 = 2 \times 9$,$18 = 3 \times 6$。因 $a \times a \leq a \times b = n$,则可得:$a \leq \sqrt{n}$。

可得判断依据:如果 $2 \sim \sqrt{n}$ 中有 n 的约数,则 n 是合数,否则 n 是素数。

代码:

```
1. bool isPrime( int n){
2.    if( n == 1) return false;
3.    for( int i = 2; i *  i < = n; i++)
4.        if ( n % i == 0) return false;
5.    return true;
6. }
```

【例 6.1】 素因数分解(**NOIP2012**)

【问题概述】

已知正整数 $n(6 \leq n \leq 2 \times 10^9)$ 是两个不同素因数的乘积,试求出较大的那个素数。比如 21 的较大的素因数是 7。

【输入格式】

输入为 1 个正整数 n。

【输出格式】

输出 1 个正整数 p,即较大的那个素数。

【输入输出样例】

输入样例	输出样例
21	7

【问题分析】

既然已经明确此合数为两个素数的乘积,就可以根据上述素数判定,枚举较小的素因数即可。

【核心代码】

```
1. for( int i = 2; i *  i < = n; i++)
2.    if( n % i == 0) {
3.        cout << n / i << endl;
4.        break;
5.    }
```

② 筛法

除了能够检验给定整数 x 是否为素数,有时还需要准备好素数表,帮助我们更有效地求解素数的相关问题,下面主要介绍用埃氏筛法和欧拉筛法(线性筛)求解素数表。

a. 埃氏筛法(Sieve of Eratosthenes)

每个合数 a 一定可以写成 $p \times x$ 的形式,其中 p 是素数,x 是倍数($x \neq 1$),对于每一个 $1 \sim n$ 内的素数 p,枚举倍数 x,把 $p \times x$ 标记为合数,这就是埃氏筛法。

埃氏筛法筛素数时,对于素数 p,可以只筛倍数 $x \geq p$ 的数,因为如果 $x < p$,则 x 中一定有比 p 小的素因子,$p \times x$ 会在前面筛选过程中被筛出。

因此只需考虑 $2 \sim \sqrt{n}$ 范围内的素数。

时间复杂度: $O(n/2 + n/3 + n/5 + \cdots) = O(n\lg\lg n)$

核心代码:

```
1.  #define maxn 1000000
2.  bool isPrime[maxn + 10];/*  isPrime[i]true 表示 i 为素数* /
3.  void eratos(int n){
4.      int i, j;
5.      isPrime[0] = isPrime[1] = false;
6.      for(i = 2; i <= n; ++i)
7.          isPrime[i] = true;
8.      for(i = 2; i * i <= n; ++i)
9.          if(isPrime[i]){
10.             for(j = i * i; j <= n; j += i)
11.                 isPrime[j] = false;
12.         }
13. }
```

b. 欧拉筛法(线性筛)

埃氏筛法虽然效率比较高,但依然存在合数被重复筛选的情况,例如 30 这个数就被筛了 3 次,分别是:

$2 \times 15(p = 2)$

$3 \times 10(p = 3)$

$5 \times 6(p = 5)$

如果每个合数只被它的最小素因数筛除,那么每个数最多只被筛一次,即可以实现在 $O(n)$ 时间复杂度内求 $1 \sim n$ 的素数,这就是欧拉筛法(线性筛)。

$n = 50$ 的欧拉筛法(线性筛)过程如表 6-1 所示:

表 6-1

i	素数表	筛除的数	i	素数表	筛除的数
2	{2}	{4}	4	{2, 3}	{8}
3	{2, 3}	{6, 9}	5	{2, 3, 5}	{10, 15, 25}

（续表）

i	素数表	筛除的数	i	素数表	筛除的数
6	{2, 3, 5}	{12}	15	{2, 3, 5, 7, 11, 13}	{30, 45}
7	{2, 3, 5, 7}	{14, 21, 35, 49}	16	{2, 3, 5, 7, 11, 13}	{32}
8	{2, 3, 5, 7}	{16}	17	{2, 3, 5, 7, 11, 13, 17}	{34}
9	{2, 3, 5, 7}	{18, 27}	18	{2, 3, 5, 7, 11, 13, 17}	{36}
10	{2, 3, 5, 7}	{20}	19	{2, 3, 5, 7, 11, 13, 17, 19}	{38}
11	{2, 3, 5, 7, 11}	{22, 33}	20	{2, 3, 5, 7, 11, 13, 17, 19}	{20}
12	{2, 3, 5, 7, 11}	{24}	21	{2, 3, 5, 7, 11, 13, 17, 19}	{42}
13	{2, 3, 5, 7, 11, 13}	{26, 39}	22	{2, 3, 5, 7, 11, 13, 17, 19}	{44}
14	{2, 3, 5, 7, 11, 13}	{28}	…	…	…

算法流程：

• 枚举 $2 \sim n$ 中的每一个数 i；

• 如果 i 是素数则保存到素数表中；

• 利用 i 和素数表中的素数 prime$[j]$ 去筛除 $i \times$ prime$[j]$，为了确保 $i \times$ prime$[j]$ 只被素数 prime$[j]$ 筛除一次，要确保 prime$[j]$ 是 $i \times$ prime$[j]$ 中最小的素因子，即 i 中不能有比 prime$[j]$ 还要小的素因子。

算法实现如下：

```
1. void Euler_sieve(int n){
2.     memset(isprime, true, sizeof(isprime));
3.     prime[0] = 0; //记录当前素数个数
4.     for(int i = 2; i <= n; i++){
5.         if (isprime[i])
6.             prime[++prime[0]] = i; //把素数存到素数表 prime 中,并更新素数个数
7.         for(int j = 1; j <= prime[0] && i * prime[j] <= n; j++){
8.             isprime[i * prime[j]] = false; //筛除 i* prime[j]
9.             if (i % prime[j] == 0) break;
10.            //当 i 中含有素因子 prime[j] 时中断循环,确保每个数只被最小素因子筛除
11.        }
12.    }
13. }
```

【例 6.2】 最远素数对（POJ2689）

【问题概述】

给定两个整数 L, R（$1 \leq L \leq R \leq 2^{31}$，$R - L \leq 10^{6}$），求闭区间 $[L, R]$ 中相邻两个素数的差最大是多少？

【输入格式】

输入多组数据,每组输入 2 个整数 L、R。

【输出格式】

每组数据输出 1 个整数,即为所求答案。

【输入输出样例】

输入样例	输出样例
2 17 14 17	4 0

【问题分析】

由于数据范围很大,无法生成 $[1, R]$ 中的所有素数。

首先使用筛法求出 $[2, \sqrt{R}]$ 之间的所有素数,然后对于每个素数 p,将 $[L, R]$ 中能被 p 整除的数标记,即标记 $i \times p(\lceil L/p \rceil \leq i \leq \lfloor R/p \rfloor)$ 为合数。将未标记的素数进行相邻两两比较,找出差最大的即可。

【核心代码】

```
1. cin >> l >> r;
2. n = int(sqrt(r));
3. memset(vis, 0, sizeof(vis));
4. Euler_sieve(n);
5. for(int i = 1; i <= prime[0]; i++){
6.     a = (l + prime[i] - 1) / prime[i];
7.     b = r / prime[i];
8.     for(int j = max(2, a); j <= b; j++){
9.         vis[prime[i] * j - l] = 1;
10.    }
11. }
12. if(l == 1) vis[0] = 1;
13. cnt = -1;
14. for(int i = 0; i <= r - l; i++){
15.    if(vis[i] == 0){
16.        if(cnt != -1 && ans < i - cnt) ans = i - cnt;
17.        cnt = i;
18.    }
19. }
20. cout << ans << endl;
```

（3）整数唯一分解定理

若整数 $N \geq 2$,那么 N 一定可以唯一地表示为若干素数的乘积。形如:

$$N = p_1^{r_1} \times p_2^{r_2} \times \cdots \times p_k^{r_k}(p_i \text{ 为素数}, r_i \geq 0, i = 1, 2, \cdots, k)$$

算法代码如下：

```
1.  vector<int> factor(int x) {
2.      vector<int> ret;
3.      for(int i = 2; i * i <= x; ++i)
4.          while(x % i == 0) {
5.              ret.push_back(i);
6.              x /= i;
7.          }
8.      if(x > 1) ret.push_back(x);
9.      return ret;
10. }
```

此外，利用埃氏筛法可以快速实现素因数分解，只要在判定素数时记录下每个数值的最小素因数即可。算法实现如下：

```
1.  #define maxn 1000000
2.  bool isPrime[maxn + 10];
3.  int minFactor[maxn + 10];    //记录每个数的最小素因数的数组
4.  void eratos(int n) {
5.      int i, j;
6.      isPrime[0] = isPrime[1] = false;
7.      minFactor[0] = minFactor[1] = -1;
8.      for(i = 2; i <= n; ++i) {
9.          isPrime[i] = true;
10.         minFactor[i] = i;    //初始化，表示还未找到最小的素因数
11.     }
12.     for(i = 2; i * i <= n; ++i) {
13.         if(isPrime[i]) {
14.             for(j = i * i; j <= n; j += i) {
15.                 isPrime[j] = false;
16.                 if(minFactor[j] == j) //如果尚未找到j的素因数，那么将其设为i
17.                     minFactor[j] = i;
18.             }
19.         }
20.     }
21. }
22. vector<int> factor(int x) {
23.     vector<int> ret;
24.     while(x > 1) {
25.         ret.push_back(minFactor[x]);
26.         x /= minFactor[x];
27.     }
28.     return ret;
```

29. }

整数唯一分解定理的推论：

- 若整数 $N \geq 2$，那么 $N = p_1^{r_1} \times p_2^{r_2} \times \cdots \times p_k^{r_k}$（$p_i$ 为素数，$r_i \geq 0$，$i = 1, 2, \cdots, k$）
- N 的正约数集合为：$\{p_1^{b_1} \times p_2^{b_2} \times \cdots \times p_k^{b_k}\}$（$0 \leq b_i \leq r_i$）
- N 的正约数个数为：

$$(r_1 + 1) \times (r_2 + 1) \times \cdots \times (r_k + 1) = \prod_{i=1}^{k} (r_i + 1)$$

- 除了完全平方数，约数总是成对出现的，即 $d(d \leq \sqrt{N})$ 和 $N/d(N/d \leq \sqrt{N})$ 都是 N 的约数。
- N 的约数个数上界为 $2\sqrt{N}$，时间复杂度为 $O(\sqrt{N})$。
- N 的所有正约数的和为：

$$(1 + p_1 + p_1^2 + \cdots + p_1^{r_1}) \times \cdots \times (1 + p_k + p_k^2 + \cdots + p_k^{r_k}) = \prod_{i=1}^{k} \left(\sum_{j=0}^{ri} (p_i)^j \right)$$

【例 6.3】　阶乘分解（acwing199）

【问题概述】

给定整数 $N(1 \leq N \leq 10^6)$，试将阶乘 $N!$ 分解素因数，以唯一分解形式给出 p^i 和 r^i。

【输入格式】

输入 1 个整数 N。

【输出格式】

$N!$ 分解质因数后的结果，共若干行，每行 1 个 p_i 和 1 个 c_i，表示含 $p_i^{c_i}$ 有项。按照 p_i 从小到大的顺序输出。

【输入输出样例】

输入样例	输出样例
5	2 3 3 1 5 1

【样例说明】

$5! = 120 = 2^3 \times 3 \times 5$

【问题分析】

如果对 $1 \sim N$ 中的每个数进行素因数分解，再将结果合并，时间复杂度为 $O(N\sqrt{N})$。由于 $N!$ 的每个素因数都不超过 N，所以可以用筛法先求出 $1 \sim N$ 中的每个素数，然后再考虑 $N!$ 中包含哪些素因数 p。

$N!$ 中包含的素因数 p 的个数等于 $1 \sim N$ 中每个数包含素因数 p 的个数之和。在 $1 \sim N$ 中，p 的倍数有 $\lfloor N/p \rfloor$ 个，p^2 的倍数有 $\lfloor N/p^2 \rfloor$ 个，综上可得 $N!$ 中 p 的个数为：

$$\lfloor N/p \rfloor + \lfloor N/p^2 \rfloor + \lfloor N/p^3 \rfloor + \cdots + \lfloor N/p^{\lfloor \log_p N \rfloor} \rfloor = \sum \lfloor N/p^k \rfloor \quad p^k \leqslant N$$

每个 p 对应的时间复杂度为 $O(\lg N)$，对于 $N!$ 分解素因数的时间复杂度为 $O(N\lg N)$。

【核心代码】

```
1. int n;
2. cin >> n;
3. Euler_sieve(n);
4. for(int i = 1; i <= prime[0]; i++) {
5.     int r = 0;
6.     for(int k = n; k; k /= prime[i])
7.         r += k / prime[i];
8.     cout << prime[i] << " " << r << endl;
9. }
```

【例 6.4】 反素数（1S/128MB）

【问题概述】

对于任何正整数 x，其约数的个数计作 $g(x)$。例如 $g(1) = 1$，$g(6) = 4$。

如果某个正整数 x 满足：对于任意的 $0 < i < x$，都有 $g(x) > g(i)$，那么称 x 为反素数。例如 1，2，4，6 都是反素数。

现在给定一个数 $N(1 \leqslant N \leqslant 2 \times 10^9)$，求出不超过 N 的最大的反素数。

【输入格式】

输入 1 个数 N。

【输出格式】

输出不超过 N 的最大的反素数。

【输入输出样例】

输入样例	输出样例
1000	840

【问题分析】

由于素数依次为 2，3，5，7，11，13，17，19，23，29，$\cdots$，依据唯一分解定理可知 N 的最大反素数中素因子不会超过 10 个，且素因子的指数总和也不会超过 30，因为再大的话它们的乘积会大于 2 000 000 000。依据反素数定义中的 $g(x) > g(i)$，可知 1 ~ N 中的最大反素数 x，就是 1 ~ N 中约数个数最多的数中最小的一个，所以 x 的素因子是连续的若干个最小的素数，并且素数的大小是指数单调递减。

综合上面的分析，可以通过搜索指数的排列来得到答案。

【核心代码】

```
1. int n, ans, num;
```

```
2.  int primes[10] = {2, 3, 5, 7, 11, 13, 17, 19, 23, 29};
3.  void dfs(int k, int x, int cnt, int last) {
4.      if (k == 10) {
5.          if (cnt > num || (cnt == num && ans > x))
6.              ans = x, num = cnt;
7.          return;
8.      }
9.      long long t = 1;
10.     for(int i = 0; i <= last; i++) {
11.         if (x * t > n) break;
12.         dfs(k + 1, x * t, cnt * (i+1), i);
13.         t *= primes[k];
14.     }
15. }
```

6.1.2 公约数与公倍数

对于多个数来说,我们通常会遇到求公共的约数和公共的倍数的问题,其中求最大公约数和最小公倍数问题是我们经常遇到的问题。

(1) 最大公约数

设 a, b 是不都为 0 的整数,c 为满足 $c \mid a$ 且 $c \mid b$ 的最大整数,则称 c 是 a, b 的最大公约数,记为 gcd (a, b) 或 (a, b)。

① 最大公约数有如下性质:

- gcd (a, b) = gcd (b, a)
- gcd (a, b) = gcd $(-a, b)$
- gcd (a, b) = gcd $(\mid a \mid, \mid b \mid)$
- 若 $d \mid a$ 且 $d \mid b$,则 $d \mid$ gcd (a, b)
- gcd $(a, 0)$ = a
- gcd $(a, k \times a)$ = a
- gcd $(a \times n, b \times n)$ = $n \times$ gcd (a, b)
- gcd (a, b) = gcd $(a, k \times a + b)$

② 计算 gcd (a, b)

a. 枚举法

- 从 $\min (a, b)$ 到 1 枚举 x,并判断 x 是否能同时整除 a 和 b。
- 如果可以,则输出 x,退出循环。

枚举法的时间复杂度为 $O(\min (a, b))$。

依据枚举法的原理,可得到求 gcd (a, b) 的一般公式:

当 $a = p_1^{r_1} \times p_2^{r_2} \times \cdots \times p_k^{r_k}$, $b = p_1^{s_1} \times p_2^{s_2} \times \cdots \times p_k^{s_k}$, p_i 为素数, $r_i, s_i \geq 0$ 且不会同时为 $0(1 \leqslant i \leqslant n)$,则:

$$gcd(a, b) = p_1^{\min(r_1, s_1)} p_2^{\min(r_2, s_2)} \cdots p_k^{\min(r_k, s_k)}$$

核心代码如下：

```
1. int Decompose(int a, int b) {
2.      int ans = 1;
3.      for(int x = 2; x * x <= min(a, b); x++) {
4.          while(a % x == 0 && b % x == 0) {
5.              a /= x; b /= x; ans *= x;
6.          }
7.          while(a % x == 0) a /= x;
8.          while(b % x == 0) b /= x;
9.      }
10.     if(a % b == 0) ans *= b;
11.     else if(b % a == 0) ans *= a;
12.     return ans;
13. }
```

b. 欧几里得算法

根据两个整数 $a, b(a \geq b)$ 的公约数集合与 $a - b$ 和 b 的公约数集合相同，可得：

$$gcd(a, b) = gcd(b, a\%b)$$

代码如下：

```
1. gcd(a, b) = gcd(b, a % b)
2. int gcd(int a, int b) {
3.      if (b == 0) return a;
4.      else return gcd(b, a % b);
5. }
```

算法复杂度分析：

根据 $(a, b) \geq (b, a \bmod b)$，设 $a > b$。

当 $a \geq 2b$ 时，$b \leq a/2$，b 的规模至少缩小一半；

当 $a < 2b$ 时，$b > a/2$，$a\%b = a - b < a/2$，余数的规模至少缩小一半。

所以时间复杂度为 $O(\lg(a + b))$。

【例 6.5】 **Super GCD**（SDOI2009）

求 $gcd(A, B)$，$0 < A, B \leq 10^{10\,000}$。

【输入格式】

输入共 2 行，第 1 行 1 个整数 a，第 2 行 1 个整数 b。

【输出格式】

输出 1 行，表示 a 和 b 的最大公约数。

【输入输出样例】

输入样例	输出样例
12 54	6

【数据规模与约定】

对于 20% 的数据，$0 < A, B \le 10^{18}$；

对于 100% 的数据，$0 < A, B \le 10^{10\,000}$。

【问题分析】

依据 $\gcd(A, B) = \gcd(B, A \% B)$，由于 A、B 较大，涉及高精度除以高精度计算，为了避免复杂的高精度相除，依据欧几里得算法原理，我们根据 $\gcd(a, b) = \gcd(a - b, b)$，采用辗转相减法（更相减损术）。

辗转相减的常数较大，例如 $a = 10^9$，$b = 1$，那么 $\gcd$ 也达到了 10^9。

所以需要优化这个过程，我们发现，如果 a、b 一个是奇数，一个是偶数，那么 2 不会对 gcd 产生贡献，就可以把偶数除以 2，去除 2 这个因子。

如果 a，b 均为偶数，那么 2 这个因子显然会产生贡献，就把答案乘 2，然后把 a、b 中的 2 均除掉。

如果 a，b 均为奇数，再采用辗转相减，这样每次辗转相减后必定出现一个偶数，偶数的情况每次除以 2，所以复杂度变为 $\lg(n)$ 级别。

（2）最小公倍数

a 和 b 最小的正公倍数为 a 和 b 的最小公倍数，记作 $l\,cm(a, b)$。

① 最小公倍数有如下性质：

• $l\,cm(a, b) = a \times b / \gcd(a, b)$，基于这个性质，通常可以把最小公倍数相关的问题转化成和最大公约数相关的问题。

• 若 $a \mid m$ 且 $b \mid m$，则 $l\,cm(a, b) \mid m$

• 若 m，a，b 是正整数，则 $l\,cm(m \times a, m \times b) = m \times l\,cm(a, b)$。

② 计算 n 个整数 a_1，a_2，$\cdots$，a_n 的最小公倍数

• 两个数 a_1，a_2 的最小公倍数：$l\,cm(a_1, a_2) = a_1 \times a_2 / \gcd(a_1, a_2)$

• $l\,cm(a_1, a_2, a_3) = l\,cm(l\,cm(a_1, a_2), a_3)$

• 以此类推，可以先求 a_1，a_2 的最小公倍数 b_1，再求 b_1 与 a_3 的最小公倍数 b_2，再求 b_2 与 a_4 的最小公倍数 b_3……

核心代码如下：

```
1. ans = 1;
2. for( int i = 1; i < = n; i++){
3.     scanf("% d", &a[i]);
4.     ans = ans * a[i] / gcd(ans, a[i]);
5. }
```

6. printf("% d", ans);

【例6.6】 **Hankson 的趣味题**（NOIP2009）

【问题描述】

Hanks 博士是生物技术领域的知名专家,他的儿子名叫 Hankson。现在,刚刚放学回家的 Hankson 正在思考一个有趣的问题。

今天在课堂上,老师讲解了如何求两个正整数 c_1 和 c_2 的最大公约数和最小公倍数。现在 Hankson 认为自己已经熟练地掌握了这些知识,他开始思考一个"求公约数"和"求公倍数"之类问题的"逆问题",这个问题是这样的:已知正整数 a_0,a_1,b_0,b_1,设某未知正整数 x满足:

（1）x 和 a_0 的最大公约数是 a_1；

（2）x 和 b_0 的最小公倍数是 b_1。

Hankson 的"逆问题"就是求出满足条件的正整数 x。但稍加思索之后,他发现这样的 x并不唯一,甚至可能不存在。因此他转而开始考虑如何求解满足条件的 x 的个数。请你帮助他编程求解这个问题。

【输入格式】

第 1 行：1 个正整数 n,表示有 n 组输入数据。

接下来的 n 行：每行一组输入数据,为 4 个正整数 a_0,a_1,b_0,b_1,每两个整数之间用一个空格隔开。输入数据保证 a_0 能被 a_1 整除,b_1 能被 b_0 整除。

【输出格式】

每组输入数据的输出结果占 1 行,为 1 个整数。

对于每组数据：若不存在这样的 x,请输出 0；

若存在这样的 x,请输出满足条件的 x 的个数。

【输入输出样例】

输入样例	输出样例
2 41 1 96 288 95 1 37 1776	6 2

【样例说明】

第 1 组输入数据, x 可以是 9、18、36、72、144、288,共有 6 个。

第 2 组输入数据, x 可以是 48、1 776,共有 2 个。

【数据规模与约定】

对于 50% 的数据,保证有 $1 \leqslant a_0$,a_1,b_0,$b_1 \leqslant 10^4$ 且 $n \leqslant 100$；

对于 100% 的数据,保证有 $1 \leqslant a_0$,a_1,b_0,$b_1 \leqslant 2 \times 10^9$ 且 $n \leqslant 2\,000$。

【问题分析】

从 $lcm(b_0,x) = b_1$ 可知 x 一定是 b_1 的约数。可得朴素算法：用试除法求出 b_1 的所有约数,逐一判断是否满足问题中的两个条件。该算法的时间复杂度为 $O(n\sqrt{b_1}\lg b_1)$。

【核心代码】

```
1. void Work( ) {
2.     ans = top = 0;
3.     cin >> a0 >> a1 >> b0 >> b1;
4.     for( int i = 1; i * i <= b1;i ++) {
5.         if( b1 % i == 0) {
6.             if( i % a1 == 0) f[ ++top] = i;
7.             int t = b1 / i;
8.             if( t ! = i && t % a1 == 0) f[ ++top] = t;
9.         }
10.     }
11.     for( int i = 1;i <= top;i ++) {
12.         if( gcd( a0, f[ i]) == a1 && b0 * f[ i] / gcd( b0, f[ i]) == b1) ans ++;
13.     }
14.     cout << ans << endl;
15.     return ;
16. }
```

根据 $\gcd(a, b)$ 的一般公式,当 $a = p_1^{r_1}\times p_2^{r_2}\times\cdots\times p_k^{r_k}$, $b = p_1^{s_1}\times^{s_2}p_2\times\cdots\times p_k^{s_k}$,得:

$\gcd(a, b) = p_1^{\min(r_1, s_1)}p_2^{\min(r_2, s_2)}\cdots p_k^{\min(r_k, s_k)}$;

$l\,cm(a, b) = p_1^{\max(r_1, s_1)}\times p_2^{\max(r_2, s_2)}\times p_3^{\max(r_3, s_3)}\times\cdots\times p_n^{\max(r_k, s_k)}$ (p_i 为质因数)。

可以得到如下算法:

枚举质因数 p_x,设 a 的质因数中 p_i 的次数为 r_i,x 的次数为 s_i,b 的次数为 t_i,由前面性质可得:$\min(r_i, s_i) = t_i$。如果 $r_i < t_i$,那么无解;如果 $r_i = t_i$,那么 s_i 要满足 $s_i\geqslant t_i$;如果 $r_1 > t_i$,那么 $s_i = t_i$。

同理,c 的质因数中 p_i 的次数为 u_i,d 的次数为 v_i,由前面性质可得:$\max(u_i, t_i) = v_i$。如果 $u_i > v_i$,那么无解;如果 $u_i = v_i$,那么 s_i 要满足 $s_i\leqslant v_i$;如果 $u_i < v_i$,那么 $s_i = v_i$。

综合上面情况,当 $r_i = t_i$,$u_i = v_i$ 且 $v_i\geqslant t_i$,此时 $t_i\leqslant s_i\leqslant v_i$,即 ans * = $v_i - t_i + 1$;当 $r_i = t_i$,$u_i = v_i$ 且 $v_i < t_i$,或 $t_i > r_i$,或 $v_i < u_i$,或 $t_i < r_i$ 且 $v_i > u_i$ 且 $t_i\neq v_i$,无解。

【核心代码】

```
1. void Work( int p) {
2.     int r = 0, t = 0, u = 0, v = 0;
3.     while( a0 % p == 0) a0 /= p, r++;
4.     while( a1 % p == 0) a1 /= p, t++;
5.     while( b0 % p == 0) b0 /= p, u++;
6.     while( b1 % p == 0) b1 /= p, v++;
7.     if( r == t && u == v) {
8.         if( t <= v) ans * = ( v - t + 1);
```

```
9.        else ans = 0;
10.      }
11.      if(t > r || v < u) ans = 0;
12.      if(t < r && v > u && t! = v) ans = 0;
13.      return ;
14. }
```

【例 6.7】 数对（CF1499D）

【问题概述】

有 T 组询问，每组询问给定三个整数 c，d，e，问有多少对 (a, b) 使得 $c \times l\,\mathrm{cm}(a, b) - d \times \gcd(a, b) = e$。

【输入格式】

第 1 行：1 个整数 T，表示数据组数。

随后每行输入 1 组数据，每组数据包括 3 个整数 c，d，e。

【输出格式】

输出 T 行，每行即为每组数据的答案。

【输入输出样例】

输入样例	输出样例
4	4
1 1 3	3
4 2 6	0
3 3 7	8
2 7 25	

【样例说明】

第一组数据，有 4 对 (a, b) 满足要求，分别是：$(1, 4)$ $(4, 1)$ $(3, 6)$ $(6, 3)$。

【数据规模与约定】

$1 \leqslant T \leqslant 10^4$，$1 \leqslant c$，$d$，$e \leqslant 10^7$。

【问题分析】

设 $\gcd(a, b) = x$，原式可以转化为：$c(ab/x) - dx = e$，$c(a/x)(b/x) - d = e/x$，即 x 是 e 的因数，同时 a/x 与 b/x 要互质，所以可以枚举 e 的因数，然后求出 $(a/x)(b/x)$ 的值 s，那么我们要求的数据的对数，即两个乘积为 s 且互质的数的对数。这可以先求出 s 的质因子个数 p，然后将 p 个质因子分成两个部分，一共有 2^p 种分法，可以发现答案就是 2^p。数 s 的质因子个数可以通过线性筛提前预处理。

【核心代码】

```
1. int prime[maxn], divi[maxn], cnt;
2. bool is_prime[maxn];
3. void init ( ) {   //线性筛
```

```
4.      memset( is_prime, 1, sizeof ( is_prime) );
5.      is_prime[ 1 ] = 0;
6.      for ( int i = 2; i < maxn; i++) {
7.          if ( is_prime[ i ] ) prime[ ++cnt ] = i, divi[ i ] = 1;
8.          for ( int j = 1; j < = cnt && i * prime[ j ] < maxn; j++) {
9.              is_prime[ i *  prime[ j ] ] = 0;
10.             if ( i % prime[ j ] ) divi[ prime[ j ] * i ] = divi[ i ] +1;
11.             else { divi[ prime[ j ] * i ] = divi[ i ]; break; }
12.         }
13.     }
14.     return ;
15. }
16. int calc ( int c, int d, int e, int x) {
17.     x = e / x;
18.     int s = ( x +d) / c;
19.     if ( s * c ! = x +d) return 0;
20.     else return ( 1 << divi[ s ] );
21. }
22. int solve ( int c, int d, int e) {
23.     int q = sqrt( e) , ans = 0;
24.     for ( int i = 1; i < = q; i++) {
25.         if ( e % i ==0) {
26.             ans += calc ( c, d, e, i);
27.             if ( e / i ! = i) ans += calc ( c, d, e, e / i);
28.         }
29.     }
30.     return ans;
31. }
```

6.1.3　同余和模运算

（1）基本概念

① 余数

对于任何整数 a 和任何正整数 m，存在唯一整数 q 和 r，满足 $0 \leqslant r < m$ 且 $a = qm + r$，其中 $q = a/m$，记为商，$r = a \bmod m$，记为余数。

② 同余

如果 $a \bmod m = b \bmod m$，即 a，b 除以 m 所得的余数相等，则可记作：$a \equiv b(\bmod m)$。

若 $a \equiv b(\bmod m)$，则 $(a, m) = (b, m)$。

若 $a \equiv b(\bmod m)$，且 $d \mid m$，则 $a \equiv b(\bmod d)$。

③ 剩余系

剩余系是指模正整数 n 的余数所组成的集合。

如果一个剩余系中包含正整数 n 所有可能的余数(一般地,对于任意正整数 n,有 n 个余数:$0,1,2,\cdots,n-1$),那么该剩余系被称为是模 n 的一个完全剩余系,记作 Z_n;而简化剩余系就是完全剩余系中与 n 互素的数,记作 Z_n^*。

Z_n 里面的每一个元素代表所有模 n 意义下与它同余的整数。例如 $n=5$ 时,Z_5 的元素 3 实际上代表了 $3,8,13,18,\cdots,5k+3(k \in \mathbf{N})$ 这些模 5 余 3 的数。我们把满足同余关系的所有整数看作一个同余等价类。

自然地,Z_n 中的加法、减法、乘法、除法的结果全部要在模 n 意义下。例如在 Z_5 中,$3+2=0$,$3 \times 2 = 1$。

下面我们先来学习模意义下的加、减、乘运算,关于模意义下的除法运算,后面会有专门介绍。

(2)模运算

如果 $a \equiv b(\bmod m)$ 且有 $c \equiv d(\bmod m)$,那么下面的模运算律成立:

$a+c \equiv b+d(\bmod m)$

$a-c \equiv b-d(\bmod m)$

$a \times c \equiv b \times d(\bmod m)$

$(a+b)\bmod m = ((a \bmod m)+(b \bmod m))\bmod m$

$(a-b)\bmod m = ((a \bmod m)-(b \bmod m)+m)\bmod m$

$(a \times b)\bmod m = ((a \bmod m)\times(b \bmod m))\bmod m$

在乘法中,需要注意当 int a,b,m 时,$a \bmod m$ 和 $b \bmod m$ 相乘可能会超出 int 所能表示的范围,所以需要用 long long 保存中间结果,代码如下所示:

```
1. int mul_mod(int a, int b, int m){
2.     a % = m; b % = m;
3.     return (int)((long long)a *  b % m);
4. }
```

如果要计算 $a^n \bmod m$ 的值,如果简单地使用上述方法进行 $O(n)$ 次乘法,时间复杂度是很不理想的。我们可以利用下面的递归函数来优化:

$$\operatorname{pow}(x,n)\begin{cases}1 & (n=0 \text{ 时})\\ \operatorname{pow}(x^2,n/2) & (n \text{ 为偶数时})\\ \operatorname{pow}(x^2,n/2)*x & (n \text{ 为奇数时})\end{cases}$$

上述算法称为"快速幂",时间复杂度优化到 $O(\lg n)$,代码如下所示:

```
1. int pow_mod(int x, int n, int m){
2.     if(n ==0) return 1;
3.     int a = pow_mod(x, n / 2, m);
4.     long long ans = (long long)a *  a % m;
5.     if(n % 2 ==1) ans = ans *  x % m;
6.     return ans;
7. }
```

【例 6.8】 转圈游戏(NOIP2013)

【问题描述】

n 个小伙伴(编号从 0 到 $n-1$)围坐一圈玩游戏。按照顺时针方向给 n 个位置编号,编号为 0 到 $n-1$。 最初,第 0 号小伙伴在第 0 号位置,第 1 号小伙伴在第 1 号位置……

游戏规则如下:每一轮第 0 号位置上的小伙伴顺时针走到第 m 号位置,第 1 号位置小伙伴走到第 $m+1$ 号位置…… 依此类推,第 $n-m$ 号位置上的小伙伴走到第 0 号位置,第 $n-m+1$ 号位置上的小伙伴走到第 1 号位置…… 第 $n-1$ 号位置上的小伙伴顺时针走到第 $m-1$ 号位置。

现在,一共进行了 10^k 轮,请问 x 号小伙伴最后走到了第几号位置。

【输入格式】

输入共 1 行,包含 4 个整数 n、m、k、x,每两个整数之间用一个空格隔开。

【输出格式】

输出共 1 行,包含 1 个整数,表示 10^k 轮后 x 号小伙伴所在的位置编号。

【输入输出样例】

输入样例	输出样例
10 3 4 5	5

【数据规模与约定】

对于 30% 的数据,$0 < k < 7$;

对于 80% 的数据,$0 < k < 10^7$;

对于 100% 的数据,$1 < n < 10^6$,$0 < m < n$,$1 \le x \le n$,$0 < k < 10^9$。

【问题分析】

不难发现答案即为 $(x + m \times 10^k) \bmod n$,化简一下,即为:

$(x + m \bmod n \times (10^k \bmod n) \bmod n) \bmod n$

所以问题的关键就是快速求出 $10^k \bmod n$,使用快速幂来求解即可。

【例 6.9】 越狱(HNOI2008)

【问题描述】

监狱有连续编号为 $1 \sim n$ 的 n 个房间,每个房间关押一个犯人。有 m 种宗教,每个犯人信仰其中一种。如果相邻房间的犯人信仰的宗教相同,就可能发生越狱。求有多少种可能发生越狱的状态。答案对 100003 取模。

【输入格式】

输入只有 1 行,为 2 个整数,分别代表宗教数 m 和房间数 n。

【输出格式】

输出 1 行,为 1 个整数,代表答案。

【输入输出样例】

输入样例	输出样例
2 3	6

【样例说明】

状态编号	1号房间	2号房间	3号房间
1	信仰1	信仰1	信仰1
2	信仰1	信仰1	信仰2
3	信仰1	信仰2	信仰2
4	信仰2	信仰1	信仰1
5	信仰2	信仰2	信仰2
6	信仰2	信仰2	信仰1

【数据规模与约定】

100%的数据：$1 \leqslant m \leqslant 10^8$，$1 \leqslant n \leqslant 10^{12}$。

【问题分析】

所有方案数有：$m^n = m \times m^{n-1}$ 种；

所有不发生越狱的方案数为：$m(m-1)^{n-1}$ 种；

发生越狱的方案数即为：$m \times m^{n-1} - m(m-1)^{n-1}$ 种；

分别对 m^{n-1} 和 $(m-1)^{n-1}$ 快速幂即可。

6.1.4 费马小定理和欧拉定理

（1）费马小定理

若 p 为素数，且 a 和 p 互素，则可以得到：

$$a^{p-1} \equiv 1 \pmod{p}$$

证明：

由于 $(a \times b) \bmod p = ((a \bmod p) \times (b \bmod p)) \bmod p$，可知 $p-1$ 个整数 $[a, 2a, 3a, \cdots, (p-1)a]$ 中没有一个是 p 的倍数，而且没有任意两个模 p 同余，所以这 $p-1$ 个数模 p 是 1，2，3，$\cdots$，$(p-1)$ 的排列，即：

$$a \times 2a \times 3a \times \cdots \times (p-1)a \equiv 1 \times 2 \times 3 \times \cdots \times (p-1) \pmod{p}$$

化简为：

$$a^{p-1}(p-1)! \equiv (p-1)! \pmod{p}$$

即 $a^{p-1} \equiv 1 \pmod{p}$ 得证。

一般情况下，在 p 是素数的情况下，对于任意整数 a 都有 $a^p \equiv a \pmod{p}$。

性质：p 是素数，且 a、p 互素，则 $a^b \bmod p = a^{b \bmod (p-1)} \bmod p$。

如 $p=5$，$a=3$，$3^4 \equiv 1 \pmod{5}$；又如 $3^{2046} \equiv 3^{2046 \bmod (5-1)} \equiv 3^2 \pmod{5} \equiv 4 \pmod{5}$。

综上，费马小定理可以用来求 a 指数较大时对素数 p 的余数，而当 p 不是素数时，就要用到下文所述的欧拉定理。

（2）欧拉定理

① 欧拉函数

若 $\gcd(a, b) = 1$，则称 a，b 互素（互质），记作 $a \perp b$。

定义：欧拉函数 $\varphi(n)$ 是指 $[1, n]$ 中与 n 互素的数的个数。例如，小于 8 且与 8 互素的数是 1，3，5，7，因此 $\varphi(8) = 4$。

推论：若 p 为素数，则 $\varphi(p) = p - 1$。

可以通过素因数分解求欧拉函数。

由整数唯一分解定理，将 n 分解为不同素数的乘积，即：$N = p_1^{r_1} \times p_2^{r_2} \cdots \times p_k^{r_k}$

设 1 到 n 的 n 个数中 p_i 倍数的集合为 A_i，$|A_i| = \left\lfloor \dfrac{n}{p_i} \right\rfloor$ $(i = 1, 2, \cdots, k)$

对于 $p_i \neq p_j$，$A_i \cap A_j$ 既是 p_i 的倍数也是 p_j 的倍数，即可得：

$$|A_i \cap A_j| = \left\lfloor \frac{n}{p_i p_j} \right\rfloor \quad (1 \leqslant i, j \leqslant k, i \neq j)$$

那么在去除 $|A_i|$ 和 $|A_j|$ 的时候，p_i 和 p_j 的倍数被去除去了两次，需要再把 $|A_i \cap A_j|$ 加回来。

在去除 $|A_i|$，$|A_j|$，$|A_k|$ 的时候，p_i，p_j，p_k 的倍数被去除去了三次，所以需要加回 $|A_i \cap A_j|$，$|A_i \cap A_k|$，$|A_j \cap A_k|$，再减去 $|A_i \cap A_j \cap A_k|$。

以此类推，可以得到欧拉函数 $\varphi(n)$ 的计算公式为：

$$\varphi(n) = n - \left(\frac{n}{p_1} + \frac{n}{p_2} + \cdots + \frac{n}{p_k} \right) + \left(\frac{n}{p_1 p_2} + \frac{n}{p_2 p_3} + \cdots + \frac{n}{p_1 p_k} \right) \cdots \pm \left(\frac{n}{p_1 p_2 \cdots p_k} \right)$$

$$= n \left(1 - \frac{1}{p_1} \right) \left(1 - \frac{1}{p_2} \right) \cdots \left(1 - \frac{1}{p_k} \right)$$

依据上述计算方法，可以得到求解欧拉函数 $\varphi(n)$ 的代码：

```
1. int euler_phi( int n) {
2.     int res = n;
3.     for( int i = 2; i *  i <= n; i++) {
4.         if( n % i == 0) {
5.             res = res / i *  (i - 1);
6.             for ( ; n % i == 0; n /= i);
7.         }
8.     }
9.     if ( n ! = 1) res = res / n *  (n - 1);
10.    return res;
11. }
```

求解欧拉函数的时间复杂度为 $O(\sqrt{n})$。

此外，利用埃氏筛法，每次发现素因子时就把它倍数的欧拉函数乘上 $(p - 1)/p$，这样就可以一次性求出 $1 \sim n$ 的欧拉函数值的表。实现代码如下：

```
1. int phi[n];
2. void euler_phi2(){
3.     for (int i = 0; i < n; i++) phi[i] = i;
4.     for (int i = 2; i < n; i++) {
5.         if (phi[i] == i) {
6.             for (int j = i; j < n; j += i)
7.                 phi[j] = phi[j] | i * (i - 1);
8.         }
9.     }
10. }
```

性质: 若 $a \perp b$,则: $\varphi(ab) = \varphi(a)\varphi(b)$。

将 a, b 各自分解素因数,利用欧拉函数计算式即可得证。

② 欧拉定理

对于和 m 互素的 a,有: $a^{\varphi(m)} \equiv 1 (\bmod m)$。

如 $m = 10$, $a = 3$ 时, $\varphi(10) = 4$, $3^4 = 81 \equiv 1 (\bmod 10)$。

当 m 是素数时, $\varphi(m) = m - 1$,可得: $a^{m-1} \equiv 1 (\bmod m)$,亦即费马小定理。因此欧拉定理也可以看作是费马小定理的加强。

推论: 若 a、m 互素($m > 1$),可得: $a^b (\bmod m) = a^{b \bmod \varphi(m)} (\bmod m)$。

证明:

设 $b = q\varphi(m) + r$,其中 $0 \leqslant r < \varphi(m)$,即 $r = b \bmod \varphi(m)$。 于是:

$$a^b \equiv a^{q\varphi(m)+r} \equiv (a^{\varphi(m)})^q a^r \equiv 1^q a^r \equiv a^r \equiv a^{b \bmod \varphi(m)} (\bmod m)$$

例如, $3^{2017} \equiv 3^{2017 \bmod \varphi(10)} \equiv 3^{2017 \bmod 4} \equiv 3 (\bmod 10)$

【例 6.10】 幸运数(POJ3696)

【问题概述】

给定一个正整数 L,定义 L 的幸运数为最少的 8 连在一起组成的 L 的倍数。请你求解 L 的幸运数。

【输入格式】

输入若干行,每行 1 个整数 L。

【输出格式】

输出若干行,每行 1 个整数,表示 L 的幸运数的位数。

【输入输出样例】

输入样例	输出样例
8 11 16	1 2 0

【数据规模与约定】

100%的数据：$L \leqslant 2 \times 10^9$。

【问题分析】

x 个 8 连在一起的正整数可写作 $8 \times (10^x - 1)/9$，即要求出最小的 x，满足 $L \mid 8 \times (10^x - 1)/9$。

由 $L \mid 8 \times (10^x - 1)/9$，可得 $(9 \times L) \mid (8 \times (10^x - 1))$。

设 $d = \gcd(L, 8)$，可得：$(9 \times L/d) \mid (10^x - 1)$，$10^x \equiv 1 (\bmod (9 \times L/d))$。

根据上式，我们可以想到欧拉定理。

引理：若 a，n 互素，满足 $a^x \equiv 1 (\bmod n)$ 的最小正整数 x_0 是 $\varphi(n)$ 的约数。

采用反证法来证明：

假设满足 $a^x \equiv 1 (\bmod n)$ 的最小正整数 x_0 不能整除 $\varphi(n)$。

设 $\varphi(n) = q \times x_0 + r (0 < r < x_0)$。因为 $a^{x_0} \equiv 1 (\bmod n)$，所以 $a^{qx_0} \equiv 1 (\bmod n)$。

根据欧拉定理，有 $a^{\varphi(n)} \equiv 1 (\bmod n)$，所以 $a^r \equiv 1 (\bmod n)$，这与 x_0 最小矛盾。

故假设不成立，原命题得证。

所以，只需求出 $\varphi(9 \times L/d)$，然后枚举它的所有约数，用快速幂逐一检查是否满足条件即可。这一过程的时间复杂度为 $O(\sqrt{L} \lg L)$。

【核心代码】

```
1.  int lucky_L( ) {
2.      d = gcd(L, 8);
3.      k = 9 *  L / d;
4.      if (gcd(k, 10) ! = 1) return 0;
5.      p = euler_phi(k);
6.      q = sqrt(p);
7.      for (int i = 1; i < = q; i++)
8.          if (p % i == 0 && pow_mod(10, i, k) == 1)
9.              return i;
10.     for (int i = q - 1; i; i--)
11.         if (p % i == 0 && pow_mod(10, p / i, k) == 1)
12.             return p / i;
13.     return 0;
14. }
```

6.1.5　扩展欧几里得算法

（1）裴蜀定理

对任何整数 a、b，当且仅当 c 是 $\gcd(a, b)$ 的倍数时，关于未知数 x 和 y 的线性不定方程 $ax + by = c$（裴蜀等式）有整数解。

裴蜀等式有解时必然有无穷多个解。

推论：a，b 互素等价于 $ax + by = 1$ 有解。

（2）扩展欧几里得算法

扩展欧几里得算法主要用来求解裴蜀等式，根据欧几里得算法，可得：

$$ax + by = \gcd(a, b) = \gcd(b, a \bmod b) = bx' + (a \bmod b)y'$$

其中 $a \bmod b$ 为 $a - \lfloor a/b \rfloor \times b$，代入上式后，可得：

$$bx' + (a \bmod b)y' = bx' + (a - \lfloor a/b \rfloor \times b)y' = ay' + b(x' - \lfloor a/b \rfloor \times y')$$

由此可以得出 x、y 和 x'、y' 的关系：$x = y'$，$y = x' - \lfloor a/b \rfloor \times y'$。

边界情况分析：$ax' + by' = d(d = \gcd(a, b))$，当 $b = 0$ 时，a 为 $\gcd(a, b)$，当且仅当 $x' = 1$ 时等式成立。y' 可以为任何值，为方便起见，通常设 $y' = 0$。

根据 $x = y'$，$y = x' - \lfloor a/b \rfloor \times y'$，可以倒推出 x 和 y 的解。

例如 $15x + 9y = 3$，根据 $x = y'$，$y = x' - \lfloor a/b \rfloor \times y'$，$a$，$b$，$x$，$y$ 在不同时刻的值如图 6-1 所示：

	a	b	x	y	
	15	9	−1	2	(x, y) 自下而上
	9	6	1	−1	
	6	3	0	1	
(a, b) 自上而下	3	0	1	0	

图 6-1　a，b，x，y 在不同时刻的值

核心代码如下：

```
1. int extend_gcd(int a, int b, int &x, int &y) {
2.     if (b == 0) {
3.         x = 1; y = 0;
4.         return a;
5.     }
6.     else {
7.         int ret = extend_gcd(b, a % b, y, x);
8.         y -= x * (a / b);
9.         return ret;
10.    }
11. }
```

$ax + by = c$ 有无穷组解，扩展欧几里得算法计算出来的解是其中一个特解 (x_0, y_0)，通过以下方式可以获得其他解。

假如把方程的所有解按 x 的值从小到大排序，特解 (x_0, y_0) 的下一组解 (x_1, y_1) 可以表示为 $(x_0 + d_1, y_0 + d_2)$，其中 d_1 是符合条件的最小的正整数，则满足：

$$a(x_0 + d_1) + b(y_0 + d_2) = c$$

由于 $ax_0 + by_0 = c$，所以 $ad_1 + bd_2 = 0$，即：

$$d_1/d_2 = -b/a = -(b/\gcd(a, b))/(a/\gcd(a, b))$$

因此方程 $ax + by = c$ 的一般解可以表示为：

$$x = x_0 + k(b/\gcd(a, b))，y = y_0 - k(a/\gcd(a, b))（k \in \mathbf{Z}）$$

例如，求 $6x + 5y = 2$ 的通解。利用扩展欧几里得算法，可得其特解为 $(2, -2)$，因此方程 $6x + 5y = 2$ 的一般解可以表示为：

$$x = x_0 + k(b/\gcd(a, b)) = 2 + 5k$$
$$y = y_0 - k(a/\gcd(a, b)) = -2 - 6k \quad (k \in \mathbf{Z})$$

【例 6.11】 Jams 倒酒（洛谷 1292）

【问题描述】

Jams 有 A，B 两种酒杯，容积分别为 a、b，他只能在两种酒杯和一个酒桶之间反复倾倒，从而得到一定量的酒。现规定：

（1）$a \geqslant b$。

（2）酒桶容积无限。

（3）只能包含三种可能的倒酒操作：

① 将酒桶中的酒倒入容积为 b 的酒杯中；

② 将容积为 a 的酒杯中的酒倒入酒桶；

③ 将容积为 b 的酒杯中的酒倒入容积为 a 的酒杯中。

（4）每次倒酒必须把酒杯倒满或者把被倾倒的酒杯倒空。

Jams 希望倾倒若干次，使容积为 a 的酒杯中剩下的酒尽可能少。

【输入格式】

两个整数 a、b。

【输出格式】

第 1 行：1 个整数，表示可以得到的最小体积的酒。

第 2 行：2 个整数 P_a 和 P_b（中间用一个空格分开），分别表示从容积为 a 的酒杯中到酒的次数和将酒倒入容积为 b 的酒杯中的次数。

若有多种可能的 P_a，P_b 满足要求，那么请输出 P_a 最小的。若 P_a 最小的时候有多个 P_b，那么输出 P_b 最小的。

【输入输出样例】

输入样例	输出样例
5 3	1 1 2

【样例说明】

倾倒方案为：桶→B；B→A；桶→B；B→A；A→桶；B→A。

【数据规模与约定】

对于 20% 的数据，P_a、P_b 总和不超过 5；

对于 60% 的数据，$P_a \leqslant 10^8$；

对于 100% 的数据，$0 < b \leqslant a \leqslant 10^9$。

【问题分析】

设最后剩余的最小酒量为 d，由于 d 是通过每次添加量为 b 的酒，或者每次倒出量为 a 的酒得到的，则有：

$$d = -ax + by \quad (x, y \in \mathbf{Z})$$

根据裴蜀定理，欲使此不定方程有解，则：

$$d = k \times \gcd(a, b) \quad (k \in \mathbf{Z})$$

要求 d 的最小非负整数解，即 $d = \gcd(a, b)$。

然后通过扩展欧几里得求出一组特解 x、y，再求最小解。

由于 x 和 y 是 $ax + by = c$ 的一组解，所以 $(x - b)a + (y + a)b = c$ 也成立，故可以通过 "$x -= b, y += a$" 调整 x 和 y，从而求得最小解。

【核心代码】

```
1. int a, b, x, y;
2. cin >> a >> b;
3. int d = extend_gcd(a, b, x, y);
4. cout << d << endl;
5. a = a / d, b = b / d;
6. while(x > 0 || y < 0)
7.     x -= b, y += a;
8. while(x + b <= 0 && y - a >= 0)
9.     x += b, y -= a;
10. cout << - x << " " << y << endl;
```

6.1.6 逆元

如果在 Z_n 中的两元素 a，b 满足 $ab = 1$，比如在 Z_{15} 中，$7 \times 13 = 1$，那么我们就说 a，b 互为模 n 意义下乘法的逆元，记作 $a = b^{-1}$，$b = a^{-1}$。

在模运算中，除以一个数等于乘上这个数的逆元（如果这个数存在乘法逆元的话）。例如，在 Z_5 中，$4 \div 3 = 4 \times 3^{-1} = 4 \times 2 = 3$。

剩余系中的每一个元素都对应一个同余等价类，所以 $4 \div 3 = 3$ 的实际含义是：假定有两个整数 a、b，满足 a/b 是整数，且 a 和 b 除以 5 的余数分别为 4 和 3，那么 a/b 除以 5 的余数等于 3。例如 $a = 9$，$b = 3$ 时以上说法就成立。

当 a、m 互素时，若 $ax \equiv 1(\bmod m)$，则称 x 是 a 关于模 m 的逆元，记做 a^{-1}。在 $[0, m)$ 的范围内，逆元是唯一的。

证明：采用反证法，若 a 有两个逆元 x_1，x_2，且 $0 < x_1 < x_2 < m$，即：$ax_1 \equiv ax_2 \equiv 1(\bmod m)$，那么 $m \mid a(x_2 - x_1)$ 成立，又由于 $\gcd(a, m) = 1$，因此 $m \mid (x_2 - x_1)$，这与 $0 < x_2 - x_1 < m$ 矛盾。

将一个整数乘以 a^{-1} 可以与一次乘以 a 的操作抵消，相当于模意义下的除法。因此：

$$(a / b)\bmod m = (a\, b^{-1})\bmod m$$

在模运算中，经常需要求解逆元，下面介绍几种常见的求解逆元的方法：

（1）扩展欧几里得算法求解逆元

在 $ax \equiv 1(\bmod m)$ 中，求解 a 的逆元等价于解方程 $ax + my = 1$，因此可以通过扩展欧几里得算法求解逆元：

代码如下：

```
1. int inverse(int a, int m) {
2.     int x, y;
3.     extend_gcd(a, m, x, y);
4.     if(x < 0) x += m;
5.     return x;
6. }
```

（2）欧拉定理求解逆元

由欧拉定理可知，$a \times a^{\varphi(m)-1} \equiv 1(\bmod m)$，若 m 是素数，则 $a \times a^{m-2} \equiv 1(\bmod m)$

即　$a^{\varphi(m)-1} \equiv a^{-1}(\bmod m)$，若 m 是素数：$a^{m-2} \equiv a^{-1}(\bmod m)$

所以，可以使用快速幂求解 a^{-1}。

```
1. int powermod(int a, int b, int m){
2.     int res = 1;
3.     while (b) {
4.         if (b & 1) res = (long long)res *  a % m;
5.         a = (long long)a *  a % m;
6.         b >>= 1;
7.     }
8.     return res;
9. }
```

（3）递推法线性求逆元

递推法通常用来求解 1 到 $p - 1$ 的每个数 i 的逆元。假设现在要求 i 的逆元，根据带余除法可设 $p = iq + r$，则有 $iq + r \equiv 0(\bmod p)$，由于 p 是素数，因此 r 不为 0，r 的逆元存在。等式两边乘 $i^{-1}r^{-1}$，得到：

$$r^{-1}q + i^{-1} \equiv 0(\bmod p)$$
$$i^{-1} \equiv -r^{-1}q \equiv -(p\bmod i)^{-1}\lfloor p / i \rfloor (\bmod p)$$

从而可得：

```
1. for (inverse[1] = 1, i = 2; i <= n; ++i)
2.     inverse[i] = inverse[p % i] * (p - p / i) % p;
```

（4）倒推法求解逆元

倒推法通常用来求解 $i!$（$1 \leq i \leq n-1$）的逆元。具体步骤是首先求 $n!$ 的逆元（可以使用扩展欧几里得算法，或者快速幂），然后利用 $((i-1)!)^{-1} \equiv i \times (i!)^{-1} (\bmod p)$，倒推求出 $1! \cdots (n-1)!$ 的逆元。在此基础上，可以利用 $i^{-1} \equiv (i-1)! (i!)^{-1} (\bmod p)$，也可以求出 $1 \sim n$ 的逆元。

代码如下：

```
1. void inverse(){
2.     fac[0] = 1;
3.     for (int i = 1; i <= n; i++)
4.         fac[i] = fac[i - 1] * i % p;
5.     inv[n] = powermod(fac[n], p - 2, p);
6.     for (int i = n - 1; i >= 0; i--)
7.         inv[i] = (inv[i + 1] * (i + 1)) % p;
8.     return ;
9. }
```

【例 6.12】 Sumdiv（POJ1845）

求 A^B 的所有约数之和 $\bmod 9901$。

【输入格式】

输入 1 行，为两个整数 A、B。

【输出格式】

输出 1 行，为 1 个整数，即所求答案。

【输入输出样例】

输入样例	输出样例
2 3	15

【样例说明】

$2^3 = 8$，8 的约数为 1、2、4、8，它们的和是 15。

【数据规模与约定】

对于 100% 的数据，$1 \leq A, B \leq 5 \times 10^7$。

【问题分析】

把 A 分解素因数，表示为 $p_1^{r_1} p_2^{r_2} \cdots p_n^{r_n}$，由前面介绍的约数之和得知，$A^B$ 的所有约数之和为：

$$(1 + p_1 + p_1^2 + \cdots + p_1^{Br_1})(1 + p_2 + p_2^2 + \cdots + p_2^{Br_2}) \cdots (1 + p_n + p_n^2 + \cdots + p_n^{Br_n})$$

上式的每一项都是一个等比数列，以第一项为例：

$$(1 + p_1 + p_1^2 + \cdots + p_1^{Br_1}) = (p_1^{B(r_1+1)} - 1)/(p_1 - 1) = (p_1^{B(r_1+1)} - 1)(p_1 - 1)^{-1}$$

特别的,若 $p_i - 1$ 是 9 901 的倍数,那么此时乘法逆元不存在,但是 $p_i \bmod 9\ 901 = 1$,所以

$$(1 + p_i + p_i^2 + \cdots + p_i^{Br_i}) \equiv 1 + 1 + 1^2 + \cdots + 1^{Br_i} \equiv Br_i + 1 (\bmod 9\ 901)$$

【程序代码】

```
1.  #include<bits/stdc++.h>
2.  #define int long long
3.  #define mod 9901
4.  using namespace std;
5.  const int N = 1e6;
6.  int a, b, p[N], r[N], len = 0;
7.  void div(int a) {//a 分解质数因子再* b
8.      int x = sqrt(a);
9.      for(int i = 2; a > 1 && i <= x; i++){
10.         if(a% i == 0)
11.             p[++len] = i % mod, r[len] = 1, a /= i;
12.         while(a % i == 0)
13.             r[len]++, a /= i;
14.     }
15.     if(a > 1) p[++len] = a % mod, r[len] = 1;
16.     for(int i = 1; i <= len; i++) r[i] *= b;
17.     return ;
18. }
19. int pow_mod(int x, int n, int m){
20.     if(n == 0) return 1;
21.     int a = pow_mod(x, n / 2, m);
22.     long long ans = (long long)a * a % m;
23.     if(n % 2 == 1) ans = ans * x % m;
24.     return ans;
25. }
26. signed main(){
27.     ios::sync_with_stdio(false); cin.tie(false); cout.tie(false);
28.     int ans = 1;
29.     cin >> a >> b;
30.     div(a);
31.     for(int i = 1; i <= len; i++){
32.         if(p[i] == 1) {
33.             ans = ans * (r[i] + 1) % mod;
34.             continue;
35.         }
36.         int x = pow_mod(p[i] - 1, mod - 2, mod);
37.         int y = pow_mod(p[i], r[i] + 1, mod);
```

```
38.          ans =（ans *（y - 1）% mod）* x % mod;
39.        }
40.        ans =（ans + mod）% mod;
41.        cout << ans << endl;
42.        return 0；
43. }
```

6.1.7 线性同余方程（组）

（1）线性同余方程

形如 $ax \equiv c \pmod{m}$ 的方程,称为线性同余方程,其中线性表示方程的未知数 x 的次数是一次。

线性同余方程的求解,通常可以通过以下几种方法:

① 扩展欧几里得算法求解

显然,线性同余方程的求解可以转化为对 $ax + my = c$ 的求解,即可将线性同余方程转换为扩展欧几里得算法求解。

令 $d = \gcd(a, m)$,根据裴蜀定理,$ax + my = c$ 有解的条件为 $d \mid c$,否则方程无解。

在方程有解时,使用扩展欧几里得算法求出一组整数解,满足 $ax_0 + my_0 = \gcd(a, m)$。根据前面的通解公式,在模 m 的完全剩余系 $\{0, 1, \cdots, m-1\}$ 中,有且仅有 d 个解,其余 $d - 1$ 个解可以通过以下式子得到,即:

$$x_i = (x_0 + i(m/d)) \bmod m \qquad (1 \leqslant i \leqslant d - 1)$$

② 欧拉定理求解

令 $d = \gcd(a, m)$,若 $d \mid c$,则方程组无解,否则方程组可变为:

$$a'x \equiv c' \pmod{m'}, \ a' = a/d, \ m' = m/d, \ c' = c/d, \ \gcd(a', c') = 1$$
$$x \equiv a'^{\varphi(m')-1} c' \pmod{m'}$$
$$x \equiv a'^{\varphi(m')-1} c' + km' \pmod{m}, \ (0 \leqslant k < d)$$

在方程 $3x \equiv 2 \pmod{6}$ 中,$d = \gcd(3, 6) = 3$,$3 \mid 2$,因此方程无解。

在方程 $5x \equiv 2 \pmod{6}$ 中,$d = \gcd(5, 6) = 1$,$1 \mid 2$,因此方程在 $\{0, 1, 2, 3, 4, 5\}$ 中恰有一个解,$x \equiv a'^{\varphi(m')-1} c' + km' \pmod{m} \equiv 5^{\varphi(6)-1} \times 2 + 6k \pmod{6}$,所以 $x = 4$。

在方程 $4x \equiv 2 \pmod{6}$ 中,$d = \gcd(4, 6) = 2$,$2 \mid 2$,因此方程在 $\{0, 1, 2, 3, 4, 5\}$ 中恰有两个解:$x = 2$,$x = 5$。

【例 6.13】 线性组合

给定一个整数 C 以及整数数列 A_1,A_2,$\cdots$,A_n,问是否存在整数序列 $(X_1, X_2, \cdots, X_n)$,使得 $A_1 X_1 + \cdots + A_n X_n = C$,其中 $\gcd(A_1, A_2, \cdots, A_n) \mid C$ $(n \geqslant 2)$,如存在,请找出一组整数解 $(X_1, X_2, \cdots, X_n)$。

例如 $C = 3$,$A = \{12, 24, 18, 15\}$,一组可行的整数解 $X = \{2, 0, -2, 1\}$。

【问题分析】

可以通过将原方程 $A_1X_1 + \cdots + A_nX_n = C$ 转化为 $\gcd(A_1, A_2, \cdots, A_{n-1})(a_1X_1 + a_2X_2 + \cdots + a_{n-1}X_{n-1}) + A_nX_n = C$,然后设 $y = a_1X_1 + a_2X_2 + \cdots + a_{n-1}X_{n-1}$,从而可以转化为 $\gcd(A_1, A_2, \cdots, A_{n-1})y + A_nX_n = C$ 含有两个未知数 y、X_n 的线性不定方程,然后通过扩展欧几里得算法求得 y、X_n,然后再把 $A_1X_1 + A_2X_2 + \cdots + A_{n-1}X_{n-1} = \gcd(A_1, A_2, \cdots, A_{n-1})y$ 同样转换为含有两个未知数的线性不定方程,并求得 X_{n-1},这样通过 $n-1$ 次转换即可求得一组整数解 $(X_1, X_2, \cdots, X_n)$,例如对于上述样例,可以这样计算:

首先预处理:$\gcd(12, 24) = 12$,$\gcd(12, 24, 18) = \gcd(\gcd(12, 24), 18) = \gcd(12, 18) = 6$

然后,求解方程:

$$\gcd(12, 24, 18)y_1 + 15x_4 = 3$$

即 $6y_1 + 15x_4 = 3$。

利用扩展欧几里得算出一组特解:$y_1 = -2$,$x_4 = 1$。

继续列方程:$12x_1 + 24x_2 + 18x_3 = 6y_1 = -12$。

继续求解 $\gcd(12, 24)y_2 + 18x_3 = -12$,即 $12y_2 + 18x_3 = -12$。

同样,利用扩展欧几里得算出一组特解:$y_2 = 2$,$x_3 = -2$。

最后求解 $12x_1 + 24x_2 = 12y_2 = 24$,得到特解,$x_1 = 2$,$x_2 = 0$。

最后得到一组整数解 $(2, 0, -2, 1)$。

（2）线性同余方程组

由多个形如 $x \equiv a_i(\bmod m_i)$ 的若干方程联立得到的方程组,称为线性同余方程组。

① 当 m_i 互素时

线性同余方程组如:

$$\begin{cases} x \equiv 2\,(\bmod 3) & (1) \\ x \equiv 3\,(\bmod 5) & (2) \\ x \equiv 5\,(\bmod 7) & (3) \end{cases}$$

下面是一种可行的解法:

设 $x = 3y + 2$,代入 (2) 得到 $3y + 2 \equiv 3(\bmod 5)$,解得 $y \equiv 2(\bmod 5)$。

设 $y = 5z + 2$,代入 (3) 得到 $3 \times (5z + 2) + 2 \equiv 5(\bmod 7)$,解得 $z \equiv 4(\bmod 7)$。

设 $z = 7k + 4$,则 $x = 3 \times (5 \times (7k + 4) + 2) + 2 = 105k + 68$。

因此 $x \equiv 68(\bmod 105)$。

对于这类线性同余方程组的求解,最常用的是中国剩余定理。

中国剩余定理:对于同余方程组 $x \equiv a_i(\bmod m_i)(i = 1, 2, \cdots, n)$,若 m_i 两两互素,则 x 在 $\bmod M(M = m_1m_2\cdots m_n)$ 下有唯一解。

中国剩余定理同时给出了构造解的方法,令 $M = m_1m_2\cdots m_n$,$M_i = M/m_i$,显然 $\gcd(M_i, m_i) = 1$,所以 M_i 关于模 m_i 的逆元存在。把逆元设为 t_i,于是有:

$$M_i t_i \equiv 1(\operatorname{mod} m_i), \ M_i t_i \equiv 0(\operatorname{mod} m_j) \ (j \neq i)$$

进一步：

$$a_i M_i t_i \equiv a_i(\operatorname{mod} m_i), \ a_i M_i t_i \equiv 0(\operatorname{mod} m_j) \ (j \neq i)$$

所以 $\sum_{i=1}^{n} a_i M_i t_i$ 是 x 的一个解，而对于 x 的任意两个解 x_1, x_2 来说：

$$\begin{cases} x_1 \equiv a_i(\operatorname{mod} m_i) & (1) \\ x_2 \equiv a_i(\operatorname{mod} m_i) & (2) \end{cases}$$

所以 $x_2 - x_1 \equiv 0(\operatorname{mod} m_i)$，即两解之间的差值应该是 M 的倍数，从而可得 x 的通解为：

$$x \equiv \sum_{i=1}^{n} a_i M_i t_i(\operatorname{mod} M)$$

利用中国剩余定理求解上述同余方程组，可得：

$a_i = \{2, 3, 5\}$，$m_i = \{3, 5, 7\}$，$M = 3 \times 5 \times 7 = 105$

$M_i = \{105/3, 105/5, 105/7\} = \{35, 21, 15\}$

$t_i = \{\text{inverse}(35, 3), \text{inverse}(21, 5), \text{inverse}(15, 7)\} = \{2, 1, 1\}$

$x \equiv (2 \times 35 \times 2 + 3 \times 21 \times 1 + 5 \times 15 \times 1) \ (\operatorname{mod} 105)$

$x \equiv 278 \equiv 68(\operatorname{mod} 105)$

通解：$x = 68 + 105k \ (k \in \mathbf{Z})$。

核心程序如下：

```
1. int crt(const int a[], const int m[], int n) {
2.     int M = 1, ret = 0;
3.     for (int i = 1; i <= n; ++i) M *= m[i];
4.     for (int i = 1; i <= n; ++i) {
5.         int Mi = M / m[i], ti = inv(Mi, m[i]);
6.         ret = (ret + a[i] * Mi * ti) % M;
7.     }
8.     return ret;
9. }
```

② 当 m_i 不互素时（扩展中国剩余定理）

假设我们已经知道了前 k 个方程的一个解 ans，设 $M = lcm(m_1, m_2, \cdots, m_k)$，那么通解就是 ans $+ xM(x \in \mathbf{Z})$，现在需要在其中找一个解满足第 $k + 1$ 个方程（其本质就是找一个 x）。

由 ans $+ xM \equiv a_{k+1}(\operatorname{mod} m_{k+1})$ 得：

$xM \equiv a_{k+1} - \text{ans} \ (\operatorname{mod} m_{k+1})$

即 $xM + ym_{k+1} = a_{k+1} - \text{ans}$

这样，就可以通过扩展欧几里得来进行求解，核心代码如下：

```
1.  int extend_crt( int n) {
2.      int M = 1, ans = 0;
3.      for( int i = 1; i < = n; i++) {
4.          int x, y;
5.          int d = extend_gcd( M, m[i], x, y);
6.          int c = ( a[i] - ans % m[i] + m[i]) % m[i];
7.          if( c % d ! = 0) return -1;
8.          x = x * c / d; x % = m[i] / d;
9.          ans += x * M;
10.         M * = m[i] / d;
11.     }
12.     ans = ( ans % M + M) % M;
13.     if( ans = = 0) ans = M;
14.     return ans;
15. }
```

此外,也可以通过欧拉定理和中国剩余定理来求解,先考虑方程数量为 2 的情况,方程数量大于 2 的方程组通过迭代求解。

$$\begin{cases} x \equiv a_1 (\bmod m_1) \\ x \equiv a_2 (\bmod m_2) \end{cases}$$

设 $y = x - a_1$, 则

$$\begin{cases} y \equiv 0 \ (\bmod m_1) \\ y \equiv a_2 - a_1 (\bmod m_2) \end{cases}$$

设 $d = \gcd(m_1, m_2)$, 若 $d \mid (a_2 - a_1)$ 则方程组无解。

否则:

$$\begin{cases} y' \equiv 0 \ (\bmod m'_1) \\ y' \equiv a' \ (\bmod m'_2) \end{cases}$$

其中 $y' = y/d$, $a' = (a_2 - a_1)/d$, $m'_1 = m_1/d$, $m'_2 = m_2/d$ 且 $\gcd(m'_1, m'_2) = 1$。

可得: $y' \equiv km'_1 \equiv a'(\bmod m'_2)$。

由中国剩余定理及欧拉定理解得: $y' \equiv a'm'_1{}^{\varphi(m'_2)} (\bmod m'_1 m'_2)$

则: $x \equiv da'm'_1{}^{\varphi(m'_2)} + a_1 (\bmod dm'_1 m'_2)$

至此,两个同余方程合并成了一个同余方程。迭代若干次即可得到原方程组的解。

【例 6.14】 序列比较(CF1500B)

【问题概述】

给定长度分别为 n、m 的整数序列 a、b 和正整数 k,其中序列 a 和 b 都满足序列中没有相同的元素,且 a 与 b 不完全相同。求最小的整数 q,满足:

$$\sum_{i=1}^{q} \left(a_{((i-1)\bmod n)+1} \neq b_{((i-1)\bmod m)+1} \right) \geq k$$

【输入格式】

输入共 3 行,第 1 行 3 个整数 n、m 和 k,第 2 行长度为 n 的序列 a,第 3 行长度 m 的序列 b。

【输出格式】

输出 1 行为 1 个整数,即所求答案。

【输入输出样例】

输入样例	输出样例
4 2 4 4 2 3 1 2 1	5

【样例说明】

当 $i = $ 1、2、3、5 时,有 4 对 a 的元素和 b 的元素不等,此时 4 大于等于 k,所以答案为 5。

【数据规模与约定】

$1 \leq n,\ m \leq 5 \times 10^5$;$1 \leq k \leq 10^{12}$;$1 \leq a_i,\ b_i \leq 2 \times \max(n,\ m)$。

【问题分析】

考虑 A、B 两个数组都没有重复元素,即如果 $A_i = B_j$ 的情况出现,那么 B_j 在 A 中出现的位置唯一。而且 A_i、B_j 同时取到的条件是,当且仅当第 x 次操作满足:

$$\begin{cases} x \equiv i \pmod{n} \\ x \equiv j \pmod{m} \end{cases}$$

这个同余方程组可以通过上述 extend_crt 函数求解,然后把 A、B 中相同元素的 x 都求出来放到容器 q 中。考虑到一个 $lcm(n, m)$ 构成一个循环,其中不相等的个数 len = Lcm - q.size(),最后可以通过二分答案找到大于等于 k 的最小位置 ans 即可。

【核心代码】

```
1. bool check( int x) {
2.     int cnt = (x / Lcm) *  len;
3.     x % = Lcm;
4.     cnt += x - (upper_bound( q.begin( ), q.end( ), x) - q.begin( ));
5.     return cnt >= k;
6. }
```

主程序:

```
7.     cin >> n >> m >> k;
8.     for( int i = 1; i <= n; i++)
9.         cin >> a[i], pos[a[i]] = i;
10.    for( int i = 1; i <= m; i++)
```

```
11.          cin >> b[i];
12.      for(int i = 1; i < = m; i++)
13.          if(pos[b[i]]){
14.              a_a[1] = pos[b[i]], m_b[1] = n;
15.              a_a[2] = i, m_b[2] = m;
16.              int x = extend_crt(2);
17.              if(x! = -1) q.push_back(x);
18.          }
19.      sort(q.begin(), q.end());
20.      Lcm = n / gcd(n, m) *  m;
21.      len = Lcm - q.size();
22.      int l = 1, r = 1e18, mid, ans = 1e18;
23.      while(l < = r){
24.          mid = (l + r) / 2;
25.          if(check(mid)) ans = mid, r = mid - 1;
26.          else l = mid + 1;
27.      }
28.      cout << ans << endl;
```

请读者完成对应习题 6-1~6-5。

6.2　组 合 数 学

组合数学又称组合论,主要研究的是离散数学中的排列组合问题,及无重复、无遗漏的一些计数技巧,在信息学算法竞赛中,经常需要用到组合数学的一些理论知识。

6.2.1　基本计数原理

（1）加法原理

如果完成一件事情可以有 n 类方案,其中第 i 类方案中有 a_i 种不同方法。则完成这件事共有 $a_1 + a_2 + \cdots + a_n$ 种不同方法。

例如,从徐州到南京,可乘火车,也可以乘汽车,还可以乘飞机。如果某天从徐州到南京有 15 班火车、6 班汽车、3 班飞机,那么这一天从徐州到南京有多少种不同的走法。

这个问题符合加法原理的分类方案,所以一共有 15+6+3 = 24 种方案。

（2）乘法原理

若完成一件事情需要经过 n 个步骤,其中,完成第 i 个步骤有 a_i 种不同方法,且这些步骤互不干扰,则完成这件事就有 $a_1 \times a_2 \times \cdots \times a_n$ 种不同的方法。

例如,从北京到沭阳需要经过徐州,每天 6 点至 12 点从北京到徐州的高铁有 20 班,每天 13 点至 19 点从徐州到沭阳的公共汽车有 12 班,那么从北京到沭阳有多少种不同的走法。

这个问题符合分步骤的乘法原理,第 1 步从北京到徐州有 20 种不同方法,第 2 步从徐州到沭阳有 12 种不同的方法,所以从北京到沭阳一共有 20×12 = 240 种不同的方法。

加法原理和乘法原理是计数的两个基本原理,解决的都是关于做一件事不同方法种数的问题。二者区别在于:

① 分类加法原理针对的是分类问题,各种方法相互独立,用任何一种方法都可以完成这件事。

② 分步乘法原理针对的是分步问题,各步骤中的方法相互依存,只有各个步骤都完成才算完成任务。

③ 分类要依据同一标准,既要包含所有情况,又不能使一些情况交错在一起产生重复。

④ 分步则应使各步依次完成,保证整个任务得以完成,既不多余重复,也不缺少某一步骤。

【例 6.15】 用五种不同的颜色给图中的四个区域涂色,每个区域涂一种颜色。

1	2
3	4

求一共有多少种不同的涂色方案?

分析:依据乘法原理给四个区域涂色一共有 4 个步骤,每个步骤有 5 种涂色方法,所以一共有 $5 \times 5 \times 5 \times 5 = 625$ 种方案。

若要求相邻(有公共边)的区域不同色,则共有多少种不同的涂色方法?

分析:完成四个区域涂色可以分为两类方案,一类是 1、4 格颜色相同,依据乘法原理一共有 $5 \times 4 \times 4 = 80$ 种方法,第二类是 1、4 格颜色不同,依据乘法原理一共有 $5 \times 4 \times 3 \times 3 = 180$ 种方法,最后依据加法原理一共有 $80 + 180 = 260$ 种方法。

(3)容斥原理

当我们需要求解多个集合的并集时,通常要用到容斥原理。设 $|S|$ 表示集合 S 的大小, S 为集合 $S_1, S_2, \cdots, S_n$ 的并集,则:

$$|S| = \left| \bigcup_{i=1}^{n} S_i \right| = \sum_{i=1}^{n} |S_i| - \sum_{1 \leq i < j < n} |S_i \cap S_j| + \sum_{1 \leq i < j < k \leq n} |S_i \cap S_j \cap S_k| + (-1)^{n+1} |S_1 \cap S_2 \cap \cdots \cap S_n|$$

图 6-2 中, $S_1 \cup S_2 \cup S_3 = S_1 + S_2 + S_3 - S_1 \cap S_2 - S_1 \cap S_3 - S_2 \cap S_3 + S_1 \cup S_2 \cup S_3$

例如,一个班级有 25 个学生喜欢羽毛球,20 个学生喜欢乒乓球,31 个学生喜欢篮球,其中有 8 个学生既喜欢羽毛球又喜欢乒乓球,7 个学生既喜欢羽毛球又喜欢篮球,10 个学生既喜欢乒乓球又喜欢篮球,5 个学生三个项目都喜欢。现在问该班一共有多少人。

依据容斥原理:$(25 + 20 + 31) - (8 + 7 + 10) + 5 = 56$。

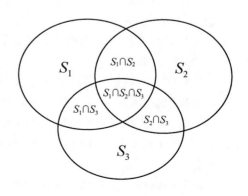

图 6-2 求多个集合的并集示意图

再如,有 $S = \{1, 2, 3, \cdots, 600\}$,求其中可被 2,3,5 整除的数的数目。

令 A,B,C 分别表示 S 中被 2,3,5 整除的数的集合。可得:

$|A| = \lfloor 600/2 \rfloor = 300$,$|B| = \lfloor 600/3 \rfloor = 200$,$|C| = \lfloor 600/5 \rfloor = 120$

显然 A,B 集合中一定有相同的元素,比如 6,12…… 可继续求 A,B,C 两两交集的情况:

$|A \cap B| = \lfloor 600/(2 \times 3) \rfloor = 100$,$|A \cap C| = \lfloor 600/(2 \times 5) \rfloor = 60$,

$|B \cap C| = \lfloor 600/(3 \times 5) \rfloor = 40$,

最后求 A,B,C 三个集合的交集情况:

$|A \cap B \cap C| = \lfloor 600/2 \times 3 \times 5 \rfloor = 20$

依据容斥原理可知,$300+200+120-100$

$-60-40+20 = 440$。

（4）鸽巢原理

鸽巢原理又称抽屉原理,也是组合计数中的一个基本原理。它的含义是 $n+1$ 只鸽子飞入 n 个巢里,则至少有 2 只鸽子会飞到同一个巢中。

图 6-3 中有 4 只鸽子要飞入 3 个巢里,则至少有 2 只鸽子会飞入同一个巢中。

图 6-3　鸽巢原理示意图

6.2.2　基本计数原理的应用

【例 6.16】　加法进位（CF1567C）

【问题描述】

小雷刚学会加法。不幸的是,他并没有完全掌握进位——不同于正常方法中的满十向其前一位进位,小雷满十向其前两位进位。

例如,按照正常方式,2 039+2 976 是这么算的:

```
      2   0   3   9
 +    2   9   7   6
   ₁   ₁   ₁
      5   0   1   5
```

而小雷是这么算的:

```
      2   0   3   9
 +    2   9   7   6
   ₁   ₁   ₁
  1   5   0   0   5
```

因此,小雷算出了一个显然错误的答案:15 005。

有一次,小雷算完后对小华说,自己算出的结果为 n。然而,小华知道他是用上面那种错误的方法进行加法运算的。因此,他现在想知道,可能使得小雷算出结果为 n 的正整数数对

(a,b)一共有多少个。

请注意,如果$a! = b$,(a,b)和(b,a)将会被认作是两个不同的数对,在统计个数的时候记为 2 个。

【输入格式】

输入 t 行,每行 1 个整数 n。

【输出格式】

输出 t 行,每行 1 个整数,表示结果为 n 的数对个数。

【输入输出样例】

输入样例	输出样例
5	9
100	4
12	7
8	44
2021	99
10000	

【数据规模与约定】

对于 100% 的数据,$1 \leq t \leq 1\,000$,$2 \leq n \leq 10^9$。

【问题分析】

首先可以发现一个性质,奇数位的数只会进位到奇数位,偶数位同理。因此,我们考虑将奇数位的数和偶数位的数单独考虑。显然,对于一个数 n,将其分为 2 个非负整数之和只有 $n+1$ 种方案。记奇数位上的数为 x,偶数位上的数为 y。 那么最终的答案即为 $(x+1)$ $(y+1) - 2$。 因为结果不能取 0 所以最终的答案还要减去 2。

【核心代码】

```
1. scanf("% s", st +1);
2. int len = strlen(st +1);
3. ll num1 = 0, num2 = 0;
4. for(int i = 1; i <= len; i += 2)
5.     num1 = num1 * 10 +(st[i] - 48);
6. for(int i = 2; i <= len; i += 2)
7.     num2 = num2 * 10 +(st[i] - 48);
8. printf("% lld\n", (num1 +1) * (num2 +1) - 2);
```

【例 6.17】 简单路径(**CF1454E**)

【问题描述】

给你一张具有 n 个结点和 n 条边的无向连通图,保证图中没有自环和重边(即基环树),请你计算出图中长度大于等于 1 的不同的简单路径的数量。其中,简单路径中的结点必须互不相同,一条路径的长度定义为它所包含的边的数量。

两条路径仅有方向不同时被认为是同一条,例如 1→2 和 2→1。

【输入格式】

第 1 行输入 1 个整数 n,表示图的结点数和边数。接下来 n 行,每行输入 2 个整数 u 和 v,表示一条无向边。

【输出格式】

输出 1 个整数,表示不同的简单路径的数量。

【输入输出样例】

输入样例	输出样例
5 1 2 2 3 1 3 2 5 4 3	18

【数据规模与约定】

$3 \leqslant n \leqslant 2 \times 10^5$。

【问题分析】

考虑当所有点都在一个环上时,每两点之间都有 2 条简单路径,由乘法原理可知,这时总路径为 $n \times (n-1)$ 条。

所以可以由容斥原理得,答案为:$n \times (n-1)$ - 两点间只有 1 条简单路径的点对。

通过分析,可以发现环上的一个点及其子树内的所有点,两两之间只有 1 条简单路径。

所以可以先进行拓扑排序,然后通过 DFS 找到环上的点及其构成的子树,统计出这些点中两两之间只有 1 条简单路径的点对的数量。将其依次从 $n \times (n-1)$ 中减去即可。

【参考程序】

```
1. #include <bits/stdc++.h>
2. #define ll long long
3. #define maxn 200010
4. using namespace std;
5. ll n;
6. ll du[maxn], size[maxn];
7. bool vis[maxn];
8. vector<ll> e[maxn];
9. void dfs(int u, int fa){
10.     size[u] = 1;
11.     for (int i = 0; i < e[u].size(); i++){
12.         if (e[u][i] != fa){
13.             dfs(e[u][i], u);
```

```
14.              size[u] += size[e[u][i]];
15.          }
16.      }
17. }
18. int main( ) {
19.      cin >> n;
20.      ll ans = 0;
21.      queue<ll> q;
22.      for (int i = 1; i <= n; i++) {
23.          e[i].clear( );
24.          du[i] = 0;
25.          size[i] = 0;
26.          vis[i] = 0;
27.      }
28.      for (int i = 1; i <= n; i++) {
29.          int u, v;
30.          cin >> u >> v;
31.          e[u].push_back(v); e[v].push_back(u);
32.          ++du[u]; ++du[v];
33.      }
34.      for (int i = 1; i <= n; i++)
35.          if (du[i] == 1) q.push(i);
36.      while (q.size( )) {
37.          int u = q.front( );
38.          q.pop( );
39.          for (int i = 0; i < e[u].size( ); i++)
40.              if (--du[e[u][i]] == 1) q.push(e[u][i]);
41.      }
42.      for (int i = 1; i <= n; i++)
43.          if (du[i] > 1) vis[i] = 1;
44.      for (int i = 1; i <= n; i++)
45.          if (vis[i]) {
46.              ll tmp = 0;
47.              for (int j = 0; j < e[i].size( ); j++) {
48.                  if (!vis[e[i][j]]) {
49.                      dfs(e[i][j], i);
50.                      tmp += size[e[i][j]];
51.                  }
52.              }
53.              ans += tmp;
54.              ans += tmp * (tmp - 1) / 2;
55.          }
```

```
56.      cout << n * (n - 1) - ans << endl;
57.      return 0;
58. }
```

【例 6.18】　扎花（2019-ICPC 沈阳-L）

【问题描述】

教师节到了，小锋打算给他的老师们准备一些鲜花。现在花店里有 n 种花，第 i 种花的数量为 a_i。小锋打算将这些鲜花扎成若干束，并且希望每束鲜花里有 m 朵，每束花里不能有同种鲜花。现在请你帮助小锋算算他最多能准备多少束花。

【输入格式】

第 1 行：2 个整数 n 和 m，表示花的种数和每束花的朵数。

第 2 行：n 个整数，第 i 个整数 a_i 表示第 i 种花的数量。

【输出格式】

输出 1 个整数，表示最多能准备多少束花。

【输入输出样例】

输入样例	输出样例
5 3 1 1 1 2 1	2

【数据规模与约定】

$1 \leqslant n, m \leqslant 3 \times 10^5$，$1 \leqslant a_i \leqslant 10^9$。

【问题分析】

由于每束花里花的种类不同，那么每种花能用的数量一定小于等于花束的数量，因为一旦大于，根据鸽巢原理，就存在一个花束中至少有一种花的数量大于 1 的情况。题目要求的是最多能有几个花束，所以我们二分花束的数量，然后判断当前一共可以有 mid 束花是否可行。根据上面的分析，每种花最多可以使用 $\min\{a[i], \text{mid}\}$ 枝，我们就可以计算当前最多能提供的花的数量 $\sum_{i=1}^{n} \min\{a[i], \text{mid}\}$，我们只需要判断二者的关系即可，当 $\sum_{i=1}^{n} \min\{a[i], \text{mid}\}$ 大于等于 $\text{mid} \times m$ 时即为可行，否则即为不可行。

【参考程序】

```
1. #include<bits/stdc++.h>
2. #define ll long long
3. using namespace std;
4. const int N = 500007, M = 5000007, INF = 0x3f3f3f3f, mod = 1e9 +7;
5. const ll LINF = 4e18 +7;
6. int n, t;
7. ll m, a[N];
8. bool check(ll x){
```

```
9.          ll res = 0;
10.         for( int i = 1; i < = n; ++i )
11.             res += min( a[i], x );
12.         return res >= x *  m;
13.  }
14.  int main( ) {
15.      scanf( "% d% lld", &n, &m );
16.      ll sum = 0;
17.      for( int i = 1; i < = n; ++i ) {
18.          scanf( "% lld", &a[i] );
19.          sum += a[i];
20.      }
21.      ll l = 0, r = sum / m, ans = 0;
22.      while( l < = r ) {
23.          ll mid = l + r >> 1ll;
24.          if( check( mid ) ) l = mid + 1, ans = mid;
25.          else r = mid - 1;
26.      }
27.      printf( "% lld\n", ans );
28.      return 0;
29.  }
```

6.2.3 排列与组合

（1）排列问题

从 n 个不同元素中，任取 $m(m \leqslant n)$ 个元素按照一定顺序排成一列，将产生的不同排列的数量记为 $A(n, m)$，则：

$A(n, m) = n \times (n-1) \times (n-2) \times \cdots \times (n-m+1) = n! / (n-m)!$　　　（规定 $0! = 1$）

例如，从 1，2，3 这 3 个数中取出 2 个数的排列数为 $A(3, 2) = 3 \times 2 = 6$。

从乘法原理的角度理解，每个步骤选一个数，第 1 步有 n 种选法，第 2 步有 $n-1$ 种，……，第 m 步有 $n-m+1$ 种，所以一共有 $n \times (n-1) \times (n-2) \times \cdots \times (n-m+1)$ 种排列，用阶乘表示就是 $n! / (n-m)!$。

（2）组合问题

从 n 个不同元素中，任取 $m(m \leqslant n)$ 个元素组成一个集合（不考虑顺序），产生的不同集合的数量记为 $C(n, m)$，则：

$C(n, m) = A(n, m)/m! = n! / ((n-m)! \times m!)$

例如，从 1，2，3 这 3 个数中取出 2 个数的组合数为 $C(3, 2) = 3 \times 2/2! = 3$。

从乘法原理角度来理解，从 n 个不同元素中选出 m 个元素的排列问题可以分成两个步骤：首先选出 m 个元素的组合，然后对这 m 个数进行全排列。因此 $A(n, m) = C(n, m) \times m!$，即 $C(n,m) = A(n, m)/m!$

由于组合数的值通常比较大，所以在计算组合数时，通常要将组合数对一个素数求余，由于涉及除法,所以在求 $C(n, m)$ 时,通常是先预处理出 i 阶乘的逆元 $\mathrm{inv}[i]$,然后再计算组合数。程序如下:

```
1. void Init( ) {
2.      fac[0] = fac[1] = inv[0] = inv[1] = 1;
3.      for( int i = 2; i < = maxn; ++i) {
4.          fac[i] = fac[i - 1] * i % mod;
5.          inv[i] = (mod - mod / i) * inv[mod % i] % mod;
6.      }
7.      for( int i = 2; i < = maxn; ++i)
8.          inv[i] = inv[i - 1] * inv[i] % mod;
9. }
10. ll C( int n, int m) {
11.      if( m > n || m < 0) return 0;
12.      else return fac[n] * inv[m] % mod * inv[n - m] % mod;
13. }
```

组合性质:

① $C(n, m) = C(n, n - m)$

由组合数的定义,从 n 个元素中取出 m 个组成一个集合,则剩下的 $n - m$ 个元素也构成一个集合,两个集合一一对应,所以该性质成立。

② $C(n, m) = C(n - 1, m) + C(n - 1, m - 1)$

$C(n, m)$ 表示从 n 个元素中取出 m 个组成的集合的数量,完成这件事有两类方案,一类是第 n 个元素不取,则有 $C(n - 1, m)$ 种集合,另一类是第 n 个元素取,则有 $C(n - 1, m - 1)$ 种集合。根据加法原理,一共有 $C(n - 1, m) + C(n - 1, m - 1)$ 种集合。

上式是组合数的递推式,也是杨辉三角的递推式,经常用于预处理所有组合数的求解,时间复杂度为 $O(n^2)$。

```
1. for( int i = 1; i < = n; i++)
2.      for( int j = 0; j < = m; j++)
3.          if( i == j || j == 0) c[i][j] = 1;
4.          else c[i][j] = c[i - 1][j] + c[i - 1][j - 1];
```

③ $C(n, m + 1) = C(n, m) \times (n - m)/(m + 1)$

可以直接利用组合数的公式证明:

$$
\begin{aligned}
C(n, m + 1) &= n \times (n - 1) \times (n - 2) \times \cdots \times (n - m + 1) \times (n - m)/(m + 1)! \\
&= n \times (n - 1) \times (n - 2) \times \cdots \times (n - m + 1)/m! \times (n - m)/(m + 1) \\
&= C(n, m) \times (n - m)/(m + 1)
\end{aligned}
$$

利用这个性质,从 $C(n, 0)$ 开始递推,可以在 $O(n)$ 的时间复杂度内求出所有的 $C(n, 0), C(n, 1) \cdots \cdots$

④ $C(n, 0) + C(n, 1) + \cdots + C(n, n) = 2^n$

两边都可以看成从 n 个元素中取出若干个元素组成一个集合,一共有多少种方法。

从加法原理的角度考虑,有 $n+1$ 类方案,分别为取出 $0,1,2,\cdots,n$ 个元素,然后相加,即为左式。

从乘法原理的角度考虑,有 n 个步骤,第 i 步考虑第 i 个元素取或不取,所以方案数即为 n 个 2 相乘,即为右式。

（3）多重集全排列

设多重集 $S=\{n_1 \times a_1, n_2 \times a_2, \cdots, n_k \times a_k\}$,则 S 的全排列个数为:

$$(n_1 + n_2 + \cdots + n_k)! / (n_1! \times n_2! \times \cdots \times n_k!)$$

分析:设 S 的全排列个数为 x。S_1 表示把 S 中的 n_i 个 a_i 换成 n_i 个不同元素 $a_{i1}, a_{i2}, \cdots, a_{in_i}$,则 S_1 的全排列个数为 $(n_1 + n_2 + \cdots + n_k)!$。

构造 S_1 的全排列,还可以按照这样的两个步骤进行:

第 1 步:先做 S 的全排列 x;

第 2 步:把排列 S 中的 n_i 个 a_i 换成 $a_{i1}, a_{i2}, \cdots, a_{ini}$,做排列。

依据乘法原理得 S_1 的全排列有 $x \times n_1! \times n_2! \times \cdots \times n_k!$ 种,从而得:

$$(n_1 + n_2 + \cdots + n_k)! = x \times n_1! \times n_2! \times \cdots \times n_k!$$

所以 $x=(n_1 + n_2 + \cdots + n_k)! / (n_1! \times n_2! \times \cdots \times n_k!)$。

（4）多重组合

如果组合定义中每一个元素可重复选取,现取 r 个元素,则该组合称为 n 元集中的可重复 r 组合。n 元集中的可重复 r 组合的总数为 $C(n+r-1, r)$。

证明:

从 n 元集中可重复地选取 r 个元素,设第一个元素选 x_1 个,第二个元素选 x_2 个,$\cdots$,第 n 个元素选 x_n 个,则方程 $x_1 + x_2 + \cdots + x_n = r$ 的非负整数解的个数就是 n 元集中的可重复 r 组合的总数。将 r 个 1 排成一排,插入 $n-1$ 个分隔符,就把 r 个 1 分成 n 段,n 段中的 1 的个数即方程的一个解。插入 $n-1$ 个分隔符的过程实际上就是从 $n+r-1$ 个位置中选择 $n-1$ 个位置放分隔符,其余 r 个位置放 1,组合的种数为:

$$C(n+r-1, n-1) = C(n+r-1, r)$$

可重复组合也可解释为:有 n 类元素,每类元素的个数无限,从这些元素中取出 r 个元素组成的组合。

（5）二项式定理

二项式是指两个变量和的正整数次方的展开式,n 次二项式记为 $(a+b)^n$。

将 n 次二项式展开,其展开项一共有 $n+1$ 项。因为展开之后的每项的次数之和都是 n 次,一共有 $n+1$ 种两个变量指数次数的组合。

求 $(a+b)^n$ 的展开式中 a 的指数为 m 的那一项的系数是多少。这一项的系数其实就是该项一共出现的次数,也就是说我们从 a 和 b 中每次随机抽取一个,连续抽取 n 次,其中 a 出现 m 次的数量。这符合组合的定义,所以 a 指数为 m 的项为:$C(n, m)a^m b^{n-m}$。综上,二项式 $(a+b)^n$ 的展开式为:

$$(a + b)^n = C(n, 0)b^n + C(n, 1)ab^{n-1} + C(n, 2)a^2b^{n-2} + \cdots$$
$$+ C(n, n-1)a^{n-1}b + C(n, n)a^n$$
$$= \sum_{i=0}^{n} C(n, i) \, a^i b^{n-i}$$

6.2.4　特殊的计数序列

（1）卡特兰数

卡特兰数列是组合数学中一个常在各种计数问题中出现的数列，其前几项为：

1，1，2，5，14，42，132，429，1 430，4 862，16 796……

卡特兰数最初是在计算凸多边形三角形剖分问题中得到的。即在一个凸 n 边形中，用 $n-3$ 条不相交的对角线，把多边形分成 $n-2$ 个三角形，求不同的拆分方案数。例如 $n=5$ 时，有 5 种剖分方法。

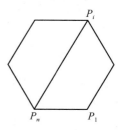

**图 6-4　多边形
三角形剖分**

在计算卡特兰数 $f(n)$ 时，我们可以先选择一个基边，显然这是多边形划分完之后某个三角形的一条边。图 6-4 中，我们假设基边是 P_1P_n，当边 P_1P_n 和另外一个点 P_i 构成一个三角形时，可以将多边形分成三部分，除了中间的三角形之外，一边是 i 边形，另一边是 $n-i+1$ 边形，此时方案数即为 $f(i) \times f(n-i+1)$。而 P_i 可以从 $P_2 \sim P_{n-1}$ 中选取，依据加法原理：

$$f(n) = f(2) \times f(n-1) + f(3) \times f(n-2) + \cdots + f(n-1) \times f(2)$$
$$= \sum_{i=2}^{n-1} f(i) \times f(n-i+1)$$

卡特兰数的计算：

```
1. void init( ) {
2.     f[2] = f[3] = 1;
3.     for (int i = 4; i <= n; i++) {
4.         f[i] = 0;
5.         for (int j = 2; j < i; j++)
6.             f[i] = f[i] + f[j] * f[i-j+1];
7.     }
8. }
```

（2）斯特林数

常见的斯特林数有两组，分别称为第一类斯特林数和第二类斯特林数，可以用于解决各种数学分析和组合数学问题。

第一类斯特林数记为 $s(n, k)$，表示将 n 个不同的元素划分成 k 个圆排列的方案数。

第 n 个数 n 的放置方法：

① n 放到一个新的圆中

此时就意味着前 $n-1$ 个数放到了 $k-1$ 个圆中，n 放到自己的圆中，也就是第 k 个圆，此时的方案数等于 $s(n-1, k-1)$。

②n 放到已有的圆中

即前 $n-1$ 个数放到 k 个圆里，第 n 个数放到前面 k 个圆里。那么对于每一个有 i 个数的圆来说，会有 i 个位置，即有 i 种放置方案。一共有 $n-1$ 个数，所以对于 n 来说，一共有 $(n-1) \times s(n-1, k)$ 种放置方案。

根据加法原理，我们可以得到递推式：

$$s(n, k) = s(n-1, k-1) + (n-1) \times s(n-1, k)$$

其中，$s(n, n) = 1 \ (n \geq 0)$，$s(n, 0) = 0 \ (n \geq 1)$。

```
1. void init( ) {
2.     s[0][0] = 1;
3.     for( int i = 1; i <= n; ++i)
4.         for( int j = 1; j <= k; ++j)
5.             s[i][j] = s[i-1][j-1] + (i-1) * s[i-1][j];
6. }
```

第二类斯特林数实际上是集合的一个拆分，记为 $S(n, m)$，表示将 n 个不同的元素放到 m 个集合里（且每个集合不能为空）的方案数。和第一类斯特林数不同的是，这里的集合内部是不考虑次序的，而圆排列的内部是有序的。

要把 n 个元素分成 k 个集合，同样我们来分析第 n 个数 n 的放置方法：

①n 放到一个新的集合中

此时就意味着前 $n-1$ 个数放到 $k-1$ 个集合中，n 放到自己的集合中，也就是第 k 个集合，此时的方案数等于 $S(n-1, k-1)$。

②n 放到已有的集合中

即前 $n-1$ 个数放到 k 个集合里，第 n 个数放到前面 k 个集合里，那么对于每一个集合，由于内部是无序的，所以相当于将 n 放到 k 个箱子里，有 k 种选择。故此时的方案数等于 $k \times S(n-1, k)$。

根据加法原理，可以得到第二类斯特林数的递推公式：

$$S(n, k) = S(n-1, k-1) + k \times S(n-1, k)$$

其中，$S(n, n) = 1 (n \geq 0)$，$S(n, 0) = 0 (n \geq 1)$。

```
1. void init( ) {
2.     S[0][0] = 1;
3.     S[n][0] = 0;
4.     for( int i = 1; i <= n; ++i)
5.         for( int j = 1; j <= k; ++j)
6.             S[i][j] = (S[i-1][j-1] + j * S[i-1][j]);
7. }
```

6.2.5　排列组合的应用

【例 6.19】　博主与粉丝（CF1475E）

【问题描述】

有 n 个博主，其中第 i 个博主有 a_i 个粉丝。你需要选出 m 个博主，使得他们的粉丝总数最多。问有多少种选法，答案对 $10^9 + 7$ 取模。

【输入格式】

第 1 行：1 个整数 t，代表数据组数。

每组数据对应的第 1 行：2 个整数 n、m，表示博主的个数以及选出的数量。

每组数据对应的第 2 行：n 个整数，第 i 个整数 a_i 表示第 i 个博主的粉丝数量。

【输出格式】

输出 t 行，每行 1 个整数，表示方案数。

【输入输出样例】

输入样例	输出样例
3 4 3 1 3 1 2 4 2 1 1 1 1 2 1 1 2	2 6 1

【数据规模与约定】

$1 \leqslant t \leqslant 10^3$，$1 \leqslant n, m \leqslant 10^3$，$1 \leqslant a_i \leqslant n$。

【问题分析】

要使粉丝总数最多，显然要选择粉丝多的博主，所以需要对 a_i 排序，求方案数就等价于对最后一个相同数求组合数，可以用杨辉三角求，也可以直接求。

【核心代码】

```
1. sort(a +1, a +1 +n, cmp);  //对 a 从小到大排序
2. memset(b, 0, sizeof(b));
3. for(int i = 1; i <= n; i++)
4.     b[a[i]]++;  //统计每个数出现的次数
5. int s = 0;
6. for(int i = n; i >= 1; i--){
7.     if(s +b[i] <m) s += b[i];  //统计博主的数量
8.     else{
9.         int k = m - s;
10.        k = min(k, b[i] - k);
11.        ans = c[b[i]][k];  //对最后一个相同数求组合数
```

```
12.          break;
13.      }
14. }
15. cout << ans << endl;
```

【例 6.20】 会议安排（CF1569C）

【问题描述】

n 个人召开会议，第 i 个成员有 a_i 项提议。先决定他们发言的顺序，然后让他们按照顺序发言，如果当前人有提议，则提出提议；否则，跳过。按顺序重复这个过程，在第 n 个人完成后再回到第 1 个人。如果没有人连续提出提议，则这个顺序是好的。

求所有好的顺序的数量。答案模为 998244353。

【输入格式】

第 1 行：1 个整数 n，表示人数。

第 2 行：n 个整数，表示 n 个人的提议数量。

【输出格式】

输出 1 个整数，表示好的顺序的数量对 998244353 取模的结果。

【输入输出样例】

输入样例 1	输出样例 1
2 1 2	1
输入样例 2	输出样例 2
6 3 4 2 1 3 3	540

【数据规模与约定】

对于 20% 的数据，$n \leq 10$；

对于 20% 的数据，a_i 互不相同；

对于 100% 的数据，$2 \leq n \leq 10^5$，$1 \leq a_i \leq 10^9$。

【问题分析】

如果最大的数有不止一个，那么无论怎么排列都是合法的，直接输出 $n!$ 即可。

如果最大的数比次大的数至少大 2，那么无论怎么排列都不可能合法，直接输出 0。

对于最大的数只有一个，而次大的仅比最大的数小 1 的情况：

如果最大的数放在了最后一个，当倒数第二轮循环结束时最大的数还剩下 1 个，且是最后一个被取的数，那么在下一次循环的时候这个最大的数就又被取了一次，导致不合法。

如果在倒数第二轮的时候虽然最大的数还剩下 1 个，但此时最后一个取到的是某一个次大的数，这是合法的。

所以，方案数其实就是不把最大的一个数放在所有次大数后面的方案数。

设最大的数为 a，次大的数为 b，次大数出现了 cnt 次。条件等价于至少有一个 b 放在 a

的后面。那么 a 不放在最后的概率就是 cnt/(cnt + 1)。因此答案为 $n! \times$ cnt/(cnt + 1)。

【核心代码】

```
1. //cnt 表示次大数的个数,ans 即为所求答案
2. for( int i = 1; i < = n; i++)
3.     if( i! = cnt +1) ans = ans *  i % MOD;
4.     else ans = ans *  (i - 1) % MOD;
```

【例 6.21】 移动棋子(CF1545B)

【问题描述】

你有一个长为 n 的棋盘,这个棋盘上有一些棋子,你可以进行如下操作:

(1) 如果第 $i + 2$ 个位置是空的,且第 $i + 1$ 个位置非空,则可以将第 i 个位置的棋子挪到第 $i + 2$ 个位置($i + 2 \leqslant n$)。

(2) 如果第 $i - 2$ 个位置是空的,且第 $i - 1$ 个位置非空,则可以将第 i 个位置的棋子挪到第 $i - 2$ 个位置($i - 2 \geqslant 1$)。

现给出一个棋盘的初始状态,求通过上述操作可以到达的状态数,你可以进行任意次操作,答案对 998244353 取模。

【输入格式】

第 1 行:1 个整数 t, 代表数据组数。

每组数据对应的第 1 行:1 个整数 n, 代表棋盘大小。

每组数据对应的第 2 行:1 个长度为 n 的 01 串,第 i 个位置为 0 代表没有棋子,为 1 代表有棋子。

【输出格式】

对于每组数据,输出方案数对 998244353 取模的结果。

【输入输出样例】

输入样例	输出样例
6	3
4	6
0110	1
6	1287
011011	1287
5	715
01010	
20	
10001111110110111000	
20	
00110110100110111101	
20	
11101111011000100010	

【数据规模与约定】

$1 \leqslant t \leqslant 10\ 000, 1 \leqslant n \leqslant 10^5$。

【问题分析】

可以发现,一个 11 移动的时候就相当于棋子整体左移或者右移。

我们假设让棋子右移,如果它右边是一个 0,那么它右移就相当于和这个 0 交换位置。如果它右边是一个 1,实际并不能右移,但也可以看做它和这个 1 交换了一下位置。

不难看出,和 0 交换位置时会产生新的状态,和 1 交换位置时并不会产生新的状态。

而且,每一组 11 在整个序列中都是可以自由移动的。那么我们不妨将每个 11 都划分成一个整体,对于那些单独的 1 就直接扔掉。

对于剩下的 11 和 0,显然可以随便安排他们的位置。

设有 x 个 11 和 y 个 0,总排列数为 $(x+y)!$,因为有重复状态所以将总排列数再除以 $x!$ × $y!$,也就是说答案为 $C(x+y, y)$。直接预处理一个阶乘和逆元就可以计算出答案。

【核心代码】

```
1. int y = 0, x = 0;
2. for( int i = 1; i <= n; ++i) //统计 s 中 0 的个数
3.     if( s[ i] == '0') y++;
4. for( int i = 2; i <= n; ++i) //统计 s 中 11 的个数
5.     if( s[ i] == '1' && s[ i - 1] == '1')
6.         x++, s[ i] = s[ i - 1] = '0';
7. cout << C( x + y, x) << endl;
```

【例 6.22】 取数(CF1462E2)

【问题描述】

给定一个长为 n 的数组 $a(1 \leqslant a_i \leqslant n)$,从 a 中取 m 个元素 $a[i_1], a[i_2], \cdots, a[i_m]$ 构成一个新的数组 b,要求:

(1) $i_1 < i_2 < \cdots < i_m$;

(2) $\max(a_{i_1}, a_{i_2}, \cdots, a_{i_m}) - \min(a_{i_1}, a_{i_2}, \cdots, a_{i_m}) \leqslant k$。

例如 $n = 4, m = 3, k = 2, a = [1, 2, 4, 3]$,那么有 2 个这样的数组 b ($i = 1, j = 2, z = 4$ 和 $i = 2, j = 3, z = 4$)。如果 $n = 4, m = 2, k = 1, a = [1, 1, 1, 1]$,那么 6 种组合构成数组 b 都满足要求。现在请你求出最多能找出多少组满足条件的数组,并对 1e9+7 取模。

【输入格式】

第 1 行:1 个整数 t 代表数据组数。

每组数据对应的第 1 行:3 个整数 n、m、k,代表棋盘大小。

每组数据对应的第 2 行:n 个整数 $a_1, a_2, \cdots, a_n(1 \leqslant a_i \leqslant n)$。

【输出格式】

对于每组数据,输出方案数对 1e9+7 取模的结果。

【输入输出样例】

输入样例	输出样例
4	2
4 3 2	6
1 2 4 3	1
4 2 1	20
1 1 1 1	
1 1 1	
1	
10 4 3	
5 6 1 3 2 9 8 1 2 4	

【数据规模与约定】

$1 \leqslant t \leqslant 2 \times 10^5$, $1 \leqslant n \leqslant 2 \times 10^5$, $1 \leqslant m \leqslant 100$, $1 \leqslant k \leqslant n$。

【问题分析】

我们可以先把这个数列从小到大排序,然后通过枚举在这个数列中选取最右边的数,计算左边有几个数和它的差在 k 以内,将这些数的个数设为 x,然后计算组合数 $C(x, m-1)$,并将其累加到答案 ans 中即可。

计算左边有几个数和它的差在 k 以内时,只要把每个数的值统计一下,然后求一遍前缀和即可。

【核心代码】

```
1. cin >> n >> m >> k;
2. for( int i = 1; i <= n; i++) {
3.     cin >> a[i];
4.     cnt[a[i]]++;
5. }
6. for( int i = 1; i <= n; i++)
7.     cnt[i] += cnt[i - 1];//前缀和
8. sort(a + 1, a + n + 1);//排序
9. ll ans = 0;
10. for( int i = n; i >= 1; i--) {
11.     if ( a[i] > k) { //组合数计算
12.         ans += C( i - cnt[a[i] - k - 1] - 1, m - 1);
13.         ans % = mod;
14.     }
15.     else {
16.         ans += C( i - 1, m - 1);
17.         ans % = mod;//为避免负下标越界而进行的特判
18.     }
19. }
```

20. cout<<ans<<endl;

习   题

【题 6-1】 数对和（AtCoder_ABC_292C）

【题目描述】

给定一个正整数 N，请你统计出满足 $AB + CD = N$ 的正整数对 (A, B, C, D) 的数量。

【输入格式】

输入 1 行，为 1 个整数 N。

【输出格式】

输出 1 行，为 1 个整数，即所求答案。

【输入输出样例】

输入样例 1	输出样例 1
4	8
输入样例 2	输出样例 2
292	10886

【数据规模与约定】

对于 40% 的数据，$2 \leqslant N \leqslant 10^2$；

对于 100% 的数据，$2 \leqslant N \leqslant 2 \times 10^5$。

【题 6-2】 数对（洛谷 7517）

【题目描述】

给定 n 个正整数 a_i，请你求出有多少个数对 (i, j) 满足 $1 \leqslant i \leqslant n$，$1 \leqslant j \leqslant n$，$i \neq j$ 且 a_i 是 a_j 的倍数。

【输入格式】

第 1 行：1 个整数 n，表示数字个数。

第 2 行：n 个整数，表示 a_i。

【输出格式】

输出 1 行，为 1 个整数，表示答案。

【输入输出样例】

输入样例	输出样例
6 16 11 6 1 9 11	7

【数据规模与约定】

对于 40% 的数据，$n \leqslant 10^3$；

对于 70% 的数据，$1 \leqslant a_i \leqslant 5 \times 10^3$；

对于 100% 的数据，$2 \leqslant n \leqslant 2 \times 10^5$，$1 \leqslant a_i \leqslant 5 \times 10^5$。

【题 6-3】 同余方程（1S/128MB）

【题目描述】

求关于 x 的同余方程 $ax \equiv 1 \pmod{b}$ 的最小正整数解。

【输入格式】

输入 1 行，包含两个正整数 a、b，用一个空格隔开。

【输出格式】

输出 1 个正整数 x，即最小正整数解。输入数据保证一定有解。

【输入输出样例】

输入样例	输出样例
3 10	7

【数据规模与约定】

对于 40% 的数据，$2 \leqslant b \leqslant 10^3$；

对于 60% 的数据，$2 \leqslant b \leqslant 5 \times 10^7$；

对于 100% 的数据，$2 \leqslant a, b \leqslant 2 \times 10^9$。

【题 6-4】 Roaming（2S/1024MB）

【问题描述】

有 n 个不同房间，每个房间有 1 个人。

我们定义 1 次移动为：选择 1 个人，设他现在在第 i 号房间，让他走到一个编号不为 i 的任意一个房间。

所有人一共移动了 k 次，问最后各个房间人数排列有多少种情况。

【输入格式】

输入 1 行，共 2 个整数 n、k，表示房间个数和移动总次数。

【输出格式】

输出 1 行，为 1 个整数，表示情况总数（答案对 $10^9 + 7$ 取模）。

【输入输出样例】

输入样例 1	输出样例 1
3 2	10
输入样例 2	输出样例 2
200000 1000000000	607923868

（续表）

输入样例 3	输出样例 3
15 6	22583772

【输入输出样例说明】

我们记 c_1、c_2、c_3 为在第 1、2、3 号房间里的人数。

那么可能出现的 10 种情况如下：$\{0, 0, 3\}$、$\{0, 1, 2\}$、$\{0, 2, 1\}$、$\{0, 3, 0\}$、$\{1, 0, 2\}$、$\{1, 1, 1\}$、$\{1, 2, 0\}$、$\{2, 0, 1\}$、$\{2, 1, 0\}$、$\{3, 0, 0\}$。

【数据规模与约定】

对于 100% 的测试数据，满足：$3 \leqslant n \leqslant 2 \times 10^5$；$2 \leqslant k \leqslant 10^9$。

【题 6-5】 种豆得瓜（5S/512MB）

【问题描述】

小 Z 是一个农场主，他共有 n 片土地。

他在这 n 片土地上种上了豆子。但当收获的季节到来时，他惊奇地发现，土地上长满了瓜。

由于每一片土地的大小、品质不同，不同土地上种出的瓜产量可能也不同。具体为：第 i 片土地上瓜的产量是 a_i。

小 Z 对瓜的产量有自己的考量。他定义区间 $[l, r]$ 的丰收度 h 为区间内所有土地上瓜的产量的乘积，即：

$$h(l, r) = \prod_{i=l}^{r} a_i$$

小 Z 想要知道，他如果在区间 $[L, R]$ 中等可能地随机选取一个子区间 $[l, r]$（即满足 $L \leqslant l \leqslant r \leqslant R$），他选取的子区间 $[l, r]$ 的丰收度的期望是多少。这个值可能很大，因此你需要输出答案对 $10^9 + 7$ 取余的结果。

由于小 Z 兴奋过头了，他询问 q 次上述问题，并要求你快速回答。

【输入格式】

第 1 行：2 个以空格分隔的整数 n、q，表示土地数量和询问次数。

第 2 行：n 个以空格分隔的整数 a_i，表示每一片土地上的瓜的产量。

第 3 至第 $q + 2$ 行：每行 2 个整数 L、R，表示一次询问。

【输出格式】

由于本题结果的数据量较大，你只需要输出如下 4 个整数：

第 1 行：输出所有询问的答案的异或和；

第 2 行：输出所有询问的答案的和；

第 3 行：输出 $\displaystyle\sum_{i=1}^{q} \mathrm{ans}_i \, \mathrm{xor} \, i$

第 4 行：输出 $\mathrm{ans}_i \times i$ 的异或和。

【输入输出样例】

输入样例 1	输出样例 1
5 3	71
6 12 6 3 27	143
1 1	149
4 5	352
1 3	

输入样例 2	输出样例 2
10 10	142594596
105645044 231709722 870780902	5518164134
729019652 844666627 305814280	5518164127
389149742　　　　　291120988	4265175407
586615558 687484002	
5 10	
2 9	
6 7	
5 7	
7 10	
4 6	
1 7	
9 10	
2 6	
3 4	

【样例说明】

对于区间 $[1, 1]$,共有一个子区间 $[1, 1]$,丰收度为 6,每个区间取到的概率是 $\frac{1}{1}$,期望丰收度为 6。

对于区间 $[4, 5]$,共有三个子区间 $[4, 4]$、$[4, 5]$、$[5, 5]$,丰收度分别为 3、81、27,每个区间取到的概率是 $\frac{1}{3}$,总期望丰收度为 37。

对于区间 $[1, 3]$,共有个六子区间 $[1, 1]$、$[1, 2]$、$[1, 3]$、$[2, 2]$、$[2, 3]$、$[3, 3]$,丰收度分别为 6、72、432、12、72、6,每个区间取到的概率是 $\frac{1}{6}$,总期望丰收度为 100。

【数据规模与约定】

对于 20% 的测试数据,满足 $n \le 100$,$q \le 10^5$;

对于 40% 的测试数据,满足 $n \le 3 \times 10^3$,$q \le 5 \times 10^5$;

对于 60% 的测试数据,满足 $n \le 10^5$,$q \le 5 \times 10^5$;

对于 100% 的测试数据,满足 $n \le 5 \times 10^5$,$q \le 5 \times 10^5$。

【题6-6】 取数问题（1S/128MB）

【问题描述】

任意给出正整数 n 和 k，n 和 k 的范围为：$1 \leqslant n \leqslant 1\,000\,000$，$0 < k < n$。然后按下面示例中的方法取数（这里取 $n = 16$，$k = 4$）。

第一次取 1，取数后的余数为 $16-1=15$。

第二次取 2，取数后的余数为 $15-2=13$。

第三次取 4，取数后的余数为 $13-4=9$。

第四次取 8，取数后的余数为 $9-8=1$。

当第五次取数时，因余数为 1，不够取，此时作如下处理：

余数 $= 1 + k = 1 + 4 = 5$。

再从 1 开始取数。

第五次取 1，取数后的余数为 $5-1=4$。

第六次取 2，取数后的余数为 $4-2=2$。

由于第七次取 4，但余数为 2，又得重新加 k，即 $2+4=6$，再从 1 开始取数。

第七次取 1，取数后的余数为 $6-1=5$。

第八次取 2，取数后的余数为 $5-2=3$。

第九次取 4，但不够取，将余数加 k，即 $3+4=7$，再从 1 开始取数。

第九次取 1，取数后的余数为 $7-1=6$。

第十次取 2，取数后的余数为 $6-2=4$。

第十一次取 4，取数后的余数为 $4-4=0$，正好取完。

由此可见，当 $n = 16$，$k = 4$ 时，按上面方法用十一次可取完。

【输入格式】

输入 1 行：为 2 个整数，分别表示 n 和 k。

【输出格式】

若能取完，输出"OK"及取数的次数（中间用一个空格隔开）；若永远都不能取完，输出"ERROR"。

【输入输出样例】

输入样例	输出样例
54945 36904	OK 442156

【数据规模与约定】

对于 20% 的数据，$5 \leqslant k \leqslant n \leqslant 10$；

对于 50% 的数据，$1 \leqslant k \leqslant n \leqslant 100\,000$，$1 \leqslant k \leqslant 100$；

对于 100% 的数据，$1 \leqslant k \leqslant n \leqslant 1\,000\,000$。

【题6-7】 棋子（1S/128MB）

【题目描述】

给定一个 $n \times n$ 的方形棋盘和 k 个棋子，棋盘上的棋子和中国象棋中的车有着相同的攻击规则(即当两个棋子处于同一行或同一列时,它们会相互攻击)。请你求出在这个棋盘上,放 k 个棋子有多少种方案,使得它们不互相攻击。

【输入格式】

输入有多组数据,每组数据仅 1 行,为两个用空格隔开的整数和 n 和 k,表示棋盘的大小和放置棋子的数量。输入 0 0 代表输入结束。

【输出格式】

对于每组输入数据仅输出 1 个整数,即合法的方案数。

【输入输出样例】

输入样例	输出样例
4 4 0 0	24

【数据规模与约定】

$n \leqslant 11$, $k \leqslant n^2$,所有的答案在 long long 范围以内。

【题 6-8】　圆整数(1S/128MB)

【问题描述】

奶牛没有手指或拇指,因此不能玩剪刀、布、石头来做决定,比如决定谁先挤奶。奶牛们也不会扔硬币,因为用蹄子掷硬币太难了。

因此它们诉诸"round number"匹配。第一头牛选择一个小于 20 亿的十进制整数。第二头牛也是这样。如果两个数字都是"round number",那么第一头牛获胜,否则第二头牛赢。

如果 N 的二进制表示形式的 0 的个数等于或多于 1 的个数,则称正整数 N 为"round number"。例如,十进制整数 9 用二进制表示为 1001。1001 有两个 0 和两个 1;因此,9 是一个"round number"。整数 26 的二进制表示形式是 11010,因为它有两个 0 和三个 1,所以它不是一个"round number"。

显然,奶牛需要一段时间才能把数字转换成二进制,所以需要一段时间过后才能确定胜利者。贝西想作弊,她认为如果她知道给定范围内有多少个"round number",她就能赢。现请你帮她编写一个程序,告诉她在给定范围内出现了多少个"round number"。

【输入格式】

输入 1 行,为 2 个用空格分隔的整数,分别是 Start 和 Finish。

【输出格式】

输出 1 行,为 1 个整数,它是包含在[Start,Finish]区间中的"round number"个数。

【输入输出样例】

输入样例	输出样例
2 4	2

【数据规模与约定】

$1 \leqslant \text{Start} < \text{Finish} \leqslant 10^9$。

【题 6-9】 求和（1S/128MB）

【题目描述】

给出 n 个整数，第 i 个数为 a_i，每两个数字为 1 对，每对数字之间有一个和谐度。每对数字的和谐度定义为这两个数字的 &（位与）、|（位或）、^（位异或）的和。而所有数的总和谐度是所有数对的和谐度的和。现在你的任务是求给定的 n 个整数的总和谐度。

【输入格式】

第 1 行：1 个整数 n，表示有 n 个整数。

第 2 至 $n+1$ 行：每行有一个整数 a_i，表示第 i 个数。

【输出格式】

输出 1 行，为 1 个数，表示总和谐度。答案保证在 $2^{63}-1$ 以内。

【输入输出样例】

输入样例	输出样例
3 1 2 3	18

【数据规模与约定】

$1 \leqslant n \leqslant 10^6$，$0 \leqslant a_i \leqslant 30\,000$。

【题 6-10】 球迷购票（1S/128MB）

【题目描述】

球迷手上有 100 元与 50 元的钞票，每张票的价格为 50 元，现在有 $m+n$ 个球迷买票（其中 m 个球迷手上持 50 元的钞票，n 个球迷手上持 100 元的钞票），一开始售票员手上没有钱，有多少排队方案可以使没有钱找的局面不出现。

【输入】

输入仅 1 行，即 m，n。

【输出】

输出有 1 行，即总方案数。

【输入输出样例】

输入样例	输出样例
2 1	2

【数据规模与约定】

m，$n \leqslant 10\,000$。